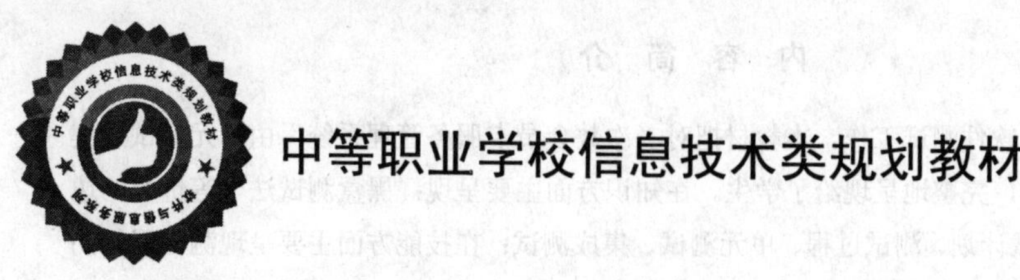

中等职业学校信息技术类规划教材

软件测试与综合实训

侯廷刚　主　编

吕桂杰　焦京红　刘　玲　副主编

中国铁道出版社
CHINA RAILWAY PUBLISHING HOUSE

内 容 简 介

为了教会学生进行软件测试工作，本教材把对“次数会员卡服务管理系统”由单元测试到集成测试的实际测试过程，完整地呈现给了学生。在知识方面主要呈现：黑盒测试法（等价类、边缘值）、测试用例、测试计划、测试过程、单元测试、集成测试；在技能方面主要呈现测试用例的设计、测试计划的制订、测试过程的实施；在活动方面主要呈现软件测试的工作框架：理解软件功能、确定测试内容、设计测试步骤、实施测试计划、给出测试结论。在教学实践中，通过“做”引导学生沿着软件测试的实际工作过程逐步前进，使学生习得职业技能、养成工作方法、锻造工作态度、培养职业道德、构建知识体系。

本教材针对中职学生的知能结构和心理特点所撰写，适合作为中职教材，也可以用于同类型、同层次的培训或自学爱好者学习软件测试使用。

图书在版编目（CIP）数据

软件测试与综合实训／侯廷刚主编．—北京：中国铁道出版社，2011.5

中等职业学校信息技术类规划教材

ISBN 978-7-113-12666-7

Ⅰ．①软…　Ⅱ．①侯…　Ⅲ．①软件—测试—中等专业学校—教材　Ⅳ．①TP311.5

中国版本图书馆CIP数据核字(2011)第032515号

书　　名：软件测试与综合实训

作　　者：侯廷刚　主编

策划编辑：周　欢　刘彦会

责任编辑：周　欢　　　**读者热线电话**：400-668-0820

编辑助理：何　佳

封面设计：付　巍　　　**封面制作**：白　雪

版式设计：于　洋　　　**责任印制**：李　佳

出版发行：中国铁道出版社（北京市宣武区右安门西街8号　　邮政编码：100054）

印　　刷：三河市华业印装厂

版　　次：2011年5月第1版　　2011年5月第1次印刷

开　　本：787mm×1092mm　1/16　　**印张**：14　　**字数**：332千

印　　数：3 000册

书　　号：ISBN 978-7-113-12666-7

定　　价：23.00元

中等职业学校信息技术类规划教材

序

PREFACE

国家社会科学基金课题“以就业为导向的职业教育教学理论与实践研究”在取得理论研究成果的基础上，选取了中等职业教育十个专业大类开展实践研究。中等职业教育信息技术类是其中之一。

本课题研究发现，中等职业教育在专业教育上承担着帮助学生构建起专业理论知识体系、专业技术框架体系和相应职业活动逻辑体系的任务，而这三个体系的构建需要通过专业教材体系和专业教材内部结构得以实现。为此，这套中等职业学校信息技术类规划教材的设计，根据不同课程的教材在其构建理论知识、技术方法、职业活动三个体系中的作用，采用了不同的教材内部结构设计和编写体例。

承担专业理论知识体系构建任务的教材，不应使学生只掌握某些局部内容，而应该让学生把握专业理论知识整体框架；不强调专业理论知识本身的研究，强调专业理论知识的用途。

承担专业技术框架体系构建任务的教材，注重让学生了解这种技术的产生与演变过程，培养学生的技术创新意识；注重让学生把握这种技术的整体框架，培养学生对新技术的学习能力；注重让学生在技术应用过程中掌握这种技术的操作，培养学生的技术应用能力；注重让学生区别同种用途的其他技术的特点，培养学生职业活动过程中的技术比较与选择能力。

承担职业活动体系构建任务的教材，依据不同职业活动对所从事人特质的要求，分别采用了过程驱动、情景驱动、效果驱动的方式，形成了做学合一的各种教材结构与体例，诸如：项目结构、案例结构等。过程驱动教材结构能够较好地培养所从事人的程序逻辑思维；情景驱动教材结构能够较好地培养所从事人的情景敏感特质；效果驱动教材结构能够较好地培养所从事人的发散思维。

本套教材无论从课程标准的开发、教材体系的建立、教材内容的筛选、教材结构的设计还是教材素材的选择，都得到了信息技术专家的大力支持，他们在信息技术行业职业资格标准和各类信息技术在我国应用的广泛程度方面，提出了十分有益的建议；本套教材倾注了国内知名职业教育专家和全国一百多所中等职业学校信息技术类一线教师的心血，他们对信息技术类专业培养的人才类型提出了可贵意见，对信息技术类专业教学提供了丰富的素材和鲜活的教学经验。

如本套教材有不足之处，敬请各位专家、老师和广大同学不吝赐教。希望通过本套教材的出版，为我国中等职业教育和信息技术产业的发展做出贡献。

邓泽民

2010年7月

前言

FOREWORD

软件测试技术是软件工程中一项必需的、严格的工作环节，占有重要的地位。软件产品复杂性的日益增加和生产规模的不断扩大，对进行高效的软件测试的要求越来越严格，人员需求也越来越大。软件测试课程是软件测试人员掌握测试技能、学会测试工作必不可少的一门专业技能课。

由学会知识、掌握技能，到能实际工作是有段距离的。职业教育本质上是能力本位的“就业”教育，教会学生工作，应该是其落脚点。所以职业教育不仅要教会学生掌握知识，而且要训练学生掌握技能，更重要的是必须帮助学生缩短从知识、技能到工作之间的距离。要做到这一点，把完整的工作过程呈现给学生应该是十分有效的方法。

本教材以“次数会员卡服务管理系统”之单元测试和集成测试的实际测试过程为撰写的依据，并按照实际测试过程展示课程内容，力求用工作过程这条明线串起职业技能的习得、工作方法的养成、工作态度的锻造、职业道德的培养、知识体系的构建，让教学过程对接工作过程。换句话说，是通过工作过程把职业技能、工作方法、工作态度、职业道德、知识体系等呈现给学生。这样就不仅可以让学生以工作的方式来学习，更重要的是为了学会工作而学习；不仅学到了知识、掌握了技能，更重要的是学会了工作，很自然地缩短了从知识、技能到工作之间的距离，为把在学校习得的能力迁移到日后的工作中，打下坚实的基础。

本教材采用了任务—行动结构设计，大部分任务由以下几部分组成。

任务描述 说明要进行单元测试还是集成测试；如果是单元测试，要明确测试的是哪一个模块以及该模块的功能。

任务分析 依据需要测试的功能使用黑盒法，以测试用例的形式给出测试内容并制订相应的测试步骤。

知识准备 对执行任务“必需”知识的呈现和讲解。

任务实现 依据任务描述和任务分析确定的测试内容和制订的测试步骤完成测试，在这里考虑了实际测试时的执行效率。

相关知识 对“够用”知识的呈现和讲解。

学习反思 知识的内化和提高，举一反三，着重体现编著者的思维过程和策略性知识，以便读者实现知识和技能在以后工作时的迁移。

能力评价 对学习效果进行检验，这是一个检验所学知识和技能是否已达到目标要求的过程，同时也是一个巩固过程。

前四点反映的基本是完整的工作过程；后三点反映的基本是对知识消化吸收的过程。如此就可以主动把职业能力的呈现及构建过程与学生心理的发展过程结合起来。

基于上述理由，建议以“做中学”的学习策略及与之相适应的“做中教”的教学策略使用本教材。

本教材的框架结构在邓泽民教授的指导下，由侯廷刚设计。参加编写的有侯廷刚（第

一、二单元）；刘玲（第三、五单元）；吕桂杰（第四单元）；焦京红（第六单元）。马开颜对本书的撰写做出了贡献。对于本书的学时安排，作者建议：第一单元12课时（含讲评，以下同）、第二单元8课时、第三单元8课时、第四单元8课时、第五单元10课时、第六单元14课时，机动4课时，共64课时。

本教材需要与“次数会员卡服务管理系统”一同使用。该系统可以安装到Windows XP SP1下运行，也可以直接把本课程涉及的三个素材文件：“次数会员卡服务管理系统．EXE”、“会员卡系统数据库．MDB”、“测试辅助工具．EXE”在Windows XP SP2环境中复制到同一个文件夹下运行。读者可以到http://www.edusources.net下载本系统的安装包。

“次数会员卡服务管理系统”软件著作权归侯廷刚本人所有，读者只许可用于本教材配套的教学，不得他用，否则将被追究法律责任！

本教材的编写，得到了来自多方面的帮助，在这里一并表示感谢！

由于时间仓促，编写不足之处，敬请读者批评指正！联系方式：tlmonkey@163.com。

编者

2011年1月

目 录

CONTENTS

第一单元　软件需求说明书与测试计划

任务一　分析和讨论《案例》

一、案例描述

霍兵是一个受过正规培训的理疗师。经过观查发现，他所居住的绿苑小区周围没有理疗院。于是他精心组建了一家“霍去病理疗院”，并暂时雇佣了两个理疗师：秦晃和韩武。包括霍兵他们三人都能提供以下两项服务：

（1）全身保健理疗：每次 80 分钟，收费 30 元；

（2）腰椎治疗理疗：每次 30 分钟，收费 40 元。

为了吸引顾客，霍兵实行了“会员制”，即：顾客可以购买会员卡，凭不同类型的卡接受不同类型的服务。具体规定是：全身保健理疗卡售价 350 元，可以接受 15 次服务（合 7.8 折）；腰椎治疗理疗卡售价 300 元，可以接受 10 次服务（合 7.5 折）。对于无卡顾客按标准价格收费。

考虑到劳动强度和技术含量等方面的因素，霍兵规定：提供全身保健理疗服务的理疗师计件提成 10 元；提供腰椎治疗理疗服务的理疗师计件提成 15 元。

二、分组讨论

如果你就是霍兵，在服务员、会员卡、会员管理方面你还应该想到些什么？

提　示

① 服务员管理：加入时登记哪些信息，哪些信息能够修改，辞职时如何处理？

② 会员卡管理：会员卡上包括的信息应该有哪些，会员卡如何销售、使用、退卡？

③ 会员管理：顾客成为会员的条件，应该记录会员的哪些信息，哪些信息能够修改，在什么条件下会员变成非会员？

④ 如何登记服务员的工作量，如何核算工作量？

三、讨论结果（诸说出下面各问题答案）

1. 服务员管理

（1）加入时需要登记的信息。

（2）能够修改的信息。

（3）辞职时的处理方法。

2. 会员卡管理

（1）会员卡上应该包括的信息。

（2）会员卡销售时需要的信息及处理步骤。

（3）会员卡使用时需要的信息及处理步骤。

（4）会员卡退卡时需要的信息及处理步骤。

3. 会员管理

（1）顾客成为会员的条件。

（2）应该记录会员的信息。

（3）能够修改的信息。

（4）会员变成非会员的条件。

4. 登记服务员的工作量及核算工作量需要的信息及处理步骤

四、能力评价

序号	评价内容	评价结果			
		优秀	良好	通过	加油
		能灵活运用	能掌握 80%以上	能掌握 60%以上	其他
1	能说出服务员加入时需要登记的信息、哪些信息能够修改、辞职时的处理过程				
2	能说出会员卡上包括的信息，会员卡在销售、使用、退卡时的处理过程				
3	能说出顾客成为会员的条件、应该记录的信息、哪些信息能够修改、会员变成非会员的条件				
4	能说出登记服务员的工作量的处理过程、核算工作量的处理过程				

任务二　分析和讨论《软件需求说明书》

一、次数会员卡服务管理系统软件需求说明书

霍兵为了加强管理，提高工作效率，决定请南宫玄德软件公司设计一套单机版的“次数会员卡服务管理系统”。南宫玄德经过需求分析，制定了软件需求说明书。

（一）系统简介

次数会员卡服务管理系统，是一款针对服务行业个体小单位（比如：保健理疗等）的次数会员卡服务管理（每类会员卡只有使用次数的限制，而没有时间限制），并以次数会员卡的销售、消费过程为主线而写的一个单机版信息处理系统。

（二）系统特点

考虑到实际使用本系统的用户并非是计算机专业人士，所以在设计时特别注意了以下三个方面的问题：界面友好操作简捷；容错性能极强；对软、硬件环境要求很低。

1．界面友好操作简捷

（1）为了操作方便，本系统除了提供联机帮助（单击菜单栏上的“帮助”按钮，系统会根据用户目前所处的位置或进行的操作给出有针对性的帮助）外，在窗体上还给出了重要提示，这就使得用户即使对计算机操作不太了解也能顺利、方便地使用本系统。

（2）为了操作简捷，本系统的窗体布局尽量做得符合人们的视觉习惯和操作习惯，完全摒弃了“装饰”性的内容。按钮的命名基本上使用大众化语言，做到了望名知意，这样就使得用户可以在本系统所提供功能的范围内轻松达到自己的目的。

2．容错性能极强

所谓容错，就是在用户出现误操作时，系统能够及时提醒，并避免不良后果的产生。本系统主要使用下面三种方法来解决容错问题：

（1）客观条件（主要是数据）不满足时，特定按钮将不能使用（显示为灰色），或系统自动限制特定功能的实现（给出提示但不去执行）。当然这里的限制是保护性限制，一旦数据准备充足，这些限制就会自动取消。

（2）在正常使用过程中，若用户犯了操作上的错误，系统会给出提示，并忽略本次操作，且允许再次操作。

（3）能够自动实现的功能，尽量不让用户干预（比如：清除数据库中的冗余数据等）。

（4）由于该系统是一个单机版信息处理系统，所以本系统从技术上保证同时只能有一个正本被运行。

3．对软、硬件环境要求很低

由于本系统是针对服务行业的个体小单位的一个信息处理系统，实际的运行环境很可能不高，所以：① 这是一个单机系统；② 只需 Windows XP 以上版本的操作系统即可运行。

（三）功能要求

① 操作员管理：包括添加、删除、更改级别等。

② 服务员管理：包括添加、删除、修改等。这里的服务员是指能为顾客提供服务的人员（以下同）。

③ 会员卡管理：包括会员卡类别管理、会员卡添加、会员卡销售、退卡等功能。

④ 会员管理：包括添加、删除、修改等。

⑤ 超级用户：该部分是专为“超级管理员”提供的，包括：服务员工作量核算、低层信息查询、数据库维护等。

⑥ 登记服务员工作记录：包括登记为会员提供的服务和为非会员（不在册的临时顾客）提供的服务工作量。

在本系统中，操作员分为两类，即：管理员和普通操作员。根据实际权限的不同，这两类操作员又被分成了三个级别，即：超级管理员、普通管理员和普通操作员。

普通操作员只能为服务员登记工作记录。普通操作员可以有多个。

普通管理员除具备普通操作员的所有权限外，还具有：操作员管理、服务员管理、会员卡管理、会员管理等权限。普通管理员可以有多个。

超级管理员除具备普通管理员的所有权限外，还具有：服务员工作量核算、低层信息查询、数据库维护等权限。超级管理员只能有一个。系统在时间上第一次成功运行时添加的用户即为超级管理员。超级管理员不能被删除。

次数会员卡是指服务提供者把自己能提供的服务，分门别类，以不同会员（服务）卡的形式预售给特定顾客（会员）。每类会员（服务）卡都有固定的使用次数，但没有时间上的限制。

为了方便给不在册的（临时）顾客提供服务，本系统还应专门增加相应功能，即：本系统既支持会员服务又支持非会员服务。

（四）分模块功能要求说明

1. 添加超级管理员模块（见图 1-1）

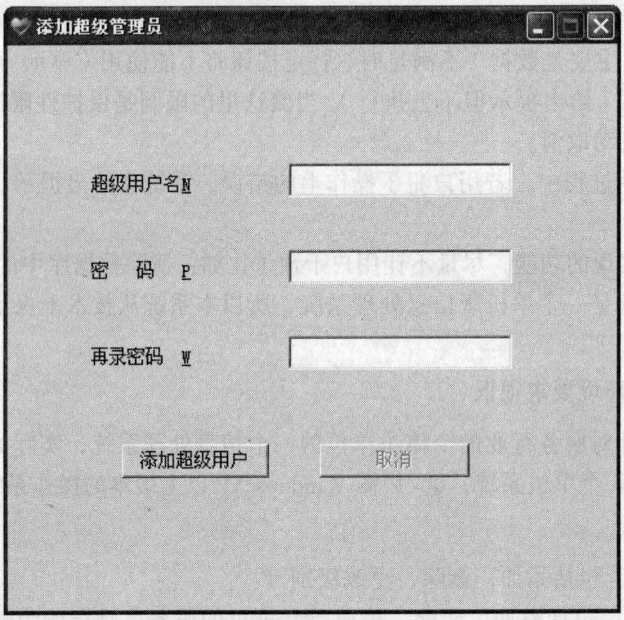

图 1-1　添加超级管理员界面

该模块只在系统在时间上第一次成功运行时启动，在以后的所有运行中，该模块都不被启动。其功能为：添加超级管理员；在超级管理员添加成功后，自动转入超级管理员模块。

超级管理员、普通管理员和普通操作员的用户名长度均不能超过 8 个字符，另外不能使用 Adm（大小写不敏感）做用户名，因为逻辑上第一次使用系统时，系统默认 Adm 在操作。Adm 是一个不能实际存在的系统创立者。

2. 用户登录模块（见图 1-2）

用户登录模块是系统的大门，它负责验证欲登录用户的合法性，并根据用户的身份决定呈现不同界面：超级管理员界面、普通管理员界面或普通操作员界面（即工作记录登记界面）。

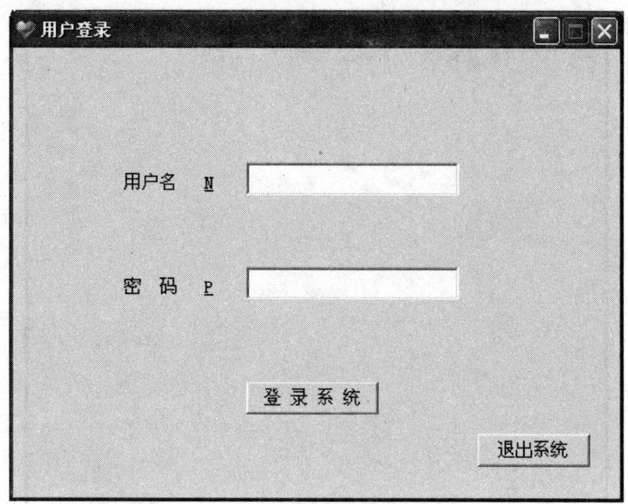

图 1-2　用户登录界面

3. 超级管理员模块（见图 1-3）

图 1-3　超级管理员界面

下面介绍超级管理员界面的主要功能。

（1）操作员管理。

（2）服务员管理。

（3）会员卡管理。

（4）会员管理。

以上模块的功能要求说明，见下文中普通管理员模块中相应内容。

（5）超级用户功能（见图 1-4）。

图 1-4 超级用户界面

① 工作量查询（见图 1-5）。

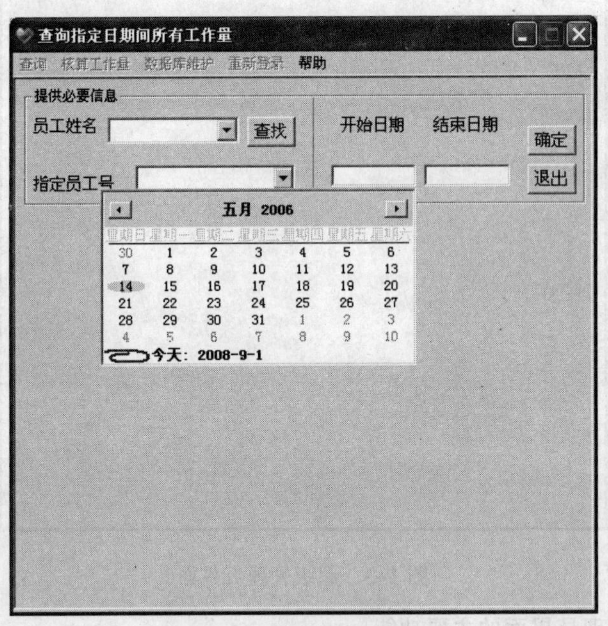

图 1-5 工作量查询界面

本模块的功能是查询指定服务员在指定时间段期间所提供的所有服务，并以表格的形式呈现给操作者。

选定服务员有两种方法：一是直接给出服务员号；二是给出服务员姓名的尽量靠前的任意数量的连续字符或什么都不输入。当使用第二种方法，并单击“查找”按钮时，系统会把数据库中所有符合条件的服务员的姓名自动填入到“员工姓名”下拉列表框内，同时把相应的服务员号填入“指定员工号”下拉列表框内。这两个下拉列表框的单击操作是同步的。

开始日期和结束日期不能直接输入，必须通过月历来选。当执行输入操作时，系统会弹出一份月历供用户选择具体日期。此时用户若不想选择，可以单击窗体空白处移除月历；若想跨月，可以单击月历标题两端的左右箭头；若想跨年，可以先单击年份的右侧以显示上下箭头，然后通过单击上下箭头选择具体年份。

单击“确定”按钮将按用户提供的条件实现本模块的功能。

② 综合信息查询（见图 1–6）。

图 1–6　综合信息查询界面

本模块包含了会员信息查询、服务员信息查询以及卡类别信息及卡信息查询等功能。

会员信息查询包括会员信息及其所持卡的信息。在这里能输入数据的地方只有“会员姓名”下拉列表。输入会员姓名时，给出会员姓名的尽量靠前的任意数量的连续字符或什么都不输入。单击“查找”按钮，系统会把数据库中所有符合条件的会员的姓名自动填入到“会员姓名”下拉列表框内，同时把相应的会员号填入到“选定会员号”下拉列表框内。这两个下拉列表框的单击操作是同步的。“选定卡号”下拉列表框内给出的总是当前“选定会员号”手中所持卡的卡号列表。单击“选定会员号”下拉列表框右边的“详情”按钮将显示该号会员的详细情况；单击“选定卡号”下拉列表框右边的“详情”按钮将显示该号会员卡的详细情况。

使用员工信息查询可以查询具体服务员的详细信息。在这里既可以输入服务员姓名，也可以输入服务员号。输入服务员姓名时，应给出服务员姓名的尽量靠前的任意数量的连续字符或什么都不输入。单击“查找”按钮时，系统会把数据库中所有符合条件的服务员的姓名自动填入到“员工姓名”下拉列表框内，同时把相应的服务员号填入到“指定员工号”下拉列表框内。这两个下拉列表框单击操作是同步的。单击“指定员工号”下拉列表框右边的“详情”按钮将显示该号服务员的详细情况。

卡类别信息及卡信息查询可以查询所选卡类别的相关信息及该类别的所有未售出卡的信息。实现上述功能仅需单击“卡类别”下拉列表框并选择合适的卡类别即可。

③ 核算工作量（见图 1-7）。

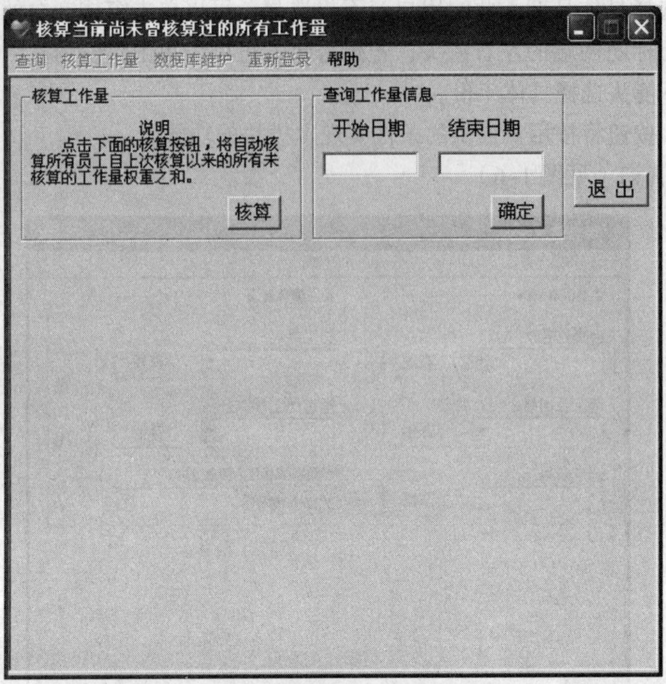

图 1-7　核算工作量界面

单击“核算”按钮，将自动核算所有服务员自上次核算以来的所有未核算的工作量权重之和，并将核算的结果显示在窗体下半部分的表格里。

查询工作量信息将查询指定日期间的所有服务员的已核算过的工作量。

开始日期和结束日期不能直接输入，必须通过月历来选。

单击“确定”按钮将按用户给定的时间段查询工作量，并把查询结果显示在窗体下半部分的表格里。

④ 数据库维护（见图 1-8）。

清除冗余数据功能可以自动完成数据库中冗余数据的清理。欲实现该项功能，只需按“清除冗余数据”的“确定”按钮即可。

所谓“冗余数据”是指：

- 三年前已核算的工作量记录；
- 目前已离开且最后一次提供服务在三年以前的服务员；
- 目前已离开且从未提供过服务的服务员；
- 目前手中已无卡且最后一次接受服务在三年以前的会员；
- 三年前已结清会员卡的相应服务记录；
- 三年前已结清的会员卡；
- 目前库中已无该卡数据的卡类别。

单击“退出”按钮，可随时退出本模块。

（6）登记工作记录。

见工作记录登记模块中的相应说明。

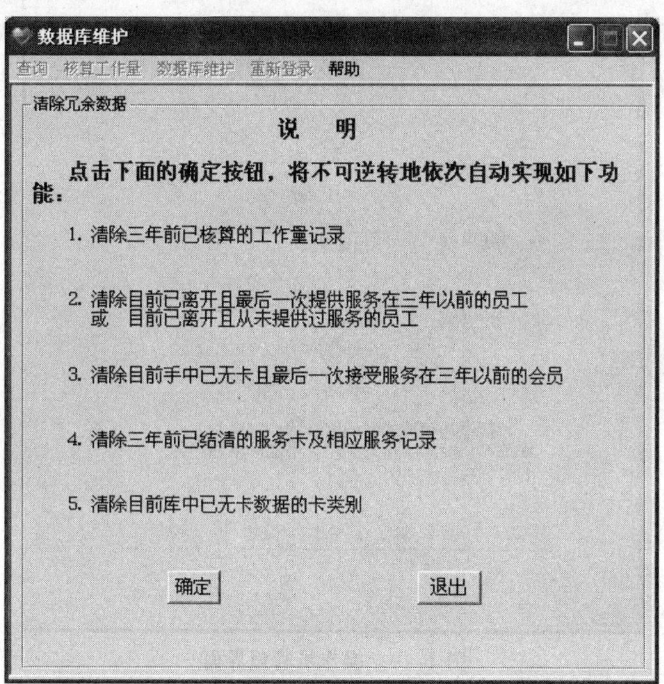

图 1-8　数据库维护界面

4. 普通管理员模块（见图 1-9）

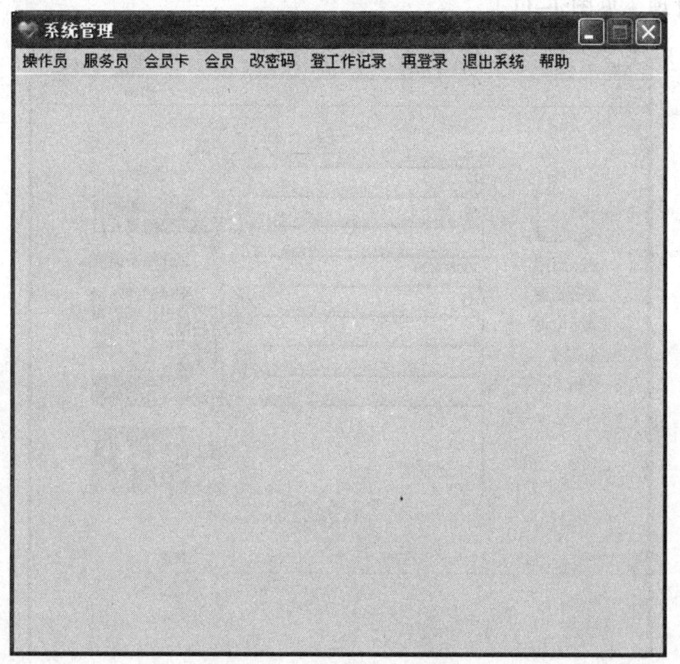

图 1-9　普通管理员界面

（1）操作员管理（见图 1-10）。

操作员管理包括添加、删除、更改级别等。

用户名是指使用本系统的操作员的姓名，最长不能超过 8 个汉字或 8 个英文字符。

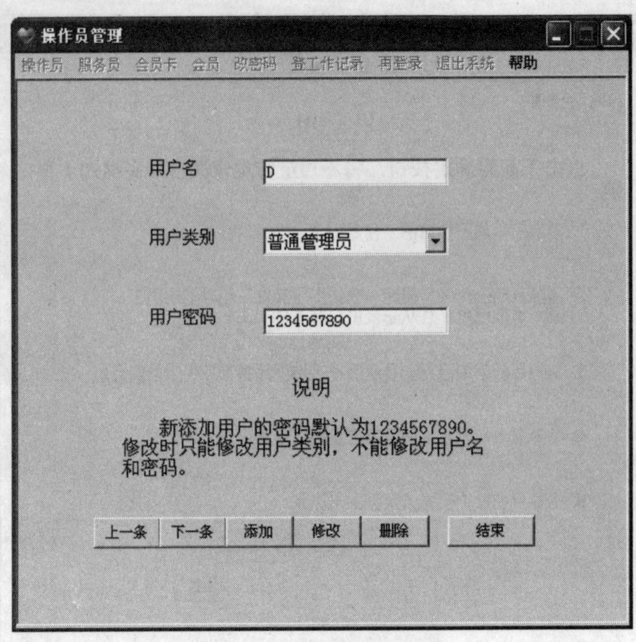

图 1-10　操作员管理界面

用户类别只能从给出的列表中选一个，需要注意的是：在这里添加的“普通管理员”用户是普通管理员级用户，不具备超级管理员级用户的权限。

（2）服务员管理（见图 1-11）。

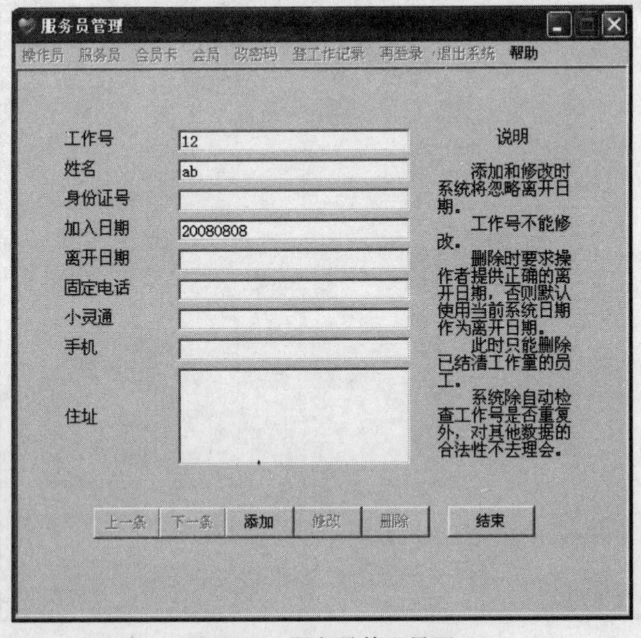

图 1-11　服务员管理界面

服务员管理包括添加、删除、修改等。

工作号是每个能够为会员或顾客提供服务的服务员的编号，其长度不能超过 6 个字符。构成工作号的内容，系统没有限制，但从理论上说，以英文字母和数字为佳。

加入日期和离开日期不能直接输入，必须通过月历来选。

姓名最多能输入 8 个汉字。

固定电话、小灵通、手机都能输入长度不超过 11 的数字字符串。

住址能接受的汉字字符为 50 个。这四项内容不是必需的，但建议用户至少应填写其中一项，因为当服务员姓名完全相同时，可以通过它们来区分不同服务员。

删除服务员时，必须满足一定条件。但即使条件满足，也不是真的删除该服务员的信息，只是导致该服务员在系统以后的运行中被忽略。要想真的从系统中删除该服务员的信息，必须由超级管理员使用“超级用户”→“数据库维护”→“清除冗余数据”功能。

（3）会员卡管理。

会员卡管理包括会员卡类别管理、会员卡添加、会员卡销售、退卡等功能。

① 添加会员卡类别（见图 1-12）。

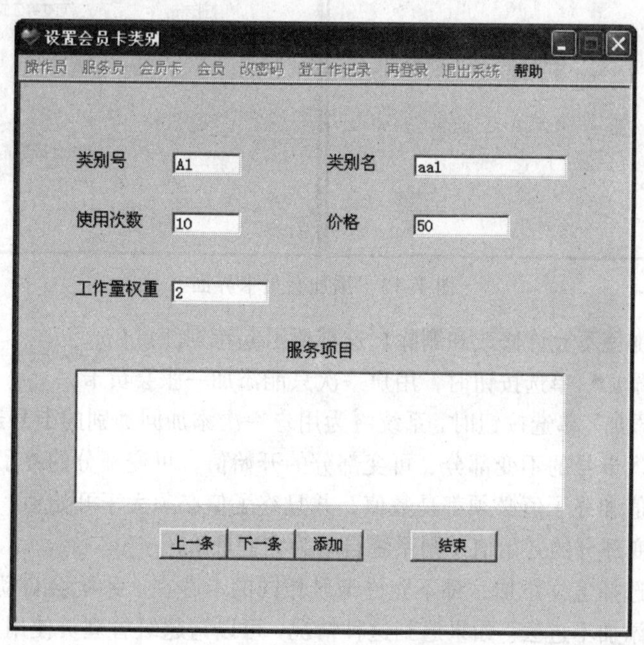

图 1-12　添加会员卡类别界面

卡类别信息一旦输入就不允许修改和删除！这需要引起特别注意！

类别号是管理员给每一种服务所设置的编号，其长度不能超过 2 个字符。构成类别号的内容，系统没有限制，但从理论上说，以英文字母和数字为佳。类别号不能重复。

类别名是管理员给每一种服务所起的名，能输入不超过 10 个字符。类别名不能重复。

使用次数是指该类卡所允许使用的次数，该项内容不能省略。

价格是指该类卡的售价，它只起参考作用，因此可以省略。当用户不输入价格时，系统自动填零，不过这不影响系统的正常使用。

工作量权重是指服务员提供该项服务后计算工作量时的权重，这将是计算服务员工作量的重要依据。省略该项内容时，系统自动取 1。

服务项目是指该类卡所包含或能提供的服务项目。该项可以输入 100 个汉字的内容。系统允许省略该项内容，但为了以后工作的方便，建议不要省略。

系统不允许随便删除卡类别信息，要想从系统中删除卡类别信息，必须由超级管理员使用“超级用户”→“数据库维护”→“清除冗余数据”功能。要想查询某类别下是否有未售出的卡，必须由超级管理员使用“超级用户”→“查询”→“综合信息查询”功能。

② 添加会员卡（见图 1–13）。

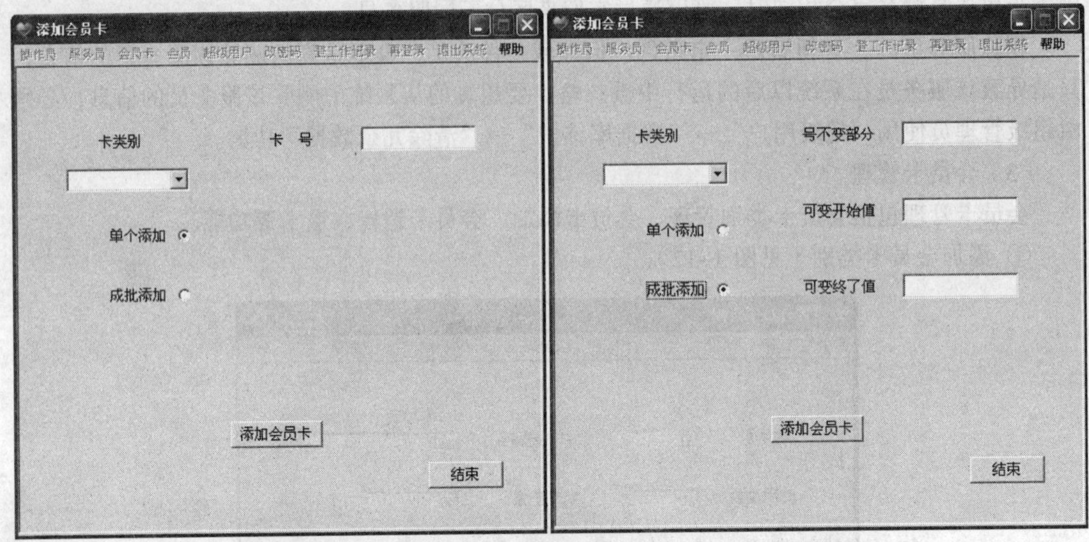

图 1–13　添加会员卡界面

会员卡一旦添加就不允许修改和删除！这需要引起特别注意！

当选择“单个添加”单选按钮时，用户一次只能添加一张会员卡。

当选择“成批添加”单选按钮时，系统将为用户一次添加同类别的卡号连续的多张会员卡。此时，用户应该输入卡号的不变部分、可变部分的开始值、可变部分的终了值。这里需特别提请注意的是：开始值和终了值必须都是数值，并且终了值必须大于开始值。若用户没有输入卡号的不变部分或可变部分的开始值，则系统自动为它们取 0。

不管用户实际选择怎样添加，都不允许卡号相同的卡存在。系统会自动保证这一点，这有可能导致某些新卡添加不进去。如果遇到这种情况，可以请超级管理员使用“超级用户”→“数据库维护”→“清除冗余数据”功能清除目前符合条件的冗余数据。如果还是不行，就只有给新卡重新编号这一种办法了。

另外不管用户实际选择怎样添加，都不允许用会员卡的类别号作为会员卡的卡号。在系统中，会员卡的类别号除被当作该类会员卡的类别号来使用外，还被当作所有非会员的该类会员卡的卡号来使用。

③ 销售会员卡（见图 1–14）。

销售会员卡包含两个功能，即：出售新卡和退掉尚未消费完的旧卡。已退掉的卡不能再出售。不管是售卡还是退卡，都必须先选定具体的会员。

选定会员有两种方法：一是直接给出会员号；二是给出会员姓名的尽量靠前的任意数量的连续字符。当使用第二种方法，并单击“会员姓名”的“查找”按钮时，系统会把数据库中所有符合条件的会员的姓名自动填入到“会员姓名”下拉列表框内，同时把相应的会员号填入到“指定会员号”下拉列表框内。这两个下拉列表框的单击操作是同步的。

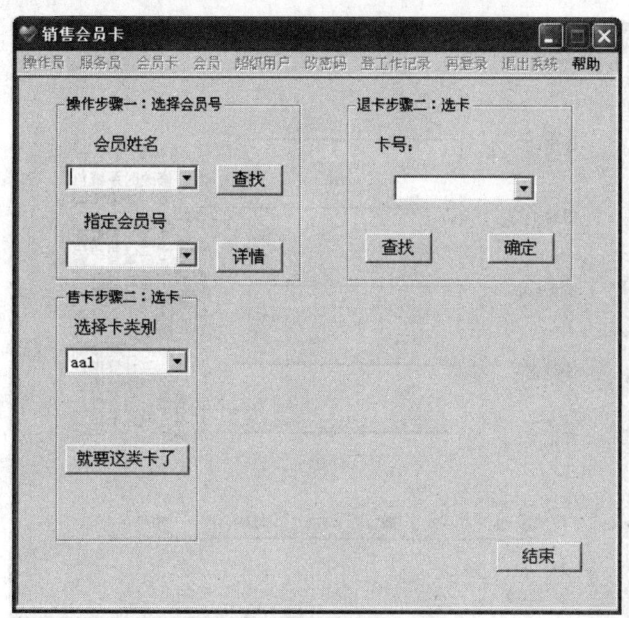

图 1-14　销售会员卡界面

单击“指定会员号”的“详情”按钮时，会在右下角的空白区域显示该会员的详细信息。

售卡时只要从“选择卡类别”下拉列表框中选择了具体类别，该类别的详细信息就会显示在右下角的空白区域中。若目前该类别下有新卡可以出售，则“就要这类卡了”按钮会变成可操作状态。单击“就要这类卡了”按钮会提示欲买卡的会员的姓名和会员号，待确认后系统自动把该类卡新卡中卡号最小的会员卡售到该会员名下。

退卡时，若单击“退卡步骤”中的“查找”按钮，系统会找出“会员号”手中的所有卡号，并把它们填入到“退卡步骤”中的“卡号”下拉列表框中。用户既可以从中选择欲退掉卡的卡号，也可以输入另外的卡号。如果该卡能退，并且退卡操作得到用户的认可，则可成功实现退卡，否则退卡操作将被忽略。

（4）会员管理（见图 1-15）。

会员管理包括添加、删除、修改等。

会员号是每个在册的会员的编号，其长度不能超过 8 个字符。构成会员号的内容，系统没有限制，但从理论上说，以英文字母和数字为佳（因由“????????”构成的会员号已被系统默认为所有非会员顾客的统一会员号，所以不再分配给其他会员使用。）。

姓名最多能输入 8 个汉字。

固定电话、小灵通、手机都能输入长度不超过 11 的数字字符串。这三项内容不是必需的，但建议用户至少应填写其中一项，因为当会员姓名完全相同时，可以通过它们来区分不同会员。

删除会员时，必须满足一定条件。但即使条件满足，也不是真的删除该会员的信息，只是导致该会员在系统以后的运行中被忽略。要想真的从系统中删除该会员的信息，必须由超级管理员使用“超级用户”→“数据库维护”→“清除冗余数据”功能。

（5）登记工作记录。

见工作记录登记模块中的相应说明。

5. 工作记录登记模块（见图 1-16）

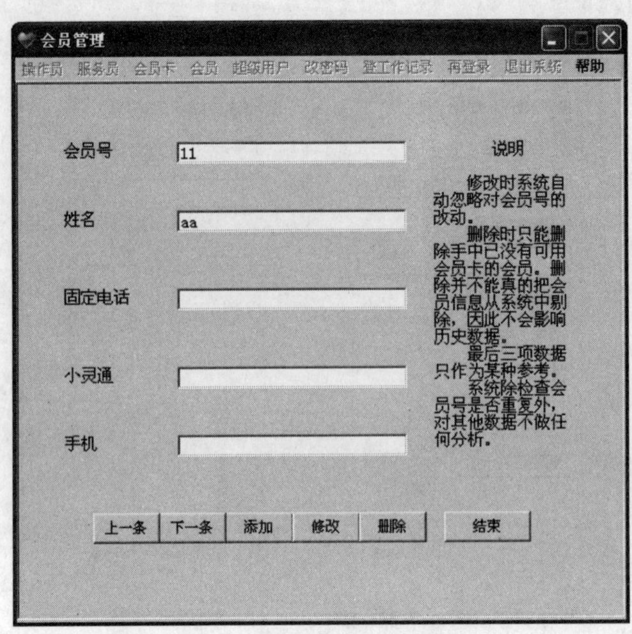

图 1-15 会员管理界面

图 1-16 工作记录登记首界面

该模块实际也是普通操作员模块。服务员的工作记录是进行服务员工作量核算的依据。

(1) 登记员工服务工作记录（会员顾客）(见图 1-17)。

登记员工服务工作记录必须选定会员卡号和提供本次服务的服务员号。选择会员与卡号的操作同前。

单击“选择员工”的“详情”按钮可在窗体的右下角空白区域显示该服务员的详细信息。

这里对“查找”和“详情”按钮与前面介绍过的同名按钮，在功能上逻辑相似，在操作习惯上一致。

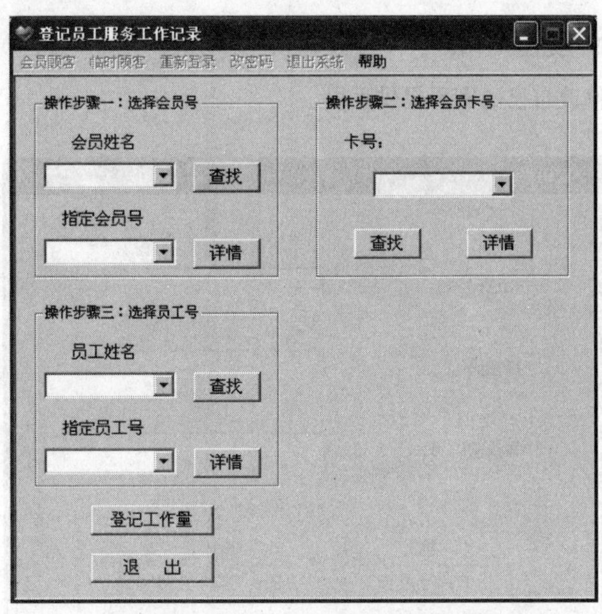

图 1-17　登记员工服务工作记录界面

单击"登记工作量"按钮，在用户对随后的问题都一一确认后，系统将自动登记该工作记录。

（2）登记为非会员服务的工作记录（临时顾客）（见图 1-18）。

登记为非会员提供服务的工作记录必须提供本次服务的服务员号和选定服务类别。选择服务员号的方法同前。"查找"和"详情"按钮的功能与操作习惯亦同前。

选定服务类别并单击"服务项目"按钮可在窗体的右半部分空白区域显示该类服务之服务项目的详细信息。

单击"登记工作记录"按钮，在用户对随后的问题确认后，系统将自动登记该工作记录。

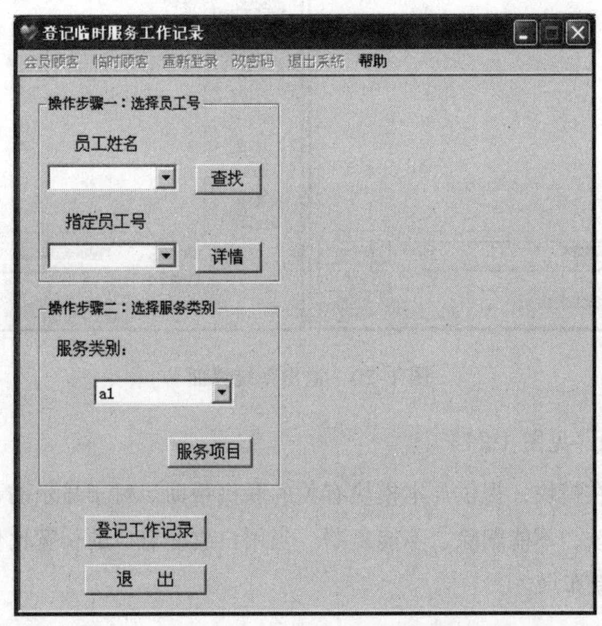

图 1-18　登记为非会员服务的工作记录界面

6. 密码修改模块（见图 1-19）

为已登录的用户修改自己的密码提供手段。

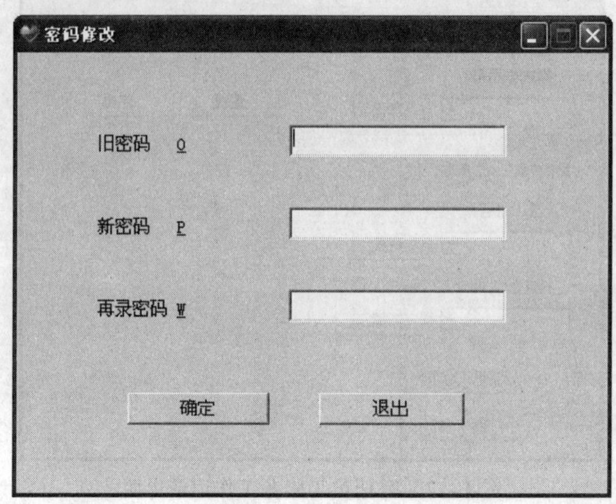

图 1-19　修改密码界面

7. 退出系统模块（见图 1-20）

为了数据的安全，在每次退出系统前都需要根据用户需要选择备份或不备份数据库。

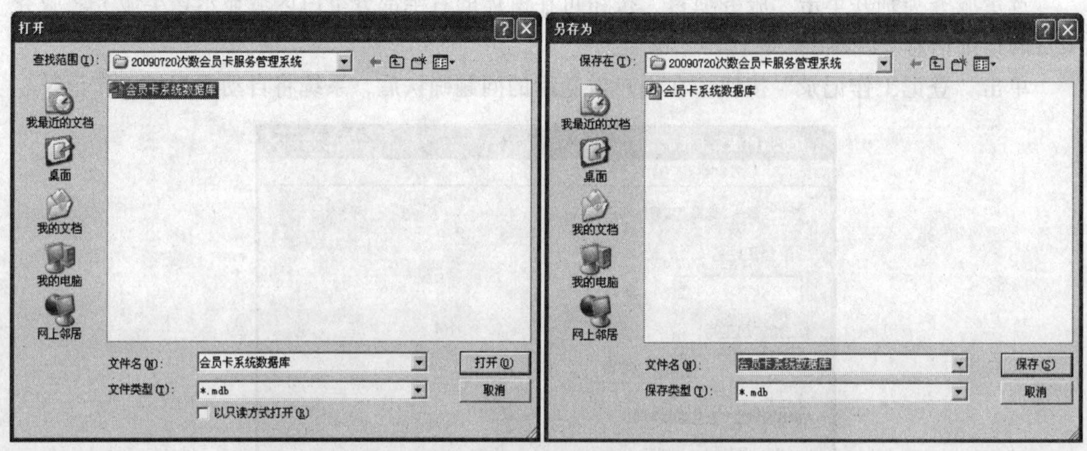

图 1-20　退出系统界面

8. 联机帮助模块（见图 1-21）

根据用户当前所在模块，提供与本模块有关的联机帮助。对于显示的帮助信息，用户不能插入新内容、不能修改、不能删除、不能复制。当用户改变窗口的长宽比例时，其中的文字格式随窗口的改变而重新布局。

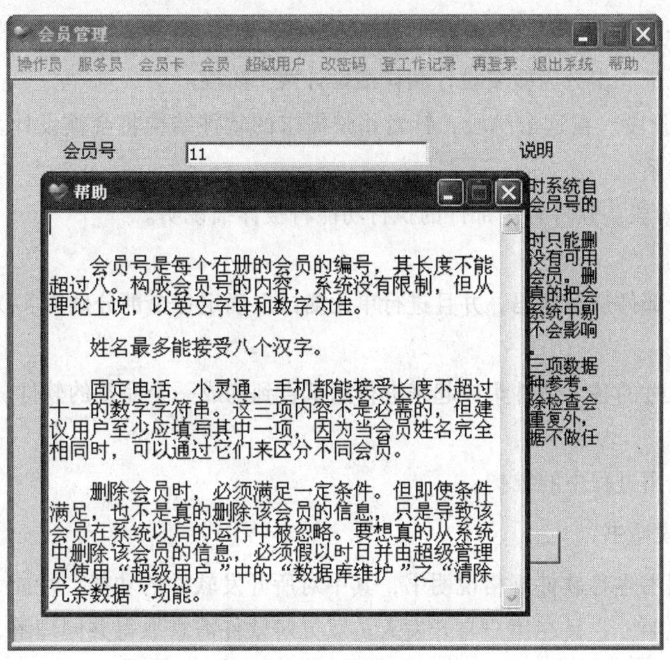

图 1–21　联机帮助

二、相关知识

1. 软件开发过程生命周期之瀑布模型

瀑布模型将软件生命周期的各项活动规定为按固定顺序连接的若干阶段工作，形如瀑布流水，如图 1–22 所示，最终得到软件产品。瀑布模型是最早存在的开发模型，并且现在也有较多应用。

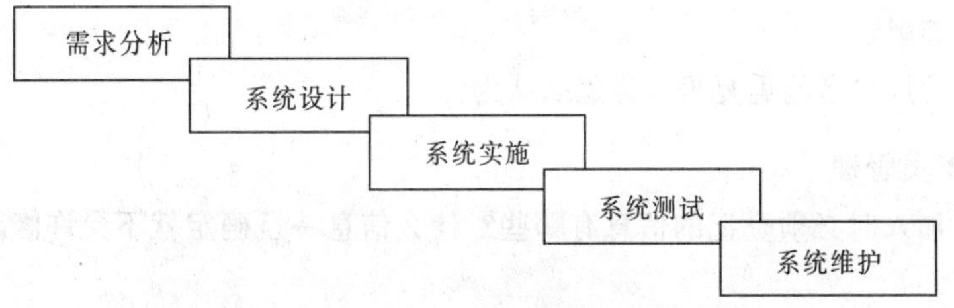

图 1–22　瀑布模型

瀑布模型的特点首先是仔细的需求分析，开发组有步骤地制定一份功能（结构）说明，接着是概要设计，详细设计，然后才着手编码。编码结束后进行测试，最后发布软件。这种顺序很有逻辑，在理解后才开始构造。以这样严格的方式构造软件，工程师很明确每一步应该做什么。瀑布模型各阶段的工作自顶向下、从抽象到具体顺序进行。瀑布模型意味着在生命周期各阶段间存在着严格的顺序且相互依存。

（1）需求分析。

主要是收集并分析用户的需求，并且根据软件需求建立完整而明确的需求说明书。

（2）系统设计。

系统设计又可进一步分为概要设计和详细设计两个阶段。

① 概要设计阶段。在这个阶段，针对用户需求的软件结构将会被设计，并确定软件内部各个部件的相关联系。

② 详细设计阶段。软件各个部件的执行功能将被详细说明。

（3）系统实施。

对软件的各个部件进行编码，并且进行单元测试以确定各个部分确实实现了相应功能。

（4）系统测试。

把前面测试通过的各个部件集成起来进行测试直到构成一个完整的软件。

（5）系统维护。

系统在用户使用过程中的维护。

2. 软件需求说明书

软件需求说明书也称软件规格说明书，其中对所开发软件的功能、性能、用户界面及运行环境等做出详细说明。它是在用户与开发人员双方对软件需求取得共同理解，并达成协议的条件下编写的，也是实施开发工作的基础。

三、分组讨论

1. 关于操作员管理

（1）根据使用权限的不同，本系统的操作员可以分为几类？他们的权限间存在着什么样的逻辑关系？

（2）哪类操作员能且只能有一个？你对此有什么看法？

（3）系统赋予用户名是 Adm 的操作员什么权限？日常工作中，Adm 是一名真正的操作员吗？你对此怎么理解？

（4）操作员的用户名能重复吗？你怎么认为？

2. 关于服务员管理

（1）服务员加入时必须登记的信息有哪些？什么信息一旦确定就不允许修改？为什么这样规定？

（2）服务员的姓名能相同吗？你觉得应该怎样区分不同的服务员呢？

（3）服务员辞职后能马上从系统中删除其相关信息吗？系统是分几步处理的？这样的处理给系统运行带来的不便是什么？说出你的更好办法好吗？

（4）在你看来，服务员可以是操作员吗？操作员可以是服务员吗？服务员一定是操作员吗？操作员一定是服务员吗？

3. 关于会员卡管理

（1）设置会员卡类别时，哪些信息是不能缺少的？哪些信息在不同的类别间是不允许相同的？哪些信息具有默认值？

（2）在你看来，会员卡类别跟会员卡之间是怎样的一种关系？系统不提供可随时删除会员卡类别功能的原因何在？

（3）就你的理解，在最少满足什么样的条件下、由谁、以怎样的操作，删除多余的会员卡类别信息比较合适？你同意系统目前的处理方式吗？

（4）添加会员卡时，需要提供哪些信息？在成批添加时，这些信息是通过什么途径提供的？

（5）属于不同类别卡的卡号能相同吗？属于同一类别卡的卡号呢？卡号和类别号之间有什么关系吗？

（6）说说你对售卡和退卡时需要的信息及处理步骤是怎样理解的。

4. 关于会员管理

（1）顾客成为会员时应该记录会员的哪些信息？不能重复的信息有哪些？不能修改的信息有哪些？

（2）会员变成非会员（被逻辑删除）的条件有哪些？你觉得，如果要从系统中真正删除会员的信息，应该由谁来做比较合适？真正删除滞后于逻辑删除，会给系统的运行带来什么不便？你认为有必要这样约束处理过程吗？

5. 其他问题

（1）您认为，登记服务员的工作量时需要的信息及处理步骤恰当吗？具体说说你的想法。

（2）请对系统其他部分的功能、操作说说你的理解和看法。

四、能力评价

序号	评价内容	评价结果			
		优秀	良好	通过	加油
		能灵活运用	能掌握 80% 以上	能掌握 60% 以上	其他
1	能说出该系统解决的实际问题到底是怎样一个问题				
2	能说出该系统各模块实现的功能，以及相应模块间的逻辑关系				
3	能说出该系统在容错、操作方面的特点				
4	能说出软件测试在软件开发生命周期之瀑布模型中所处的位置				
5	能说出软件需求说明书包含的主要内容				

任务三　制定软件测试计划

一、任务描述

针对霍兵委托设计一套单机版“次数会员卡服务管理系统”的要求，南宫玄德经过需求分析、系统设计、系统实施等阶段，到目前已完成了软件的编码，接下来需要以《次数会员卡服务管理系统软件需求说明书》为据对系统进行测试。为此，需要制定测试计划。

二、任务分析

制定测试计划应该坚持“5W”规则，明确内容与过程。“5W”规则指的是“Why（为什么做）”、“What（做什么）”、“How（如何做）”、“Where（在哪里）”、“When（何时做）”。利用“5W”规则创建软件测试计划，可以帮助测试团队理解测试的目的（Why），明确测试的范围和内容（What），指出测试的方法和工具（How），给出测试文档和软件的存放位置（Where），确定测试的开始和结束日期（When）。

制定测试计划的依据是在需求分析阶段完成的《次数会员卡服务管理系统软件需求说明书》。

三、任务实现

南宫玄德结合自己公司及本系统开发的实际情况，制定了如下测试计划：

（一）测试目的

次数会员卡服务管理系统，是一款针对服务行业之个体小单位（比如：保健理疗等）的次数会员卡服务管理（每类会员卡只有使用次数的限制，而没有时间限制），并以次数会员卡的销售、消费过程为主线而写的一个单机版信息处理系统。它界面友好，容错性强，操作简捷，对软、硬件环境要求很低。

现在已完成软件的编码，需要对软件的界面，软件的正确性，容错性，模块的功能，系统的功能等，依据《需求说明书》进行测试。

（二）测试范围和内容

整个测试工作分两个阶段进行：

1. 单元测试

为了提高单元测试的工作效率，根据各模块的功能、特点及模块间的逻辑关系，把整个系统的所有模块划分成四个不同的部分，由司马云长测试组来负责完成测试。具体划分如下：

① 测试添加超级管理员、操作员管理模块（两个模块）；

② 测试用户登录、密码修改、退出系统、联机帮助模块（四个模块）；

③ 测试服务员管理、会员管理模块（两个模块）；

④ 测试添加会员卡类别、添加会员卡、销售会员卡、登记工作记录、工作量查询、综合信息查询、核算工作量、数据库维护模块（八个模块）。

每一组测试，需要根据相应模块的需求说明，针对软件的界面，软件的正确性、容错性，模块的功能单独设计测试用例（简单地说，就是用来测试模块的输入数据等），制定测试步骤，实施测试过程，给出测试结果。

2. 集成测试

单元测试通过后，需要进行集成测试，以检验各模块是否能够结合在一起，以及系统的实际功能是否已达到《需求说明书》的要求。特别需要测试在用户通过操作想退出系统时，退出系统模块是否被启动；当用户单击“帮助”菜单项时，是否能得到联机帮助，以及帮助内容的显示是否正确。

南宫玄德负责依据测试计划完成系统的集成测试，并给出测试结果。

（三）测试的方法和工具

使用黑盒测试法，手动完成所有测试。由于本系统是一个单机版的系统，而单元测试又独立进行，所以驱动数据要根据需要单独设定。为此，软件设计小组特别提供了一个设置数据库表中数据的辅助工具。关于该辅助工具的详细说明，请参见后面的相关介绍。

（四）测试文档和软件的存放位置

略

（五）测试的开始和结束日期

略

四、相关知识

软件测试是有计划、有组织和有系统的软件质量保证活动，而不是随意地、松散地、杂乱地实施过程。为了规范软件测试内容、方法和过程，在对软件进行测试之前，必须创建测试计划。

软件测试计划是指导测试过程的纲领性文件。借助软件测试计划，参与测试的项目成员，尤其是测试管理人员，可以明确测试任务和测试方法，保持测试实施过程的顺畅沟通，跟踪和控制测试进度等。

编写软件测试计划要避免的一种不良倾向就是“大而全”，其常见表现是测试计划文档包含详细的测试技术指标、测试步骤和测试用例。最好的方法是把详细的测试技术指标包含到独立创建的测试详细规格文档，把用于指导测试小组执行测试过程的测试用例放到独立创建的测试用例文档或测试用例管理数据库中。测试计划和测试详细规格、测试用例之间是战略和战术的关系，测试计划主要从宏观上规划测试活动的范围、方法和资源配置，而测试详细规格、测试用例是完成测试任务的具体战术。

五、辅助工具介绍

（一）本系统的数据库字典

1．操作员表（见表1-1）

表1-1　操作员表

字段名称	字段类型	字段长度	字 段 意 义
UserName	文本	8	用户名
PassWord	文本	10	用户密码（先加密再保存）
Flag	整型	2	类别（0：普通管理员；1：普通操作员）
Oper	文本	8	操作者

2．服务员表（见表1-2）

表1-2　服务员表

字段名称	字段类型	字段长度	字 段 意 义
WorkNum	文本	6	工作号
Name	文本	8	姓名
ShenFZN	文本	18	身份证号

续表

字段名称	字段类型	字段长度	字 段 意 义
JoinDate	文本	8	加入时间
LeaveDate	文本	8	离开时间
GDTle	文本	11	固定电话
LingTong	文本	11	小灵通
ShouJi	文本	11	手机
Adress	文本	50	住址
GZJiBie	文本	2	级别
Flag	整型	2	标志（0：已离开；1：在职）
Oper	文本	8	操作者

3. 会员表（见表 1-3）

表 1-3 会员表

字段名称	字段类型	字段长度	字 段 意 义
GuKeNum	文本	8	顾客号
Name	文本	8	姓名
GDTle	文本	11	固定电话
LingTong	文本	11	小灵通
ShouJi	文本	11	手机
Flag	整型	2	标志（0：已删除；1：未删除）
Oper	文本	8	操作者

4. 会员卡类别表（见表 1-4）

表 1-4 会员卡类别表

字段名称	字段类型	字段长度	字 段 意 义
KindNum	文本	2	类别号
KindName	文本	10	类别名
FuWuXiangMu	文本	100	服务项目
ShiYongCiShu	整型	2	允许使用次数
JiaGe	货币	8	价格
BaoChou	货币	8	工作量权重
Oper	文本	8	操作者

5. 会员卡信息表（见表 1-5）

表 1-5 会员卡信息表

字段名称	字段类型	字段长度	字 段 意 义
CordNum	文本	10	卡号
KindNum	文本	2	类别号

续表

字段名称	字段类型	字段长度	字 段 意 义
SaleDate	文本	8	售出日期
GuKeNum	文本	8	买卡顾客号（未曾售出时为：New_Cord）
ShiYongCiShu	整型	2	尚能使用次数
Flag	整型	2	标志（0：已结算；1：未结算）
EndDate	文本	8	结算日期
Oper	文本	8	操作者

6. 服务记录表（见表 1-6）

表 1-6 服务记录表

字段名称	字段类型	字段长度	字 段 意 义
CordNum	文本	10	卡号
WorkNum	文本	6	工作号
FuWuDate	文本	8	服务日期
Flag	整型	2	标志（0：未核算；1：已核算）
Oper	文本	8	操作者

7. 工作量核算表（见表 1-7）

表 1-7 工作量核算表

字段名称	字段类型	字段长度	字 段 意 义
Name	文本	8	服务员姓名
HeSuanDate	文本	8	核算日期
GZL	货币	8	工作量权重之和

（二）辅助工具介绍

测试辅助工具的启动界面如图 1–23 所示。

① 选择“清空数据库”命令，出现如图 1–24 所示清空数据库界面。选中要清空的数据库表的名字，单击“=>”按钮，将它们移到右边，然后单击“单击这里清空右边框中所列数据表”按钮，清空相应数据库表中的数据，同时自动返回启动界面。需要提醒注意的是，这里的清空，就是简单清空，不考虑数据的一致性、完整性等要求。

② 选择“设置数据表”命令，出现如图 1–25 所示下拉式子菜单。

在图 1–25 中选择“服务员表”命令（仅以它为例），出现如图 1–26 所示数据库表设置界面。

在这里可以直接输入、修改当前记录的各字段的值，当然也可以使用该功能浏览数据库表中的记录。把鼠标放在某记录最左边的标记列上单击，可以选中该记录，此时按【Delete】键可以删掉刚选中的记录。单击“结束编辑”按钮，保存更改并返回启动界面。需要提醒注意的是，这里的操作均是对数据库表的直接访问，不考虑数据的一致性、完整性、正确性等要求。

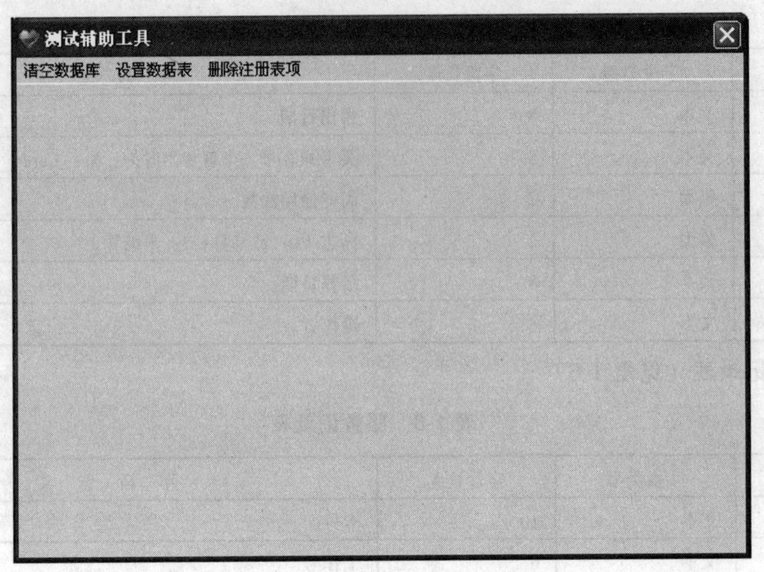

图 1-23 测试辅助工具的启动界面

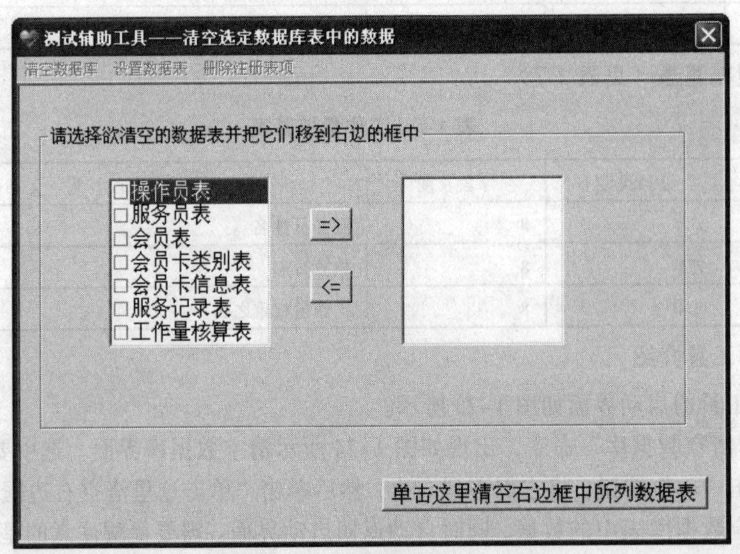

图 1-24 清空数据库界面

③ 选择“删除注册表项”命令，出现如图 1-27 所示对话框，表明已删除跟本系统有关的注册表项，可以再次启动次数会员卡服务管理系统了。由于本系统同时只允许有一个正本运行，所以如果在测试过程中出现了系统非正常退出的情况时，将无法重新运行本系统（重新运行程序、重新启动计算机都不行）。提供“删除注册表项”项功能的目的就是使得本系统可以重新启动。

单击“确定”按钮，返回启动界面。

单击窗体的“关闭”按钮，结束本工具的运行。

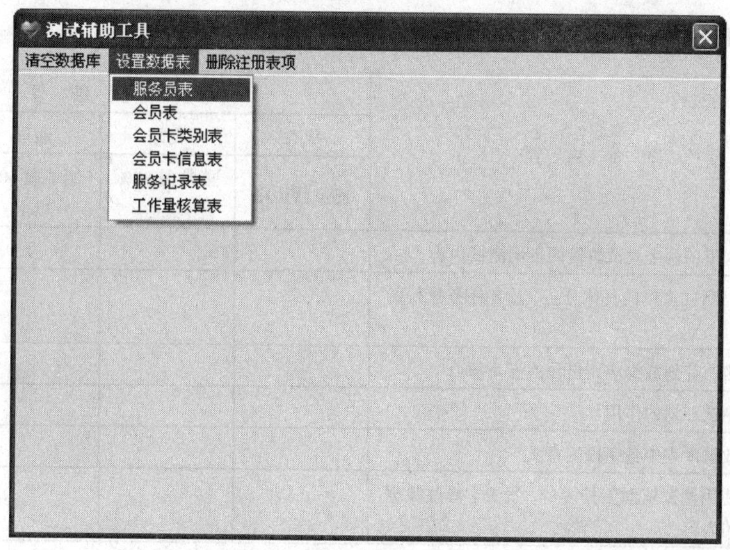

图 1-25　主菜单“设置数据库表”的下拉式子菜单

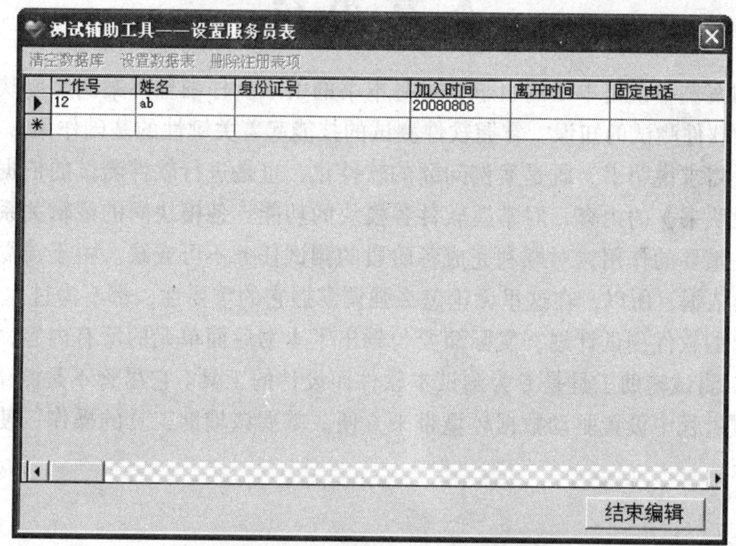

图 1-26　数据库表设置界面

图 1-27　删除注册表项消息框

需要特别提醒注意的是：① 请不要同时运行本工具和次数会员卡服务管理系统，那样会导致数据库中数据的混乱，从而给测试工作带来不确定性；② 由于操作员表中的密码需要先加密，然后才能保存，而加密需要特殊算法，所以这里没有提供对操作员表中的数据直接输入、修改、删除等的手段。如果需要对操作员表中的数据进行操作，只能使用系统提供的相应功能来完成。

六、能力评价

序号	评价内容	评价结果			
		优秀	良好	通过	加油
		能灵活运用	能掌握 80% 以上	能掌握 60% 以上	其他
1	能说出这里的两个测试阶段的不同测试内容				
2	能说出测试工作的具体分工，及各任务执行的顺序				
3	能说出测试计划最少应该包含的五个部分				
4	能说出测试计划的作用				
5	能说出数据库表中各字段的意义				
6	能够使用测试辅助工具清空、设置、修改数据库表中的内容				

本章小结

任务一中的案例不仅是本章的引子，更是本书的引子。仔细理解案例所反映的事实，对学好本书所呈现的软件测试的知识、掌握软件测试的技能起着关键性的基础作用。

任务二的《需求说明书》既是案例问题的软件化，也是进行软件测试的依据。认真透彻地学习好《需求说明书》的内容，对掌握软件各模块的功能、各模块间的逻辑关系及整个软件的功能，有着致关重要的作用，对顺利完成各阶段的测试任务不可或缺。由于《需求说明书》是进行软件测试的依据，所以，在这里无论怎么强调掌握它的重要性，都不为过。

任务三给出的软件测试计划，实际简要勾勒出了本书后面单元的所有内容，完全可以看做是本书的“纲”。测试辅助工具是专为测试本软件而设计的工具。它尽管不是测试工具，但有了它，必将给测试过程中设置驱动数据环境带来方便。掌握该辅助工具的操作，使独立地测试特定模块成为可能。

第二单元　测试添加超级管理员、操作员管理模块

任务一　测试添加超级管理员模块

一、任务描述

依测试计划的安排，“添加超级管理员”模块由司马云长小组负责测试。该模块只于系统在时间上第一次成功运行时启动，在以后的所有运行中，该模块都不被启动。其功能为：添加超级管理员；在超级管理员添加成功后，自动转入超级管理员模块。

超级管理员的用户名长度不能超过 8 个字符，另外不能使用 Adm（大小写不敏感）做用户名，因为 Adm 是一个不能实际存在的系统创立者。该模块的界面如图 2-1 所示。

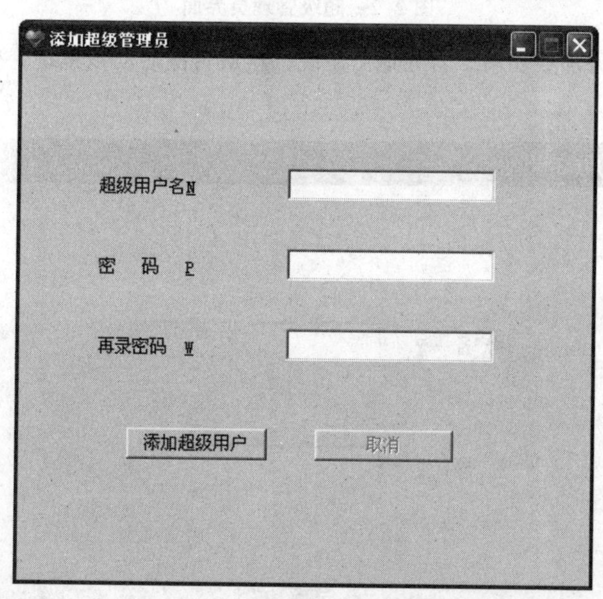

图 2-1　添加超级管理员模块的界面

二、任务分析

（一）测试内容

（1）“该模块只于系统在时间上第一次成功运行时启动，在以后的所有运行中，该模块都不

被启动。”这意味着：当系统中没有任何操作员的信息时，该模块才允许运行，否则没有办法运行；超级管理员只能有一个（一次只能添加一个，该模块只能被运行一次）。

（2）超级管理员添加成功后，弹出如图 2–2 所示超级管理员界面。

图 2–2　超级管理员界面

（3）超级管理员添加成功后，若先退出系统，然后再次启动该系统，应该出现如图 2–3 所示的登录界面。

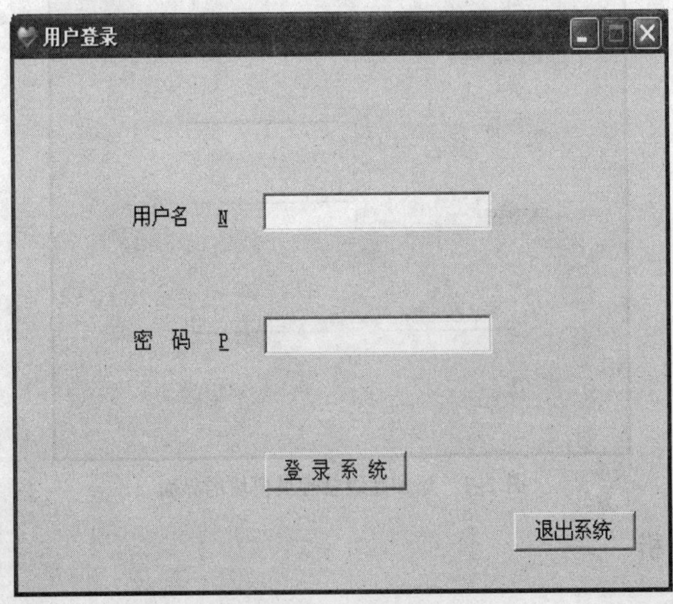

图 2–3　登录界面

（4）窗体上各控件的功能。

①“添加超级用户”按钮。当“有用户名，但用户名不能是 ADM；有密码，并且前后两次输入的密码应该一致”两个条件都满足时，才能实现添加操作，否则依情况给出不同的错误提示，并允许重新输入数据。

我们使用表 2-1 中的数据测试该按钮的功能实现情况。

表 2-1　“添加超级用户”按钮测试数据

序号	操作描述	数　　据	期望结果	实际结果	测试状态
1	输入相应数据后单击“添加超级用户”按钮	超级用户名=空、密码=123456、再录密码=123456	不能没有用户名!		
2		超级用户名= aDm、密码=123456、再录密码=123456	不能使用 Adm 作用户名!		
3		超级用户名= abcde、密码=空、再录密码=123456	不能没有密码!		
4		超级用户名= abcde、密码=123456、再录密码=空	两次输入的密码不一样!		
5		超级用户名= abcde、密码=123456、再录密码=12345	两次输入的密码不一样!		
6		超级用户名= abcde、密码=123456、再录密码=123456	超级用户添加成功!出现如图 2-2 所示超级管理员界面		

②“取消”按钮。只要在三个文本框的任何一个中有输入操作，该按钮的状态就由不可用变为可用。其功能是初始化窗口的显示和状态，包括其自身状态和三个文本框里的内容。

我们使用表 2-2 中的数据测试该按钮的功能实现情况。

表 2-2　“取消”按钮测试数据

序号	操作描述	数据	期望结果	实际结果	测试状态
1	输入相应数据后单击“取消”按钮	超级用户名= abcde、密码=空、再录密码=空	清空三个文本框、按钮变成不可用		
2		超级用户名=空、密码=123456、再录密码=空	清空三个文本框、按钮变成不可用		
3		超级用户名=空、密码=空、再录密码=12	清空三个文本框、按钮变成不可用		
4		超级用户名= abcde、密码=1234、再录密码=123	清空三个文本框、按钮变成不可用		

③ 窗口自身的“关闭”按钮。忽略所有输入并直接结束系统运行，返回操作系统。

（5）访问键。

使用组合键【Alt+N】、【Alt+P】、【Alt+W】，能直接把光标分别移到：“超级用户名”、“密码”、“再录密码”后的文本框中。

（二）测试步骤

（1）测试组合键【Alt+N】、【Alt+P】、【Alt+W】的功能。

（2）使用表 2–2 中数据测试“取消”按钮的功能。

（3）测试窗口“关闭”按钮的功能。

（4）在超级管理员添加成功前，重启该系统，测试系统能否呈现如图 2–1 所示添加超级管理员模块的界面。

（5）使用表 2–1 中数据测试“添加超级用户”按钮的功能。

（6）在超级管理员添加成功后，先退出系统，然后再启动该系统，测试系统能否呈现如图 2–3 所示登录界面。

三、知识准备

功能测试或数据驱动测试也称黑盒测试。它在已知软件应具有的功能的条件下，通过测试来检测每个功能是否都能正常使用。测试时，把程序看做一个不能打开的黑盒子，在完全不考虑程序内部结构和内部特性的情况下，测试者对程序进行测试。只检查程序功能是否按照软件需求说明书的规定正常使用，程序是否能适当地接收输入数据而产生正确的输出信息，并且保持外部信息（如数据库或文件）的完整性。

“黑盒”法不考虑程序的内部逻辑结构，而着眼于外部结构，针对软件界面和软件功能进行测试。“黑盒”法是穷举输入测试，理论上只有把所有可能的输入都作为测试数据使用，才能以这种方法查出程序中所有的错误。但这往往是不可能的。实际测试时，人们总选择典型的情况进行测试，不仅要测试合法的输入，而且还要对那些不合法但是可能的输入进行测试。

四、任务实现

1. 测试组合键【Alt+N】、【Alt+P】、【Alt+W】的功能

（1）启动本系统，显示如图 2–1 所示添加超级管理员模块的界面；

（2）使用组合键【Alt+P】，光标移到“密码”后的文本框中；

（3）使用组合键【Alt+N】，光标移到“超级用户名”后的文本框中；

（4）使用组合键【Alt+W】，光标移到“再录密码”后的文本框中。

2. 测试“取消”按钮的功能

以任意顺序使用表 2–2 中的数据测试该按钮，并把实际的结果跟期望的结果做对比，对于不相同者，在“实际结果”和“测试状态”栏中分别注明；对于相同者，只在“测试状态”栏中注明“通过”即可。

3. 测试窗口“关闭”按钮及在超级管理员添加成功前，系统的启动情况

（1）单击窗口“关闭”按钮，关闭系统；

（2）再次启动该系统，此时由于超级管理员尚没有添加成功，所以应该呈现如图 2–1 所示添加超级管理员模块的界面。

4. 测试“添加超级用户”按钮

（1）以任意顺序使用表 2–1 中的前五组数据测试该按钮，并把实际的结果跟期望的结果做对比，对于不相同者，在“实际结果”和“测试状态”栏中分别注明；对于相同者，只在“测试状态”栏中注明“通过”即可；

（2）使用表 2-1 中的第六组数据测试该按钮，并把实际的结果跟期望的结果做对比，如果不相同，在“实际结果”和“测试状态”栏中分别注明；如果相同，只在“测试状态”栏中注明“通过”即可。

5. 测试在超级管理员添加成功后，系统的启动情况

（1）单击窗口“关闭”按钮，关闭系统；

（2）再次启动该系统，此时由于超级管理员已经添加成功，所以应该呈现如图 2-3 所示登录界面。把实际的结果跟期望的结果做对比，如果不相同，在“实际结果”和“测试状态”栏中分别注明；如果相同，只在“测试状态”栏中注明“通过”即可。

6. 对测试结论给出评价

序　　号	测　试　内　容	测　试　结　论
1	超级管理员添加成功前运行	
2	超级管理员添加成功后再运行	
3	“添加超级用户”按钮	
4	“取消”按钮	
5	窗口“关闭”按钮	
6	访问键	
模块测试结论及建议		

五、相关知识

1. 黑盒测试的基本方法

黑盒测试有两种基本方法，即通过测试和失败测试。

在进行通过测试时，实际上是确认软件能做什么，而不会去考验其能力如何。软件测试员只运用最简单，最直观的测试案例。

在设计和执行测试案例时，总是先要进行通过测试。在进行破坏性试验之前，观察软件基本功能是否能够实现。这一点很重要，否则在正常使用软件时就会发现，会有很多软件缺陷出现。

在确定软件正确运行之后，就可以采取各种手段通过“搞垮”软件来找出缺陷。纯粹为了破坏软件而设计和执行的测试案例，被称为失败测试或迫使出错测试。在软件开发成功后，交付使用前进行的测试，多是失败测试。

2. 黑盒测试的设计方法

黑盒测试是以用户的观点，从输入数据与输出数据的对应关系出发进行测试的，它不涉及到程序的内部结构。很明显，如果内部特性本身有问题或需求说明的规定有误，用黑盒测试方法是发现不了的。黑盒测试法注重于测试软件的功能需求，主要试图发现几类错误：功能不对或遗漏、界面错误、数据结构或外部数据库访问错误、性能错误、初始化和终止错误。

六、学习反思

（一）深入思考

1. 关于测试“添加超级用户”按钮的测试数据的设计

“添加超级用户”按钮的功能是本模块的主要功能，因此本模块测试的重点就是对该按钮的测试。如前所述：当“有用户名，但用户名不能是 ADM；有密码，并且前后两次输入的密码应该一致”两个条件都满足时，才能实现添加操作，否则依情况给出不同的错误提示，并允许重新输入数据。所以设计测试数据时应侧重考虑测试系统对不合法数据的响应，当然也不能忘记测试系统对合法数据的响应。

2. 关于测试“取消”按钮的测试数据的设计

在这里测试数据的具体取值并不重要（跟“添加超级用户”不同），重要的是测试或验证：①只要在三个文本框的任何一个中有输入操作，该按钮的状态就由不可用变为可用；②确实能初始化窗口的显示和状态，包括其自身状态、三个文本框里的内容。

3. 关于测试步骤

在任务分析部分设计的测试步骤共有六步，对比测试内容可以看出，这里的测试步骤绝对不是测试内容的简单罗列，还考虑了相邻步骤间的逻辑关系（数据的、功能的等）。具体地说，前三步不涉及数据的保存，这为第四步测试打下了基础；而第五步是要保存数据的，这又为第六步测试打下了基础。以上这些可以用测试步骤的合理性来概括。

（二）自己动手

1. 使用上面提供的测试数据和测试步骤实际对本模块进行测试

（1）使用测试辅助工具清空“操作员表”中的数据；

（2）完成对本模块的测试。

2. 使用自己设计的合适测试数据及合理测试步骤完成本模块的测试

七、能力评价

序号	评 价 内 容	评 价 结 果			
		优秀 能灵活运用	良好 能掌握 80% 以上	通过 能掌握 60% 以上	加油 其他
1	能说出黑盒测试的基本特点				
2	能说出黑盒测试两种基本方法的内容要点				
3	能依据“添加超级管理员”模块的主要功能设计合适的测试数据及合理的测试步骤				
4	能使用自己设计的测试数据，按照自己设计的测试步骤，实际完成对“添加超级管理员”模块的测试				

任务二　测试操作员管理模块

一、任务描述

司马云长小组测试完“添加超级管理员”模块后，还需要继续测试“操作员管理模块”。该模块的功能包括对操作员的添加、删除和修改。新添加的操作员其默认密码为“1234567890”。修改是指修改用户类别（普通管理员、普通操作员），不能修改用户名和密码。本模块的工作界面如图 2-4 所示。

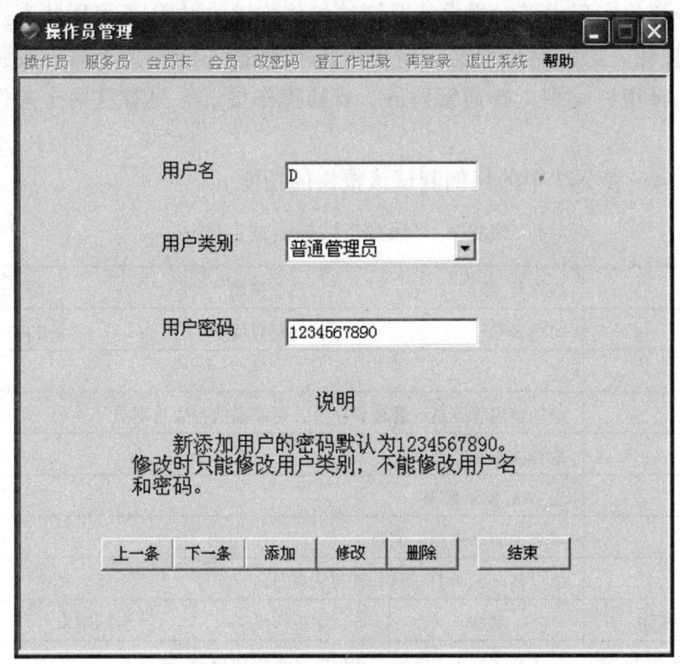

图 2-4　操作员管理模块工作界面

二、任务分析

（一）驱动数据

为了测试本模块，需要设置如表 2-3 所示的驱动数据。

表 2-3　驱动数据

数据库表	操作员表		使用工具	本 系 统
序　　号	用 户 名	用户类别	密　　码	功能模块
1	a1	超级管理员	123	添加超级管理员
2	b1	普通管理员	1234567890	操作员管理
3	c1	普通操作员	1234567890	操作员管理

（二）测试内容

（1）“操作员”主菜单项的功能是使主菜单除“帮助”外的其他菜单项不可用、更改窗体的标题为“操作员管理”、呈现图 2-4 所示工作界面。如果记录集不空，则最底下一排按钮均可用，否则最底下一排按钮只有“添加”和“结束”按钮可用，并提示用户“目前还没有满足条件的记录，请先添加再查看！”

（2）“上一条”按钮的功能是显示上一条记录，但不能显示超级管理员的记录。若用户试图显示超级管理员记录，则提示用户“当前已是第一条记录”，显示停留在当前记录处，该按钮变灰。

（3）“下一条”按钮的功能是显示下一条记录。若用户试图显示最后一条记录的下一条记录，则提醒用户“当前已是最后一条记录”，显示停留在最后一条记录处，该按钮变灰。

注意在上面按钮的实现中随时根据情况调整相关按钮的可用/不可用状态。

（4）“添加”按钮。必须有用户名，但用户名不能是 Adm（大小写不敏感）或目前已存在的用户名；必须选择用户类别（普通管理员、普通操作员）。只有这两个条件都满足时，才能实现添加操作。

我们使用表 2-4～表 2-7 中的用例测试该按钮的功能。

表 2-4 “添加”按钮测试用例一

用例编号		操作员_添加_1		功能模块	操作员管理
编制人		司马云长		编制时间	2009-07-31
相关用例		无			
功能特征		添加普通管理员、普通操作员，不能添加超级管理员			
测试目的		是否能添加普通管理员			
预置条件		表 2-3 驱动数据			
参考信息		需求说明书中相关说明			
测试数据		用户名=b2，用户类别=普通管理员			
操作步骤	操作描述	数据	期望结果	实际结果	测试状态
1	输入数据后单击“添加”按钮	用户名=b2、用户类别=普通管理员	新用户名添加成功！		

表 2-5 “添加”按钮测试用例二

用例编号		操作员_添加_2		功能模块	操作员管理
编制人		司马云长		编制时间	2009-07-31
相关用例		无			
功能特征		添加普通管理员、普通操作员，不能添加超级管理员			
测试目的		是否能添加普通操作员			
预置条件		表 2-3 驱动数据			
参考信息		需求说明书中相关说明			
测试数据		用户名=c2，用户类别=普通操作员			
操作步骤	操作描述	数据	期望结果	实际结果	测试状态
1	输入数据后单击“添加”按钮	用户名=c2、用户类别=普通操作员	新用户名添加成功！		

表 2-6 “添加”按钮测试用例三

用例编号		操作员_添加_3	功能模块		操作员管理
编制人		司马云长	编制时间		2009-07-31
相关用例		无			
功能特征		添加普通管理员、普通操作员，不能添加超级管理员			
测试目的		验证用户名的合理性			
预置条件		表 2-3 驱动数据			
参考信息		需求说明书中相关说明			
测试数据		用户名=adm，用户类别=普通操作员； 用户名=a1，用户类别=普通管理员			
操作步骤	操作描述	数据	期望结果	实际结果	测试状态
1	输入数据后单击“添加”按钮	用户名=adm、用户类别=普通操作员	adm 用户名已被系统使用！		
2		用户名=a1、用户类别=普通管理员	用户名已存在！		

表 2-7 “添加”按钮测试用例四

用例编号		操作员_添加_4	功能模块		操作员管理
编制人		司马云长	编制时间		2009-07-31
相关用例		无			
功能特征		添加普通管理员、普通操作员，不能添加超级管理员			
测试目的		验证用户名的合理性			
预置条件		表 2-3 驱动数据			
参考信息		需求说明书中相关说明			
测试数据		用户名=b1，用户类别=普通操作员； 用户名=c1，用户类别=普通管理员			
操作步骤	操作描述	数据	期望结果	实际结果	测试状态
1	输入数据后单击“添加”按钮	用户名=b1、用户类别=普通操作员	用户名已存在！		
2		用户名=c1、用户类别=普通管理员	用户名已存在！		

（5）“修改”按钮的功能是修改用户类别（普通管理员、普通操作员）。若用户试图修改用户名，系统将忽略刚才的修改；密码文本框中的内容不允许用户修改。

我们使用表 2-8 和表 2-9 中的用例测试该按钮的功能。

表 2-8 “修改”按钮测试用例一

用例编号	操作员_修改_1	功能模块	操作员管理
编制人	司马云长	编制时间	2009-07-31
相关用例	操作员_添加_1		
功能特征	只能修改用户类别		

续表

测试目的		是否可以修改用户类别			
预置条件		表 2-3 驱动数据			
参考信息		需求说明书中相关说明			
测试数据		用户名=b2，用户类别=普通操作员； 用户名=c1，用户类别=普通管理员			
操作步骤	操作描述	数据	期望结果	实际结果	测试状态
1	更改用户类别后单击“修改”按钮	用户名=b2、用户类别=普通操作员	用户类别=普通操作员		
2		用户名=c1、用户类别=普通管理员	用户类别=普通管理员		

表 2-9 “修改”按钮测试用例二

用例编号		操作员_修改_2	功能模块		操作员管理
编制人		司马云长	编制时间		2009-07-31
相关用例		操作员_添加_2			
功能特征		只能修改用户类别			
测试目的		不能修改用户名和密码			
预置条件		表 2-3 驱动数据			
参考信息		需求说明书中相关说明			
测试数据		用户名=c2，用户类别=普通操作员，密码=1234567890			
操作步骤	操作描述	数据	期望结果	实际结果	测试状态
1	做相应更改后单击“修改”按钮	用户名=c3、用户类别=普通管理员、试图更改密码	用户名=c2、用户类别=普通管理员、密码无法更改		

（6）“删除”按钮的功能是删除当前屏幕上正显示的用户，同时下一条记录自动变成当前记录。如果恰是最后一条记录被删除，则新的最后一条记录成为当前记录。如果数据库表之操作员表中实际只剩下了超级管理员一条记录（在本模块中该记录不能被显示和操作），则系统将给出“记录集中已没有记录”的提示。

（7）“结束”按钮的功能跟窗口“关闭”按钮的功能相同都是结束本功能模块运行，并返回主菜单，同时使主菜单的所有菜单项可用、更改窗体的标题为“系统管理”。

（三）测试步骤

（1）设置驱动数据；

（2）测试“操作员”主菜单项的功能；

（3）测试“添加”按钮的功能；

（4）测试“修改”按钮的功能；

（5）测试“上一条”按钮的功能；

（6）测试“下一条”按钮的功能；

（7）测试“删除”按钮的功能；

（8）测试“结束”按钮与窗口“关闭”按钮的功能。

三、知识准备

测试用例是为特定目标而开发的一组测试输入、执行条件和预期结果的实例，其目的是测试某个程序路径或核实程序是否满足某个特定的需求。测试用例目前没有完整的定义，其内容包括测试目标、测试环境、输入数据、测试步骤、预期结果等，并形成文档。编写测试用例文档应有文档模板，须符合内部的规范要求。测试用例文档由简介和测试用例两部分组成。简介部分包含了测试目的、测试范围、定义术语、参考文档、概述等。测试用例部分逐一展示各测试用例。

设计测试用例，可以采用软件测试常用的基本方法：等价类划分法、边界值分析法等。测试用例通常根据它们所关联关系的测试类型或测试需求来分类，而且随类型和需求进行相应地改变。最佳方案是为每个测试需求至少编制两个测试用例：一个测试用例用于证明该需求已经满足，通常称作正面测试用例；另一个测试用例反映某个无法接受、反常或意外的条件或数据，用于论证只有在所需条件下才能够满足该需求，这个测试用例称负面测试用例。

四、任务实现

1. 使用测试辅助工具清空“操作员表”中的所有内容

选择“测试辅助工具”→“清空数据库”→“操作员表”命令在出现的窗口中单击“=>”，按钮把“操作员表”移到列表框中，单击“单击这里清空右边框中所列数据表”按钮，清空该数据库表中的数据，同时自动返回启动界面，并关闭该工具。图 2-5 所示为单击“单击清空右边框中所列数据表”按钮前的情况。

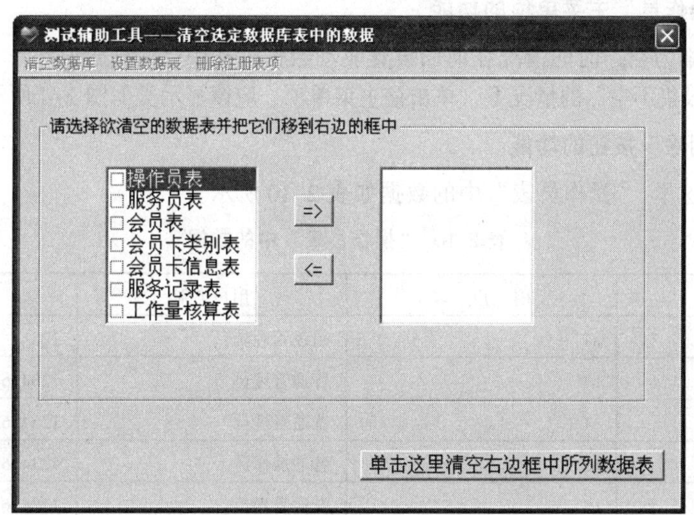

图 2-5　清空“操作员表”中的所有内容

2. 设置驱动数据

（1）启动本系统，自动进入“添加超级管理员”模块，把表 2-3 中序号为 1 的数据添加到数据库中。添加成功后，将自动进入“超级管理员”模块；

（2）选择“操作员”命令，此时应该出现测试内容中介绍“操作员”主菜单项功能时所描述的“记录集为空”时的情况；

（3）使用“添加”按钮，把表 2-3 中序号为 2、3 的数据添加到数据库中。

3．测试“添加”按钮的功能

依次使用测试用例“操作员_添加_1”～“操作员_添加_4”测试“添加”按钮。把实际的结果跟期望的结果做对比，对于不相同者，在“实际结果”和“测试状态”栏中分别注明；对于相同者，只在“测试状态”栏中注明“通过”即可。

4．测试“修改”按钮的功能

依次使用测试用例“操作员_修改_1”和“操作员_修改_2”测试“修改”按钮。把实际的结果跟期望的结果做对比，对于不相同者，在“实际结果”和“测试状态”栏中分别注明；对于相同者，只在“测试状态”栏中注明“通过”即可。

5．测试“上一条”按钮的功能

连续单击该按钮，直到出现“当前已是第一条记录”提示信息，同时观察系统的反映跟测试内容中介绍“上一条”按钮功能时所描述的情况是否一致。

6．测试“下一条”按钮的功能

连续单击该按钮，直到出现“当前已是最后一条记录”提示信息，同时观察系统的反映跟测试内容中介绍“下一条”按钮功能时所描述的情况是否一致。

7．测试“结束”按钮的功能

单击“结束”按钮，测试是否能够结束本功能模块运行，并返回主菜单，同时使主菜单的所有菜单项可用、更改窗体的标题为“系统管理”。

8．测试“操作员”主菜单项的功能

（1）“记录集为空”时的情况在前面设置驱动数据过程中已测试过；

（2）在“记录集不空”的情况下，单击该主菜单项，应该显示类似图 2-4 所示的工作界面。

9．测试“删除”按钮的功能

测试进行到这里，“操作员表”中的数据如表 2-10 所示。

表 2-10 “操作员表”中的数据

序　　号	用　户　名	用户类别	密　　码
1	a1	超级管理员	123
2	b1	普通管理员	1234567890
3	c1	普通管理员	1234567890
4	b2	普通操作员	1234567890
5	c2	普通管理员	1234567890

（1）配合使用“上一条”和“下一条”按钮，定位“用户名=c1”的记录为当前记录；

（2）单击“删除”按钮，“用户名=b2”的记录为当前记录；再单击“删除”按钮，“用户名=c2”的记录为当前记录；再单击“删除”按钮，“用户名=b1”的记录为当前记录；

（3）再单击“删除”按钮，在显示空白记录的同时，弹出消息框，给出提示“记录集中已没有记录”。

10．测试窗口“关闭”按钮的功能

单击窗口“关闭”按钮，也能结束本功能模块运行，并返回主菜单，同时使主菜单的所有菜单项可用、更改窗体的标题为“系统管理”。

11. 对测试结论给出评价

序　　号	测　试　内　容	测　试　结　论
1	“操作员”主菜单项的功能	
2	“上一条”按钮的功能	
3	“下一条”按钮的功能	
4	“添加”按钮的功能	
5	“修改”按钮的功能	
6	“删除”按钮的功能	
7	“结束”按钮的功能	
8	窗口自身“关闭”按钮的功能	
模块测试结论及建议		

五、相关知识

使用黑盒测试设计测试用例时，常用的基本方法有：等价类划分法、边界值分析法等。

1. 等价类划分法

（1）等价类是输入域的某个子集合，而所有等价类的并集就是整个输入域。因此，等价类对于测试有两个重要的意义。

① 完备性——整个输入域提供一种形式的完备性。

② 无冗余性——若互不相交则可保证一种形式的无冗余性。

如何划分？先从程序的规格说明书中找出各个输入条件，再为每个输入条件划分两个或多个等价类，形成若干的互不相交的子集。

（2）划分等价类可分为两种情况。

① 有效等价类 ——是指对软件规格说明而言，是有意义的、合理输入数据所组成的集合。利用有效等价类，能够检验程序是否实现了规格说明中预先规定的功能和性能。

② 无效等价类 ——是指对软件规格说明而言，是无意义的、不合理输入数据所构成的集合。利用无效等价类，可以鉴别程序异常处理的情况，检查被测对象的功能和性能的实现是否有不符合规格说明要求的地方。

（3）采用等价类划分法设计测试用例通常分两步进行。

① 确定等价类，列出等价类表。

② 确定测试用例。

2. 边界值分析法

边界值分析方法是对等价类划分方法的补充。

（1）边界值分析方法的考虑。长期的测试工作经验告诉我们，大量的错误是发生在输入或输出范围的边界上，而不是发生在输入输出范围的内部。因此针对各种边界情况设计测试用例，可以查出更多的错误。

使用边界值分析方法设计测试用例，首先应确定边界情况。通常输入和输出等价类的边界，就是应着重测试的边界情况。应当选取正好等于、略大于或略小于边界的值作为测试数据，而不是选取等价类中的典型值或任意值作为测试数据。

（2）基于边界值分析方法选择测试用例的原则：

① 如果输入条件规定了值的范围，则应取刚达到这个范围的边界的值，以及略超越这个范围边界的值作为测试输入数据；

② 如果输入条件规定了值的个数，则用最大个数、最小个数、比最小个数少一、比最大个数多一的数作为测试数据；

③ 如果程序规格（需求）说明给出的输入域或输出域是有序集合，则应选取集合的第一个元素和最后一个元素作为测试用例；

④ 如果程序中使用了一个内部数据结构，则应当选择这个内部数据结构的边界上的值作为测试用例；

⑤ 分析规格（需求）说明，找出其他可能的边界条件。

六、学习反思

（一）深入思考

1. 关于驱动数据

在分组测试软件时，经常不可能等待相关小组测试完成，并构造好所需测试环境后，才开始自己小组的测试，解决问题的办法就是自己根据需要构造所需测试环境。设置驱动数据是构造测试环境的重要工作之一。当然设置驱动数据时，应该以达到自己的测试目的为原则。由于这里的驱动数据是人为设置的，所以在设计驱动数据前，一定要仔细研读《需求说明书》等资料，做到对系统的现场状态成竹在胸；在设计驱动数据时，一定要保证它们的正确性、完整性、一致性、合法性、合理性等。

2. 关于测试“添加”按钮的功能

测试用例“操作员_添加_3”一是用来测试 adm 是否能被系统检查为系统已占用；二是用来测试超级管理员 a1 是否能被系统检查为已存在。这两个用户名，可以看做是操作员用户名的边界值。

3. 关于测试“修改”按钮的功能

由于用户名不允许修改，所以测试用例“操作员_修改_2”希望测试当同时修改用户名和用户类型时会发生什么情况。

4. 关于测试步骤

（1）在测试前清空“操作员表”中的数据，是为了让操作员表中的数据完全跟驱动数据一致，只有这样才能使得系统现场环境满足测试的需要，以保证测试的顺利进行。

（2）对“操作员”主菜单项功能的测试实际是在两处进行的，这主要考虑测试该主菜单项功能需要现场具备两种不同的状况：一是“操作员表”中只有超级管理员一条记录（在这里认为“记录集为空”）；二是“操作员表”中至少有一条除超级管理员记录外的记录。步骤②测试的是第一种情况；步骤⑧测试的是第二种情况。这是因为，执行到步骤②时程序状况正好满足第一种情况。当然在步骤②中，单击“操作员”主菜单项不仅仅是为了测试其功能，它也是完成步骤②的必需操作。

（3）“结束”按钮的功能与窗口“关闭”按钮的功能实际是相同的，为了测试它们的功能以及说明它们的功能相同，这里用两个步骤分别测试它们：其中步骤⑦，一方面用来测试“结束”按钮的功能，另一方面也是执行步骤⑧、⑨、⑩的前提；而步骤⑩，既是测试“关闭”按钮的功能的需要，也是完成测试退出系统的操作的需要。

（二）自己动手

（1）使用上面提供的测试用例和测试步骤实际对本模块进行测试。

（2）使用自己设计的合适测试用例及合理测试步骤完成对本模块的测试。

七、能力评价

序号	评价内容	评价结果			
		优秀	良好	通过	加油
		能灵活运用	能掌握 80%以上	能掌握 60%以上	其他
1	能说出测试用例的含义				
2	能说出黑盒测试中设计测试用例时，常用的两种基本方法的内容要点				
3	能依据“操作员管理”模块的主要功能设计合适的测试用例及合理的测试步骤				
4	能使用自己设计的测试用例，按照自己设计的测试步骤，实际完成对“操作员管理”模块的测试				

本章小结

功能测试或数据驱动测试也称黑盒测试。它不考虑程序的内部逻辑结构，而是着眼于外部结构，针对软件界面和软件功能进行测试。黑盒测试有两种基本方法，即通过测试和失败测试。

测试用例是为特定目标而开发的一组测试输入、执行条件和预期结果的实例，其目的是测试某个程序路径或核实程序是否满足某个特定的需求。设计测试用例，可以采用软件测试常用的基本方法：等价类划分法、边界值分析法等。用于证明该需求已经满足的测试用例，通常称作正面测试用例；反映某个无法接受、反常或意外的条件或数据，用于论证只有在特殊条件下才能够满足该需求的测试用例，称作负面测试用例。

等价类划分法是把所有可能的输入数据，即程序的输入域划分成若干部分（子集），然后从每一个子集中选取少数具有代表性的数据作为测试用例。

边界值分析方法是对等价类划分方法的补充。长期的测试工作经验告诉我们，针对各种边界情况设计测试用例，可以查出更多的错误。应当选取正好等于、略大于或略小于边界的值作为测试数据，而不是选取等价类中的典型值或任意值作为测试数据。

确定模块的测试内容很重要，设计合理的测试步骤也很重要。

第三单元　测试用户登录、密码修改、退出系统、联机帮助模块

任务一　测试用户登录模块

一、任务描述

登录模块是系统的大门，由司马云长小组负责测试。本次测试的主要目的是验证登录用户的合法性，并根据用户的身份呈现不同的登录界面：超级管理员界面、普通管理员界面或普通操作员界面。该模块的界面如图 3-1 所示。

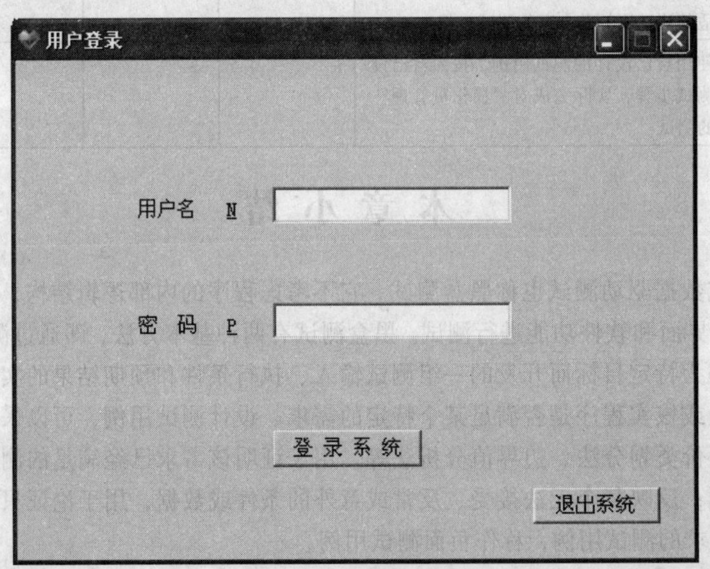

图 3-1　用户登录界面

二、任务分析

（一）驱动数据

为了测试本模块，司马云长测试小组已设置如表 3-1～表 3-3 所示的驱动数据，该数据是由超级管理员添加的。

表 3-1　驱动数据一

数据库表	操作员表		使用工具	本系统
序　　号	用户名	用户类别	密　　码	功能模块
1	AAA	超级管理员	123	添加超级管理员
2	BBB	普通管理员	1234567890	操作员管理
3	CCC	普通操作员	1234567890	操作员管理
4	DDD	普通管理员	1234567890	操作员管理

表 3-2　驱动数据二

数据库表	会员卡类别表		使用工具	本系统	
序　　号	类别号	类别名	使用次数	价　　格	工作量权重
1	A1	Aa1	10	50	1

表 3-3　驱动数据三

数据库表	服 务 员 表		使用工具	本　系　统
序　　号	工作号	姓　　名	加入日期	身份证号、离开日期、固定电话、小灵通、手机和住址字段暂不设置
1	A1	王刚	20060508	

（二）测试内容

（1）该模块是次数会员卡服务管理系统在成功添加超级管理员之后每次运行时启动的功能模块。

（2）“登录系统”按钮的功能有三个：一是根据用户的身份呈现不同的登录界面：超级管理员界面、普通管理员界面或普通操作员界面；二是在用户名输入不正确的情况下告知用户“用户名不存在”并且根据提示，单击“确定”按钮后可以重新输入用户名和密码进行登录操作；三是在用户名输入正确密码输入不正确的情况下告知用户“密码不正确”并根据提示，单击“确定”按钮后可以重新输入用户名和密码进行登录操作。

我们使用表 3-4～表 3-10 所示的用例测试该按钮的功能。

表 3-4 “登录系统”按钮测试用例一

用例编号	用户登录_登录系统_1	功能模块	用户登录
编制人	司马云长	编制时间	2009-07-31
相关用例	无		
功能特征	登录超级管理员界面，不能登录到普通管理员界面和普通操作员界面		
测试目的	能登录到超级管理员界面		
预置条件	表 3-1 驱动数据		
参考信息	需求说明书中相关说明		
测试数据	用户名= AAA、密码=123		

操作步骤	操作描述	数据	期望结果	实际结果	测试状态
1	输入数据后单击“登录系统”按钮	用户名= AAA 密码=123	登录超级管理员界面，如图 3-2 所示		

表 3-5 “登录系统”按钮测试用例二

用例编号		用户登录_登录系统_2	功能模块		用户登录
编制人		司马云长	编制时间		2009-07-31
相关用例		无			
功能特征		登录普通管理员界面，不能登录到超级管理员界面和普通操作员界面			
测试目的		能登录到普通管理员界面			
预置条件		表 3-1 驱动数据			
参考信息		需求说明书中相关说明			
测试数据		用户名= BBB、密码=1234567890			
操作步骤	操作描述	数据	期望结果	实际结果	测试状态
1	输入数据后单击“登录系统”按钮	用户名= BBB 密码=1234567890	登录普通管理员界面，如图 3-3 所示		

表 3-6 “登录系统”按钮测试用例三

用例编号		用户登录_登录系统_3	功能模块		用户登录
编制人		司马云长	编制时间		2009-07-31
相关用例		无			
功能特征		登录普通操作员界面，不能登录到超级管理员界面和普通管理员界面			
测试目的		能登录到普通操作员界面			
预置条件		表 3-1 驱动数据			
参考信息		需求说明书中相关说明			
测试数据		用户名= CCC、密码=1234567890			
操作步骤	操作描述	数据	期望结果	实际结果	测试状态
1	输入数据后单击“登录系统”按钮	用户名= CCC 密码=1234567890	登录普通操作员界面，如图 3-4 所示		

表 3-7 “登录系统”按钮测试用例四

用例编号		用户登录_登录系统_4	功能模块		用户登录
编制人		司马云长	编制时间		2009-07-31
相关用例		无			
功能特征		不能登录系统，可以重新输入用户名和密码进行登录操作			
测试目的		密码不正确时，不能登录系统			
预置条件		表 3-1 驱动数据			
参考信息		需求说明书中相关说明			
测试数据		用户名= DDD、密码=123（或除 1234567890 外的任意密码）			
操作步骤	操作描述	数据	期望结果	实际结果	测试状态
1	输入数据后单击“登录系统”按钮	用户名= DDD 密码 =123（或除 1234567890 外的任意密码）	密码不正确		

表 3-8 “登录系统”按钮测试用例五

用例编号		用户登录_登录系统_5	功能模块		用户登录
编制人		司马云长	编制时间		2009-07-31
相关用例		无			
功能特征		不能登录系统，可以重新输入用户名和密码进行登录操作			
测试目的		密码不正确时，不能登录系统			
预置条件		表 3-1 驱动数据			
参考信息		需求说明书中相关说明			
测试数据		用户名= DDD、密码=空			
操作步骤	操作描述	数据	期望结果	实际结果	测试状态
1	输入数据后单击“登录系统”按钮	用户名= DDD 密码=空	密码不正确		

表 3-9 “登录系统”按钮测试用例六

用例编号		用户登录_登录系统_6	功能模块		用户登录
编制人		司马云长	编制时间		2009-07-31
相关用例		无			
功能特征		不能登录系统，可以重新输入用户名和密码进行登录操作			
测试目的		用户名不存在时，不能登录系统			
预置条件		表 3-1 驱动数据			
参考信息		需求说明书中相关说明			
测试数据		用户名= Aa、密码=111（任意字符串）			
操作步骤	操作描述	数据	期望结果	实际结果	测试状态
1	输入数据后单击“登录系统”按钮	用户名= Aa 密码=111（任意字符串）	用户名不存在		

表 3-10 “登录系统”按钮测试用例七

用例编号		用户登录_登录系统_7	功能模块		用户登录
编制人		司马云长	编制时间		2009-07-31
相关用例		无			
功能特征		不能登录系统，可以重新输入用户名和密码进行登录操作			
测试目的		用户名不存在时，不能登录系统			
预置条件		表 3-1 驱动数据			
参考信息		需求说明书中相关说明			
测试数据		用户名= Aa、密码=空			
操作步骤	操作描述	数据	期望结果	实际结果	测试状态
1	输入数据后单击“登录系统”按钮	用户名= Aa 密码=空	用户名不存在		

（3）“退出系统”按钮的功能跟窗口“关闭”按钮的功能相同都是退出该系统。

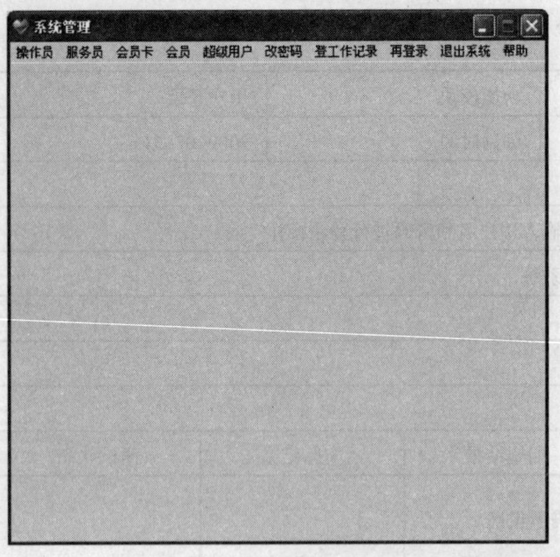

图 3-2 超级管理员界面

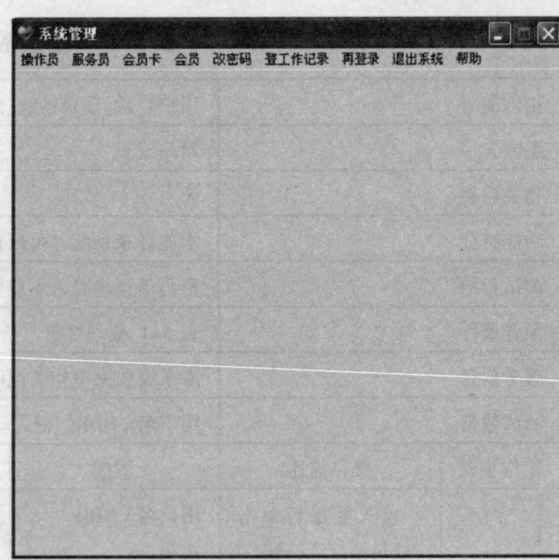

图 3-3 普通管理员界面

图 3-4 普通操作员界面

（三）测试步骤

（1）设置驱动数据；

（2）使用表 3-4～表 3-10 中数据测试“登录系统”按钮的功能；

（3）测试“退出系统”按钮的功能。

三、知识准备

软件测试过程按测试的先后次序可分为单元测试、集成测试、确认测试、系统测试等 4 个步骤。

单元测试集中对用源代码实现的每一个程序单元进行测试，检查各个程序模块是否正确地实现了规定的功能。集成测试，也称组装测试或联合测试。在单元测试的基础上，将所有模块按照设计要求（如根据结构图）组装成为子系统或系统，进行集成测试。确认测试则是要检查已实现的软件是否满足了需求规格说明中确定了的各种需求，以及软件配置是否完全、正确。系统测试把经过确认的软件纳入实际运行环境中，与其他系统成分组合在一起进行测试。严格地说，系统测试已超出了软件工程的范围。图 3–5 为软件测试经历的 4 个步骤。

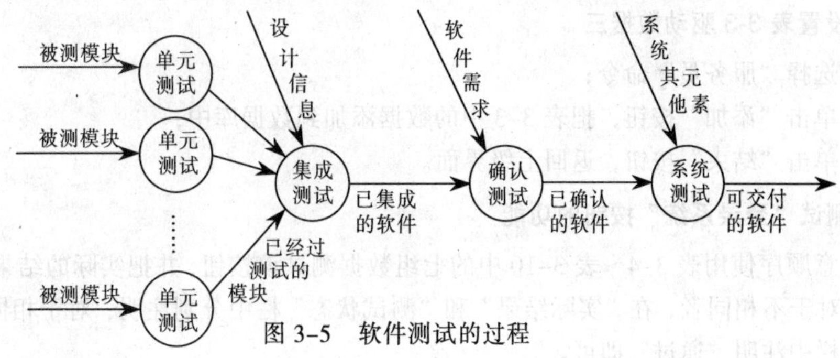

图 3–5　软件测试的过程

四、任务实现

1. 使用测试辅助工具清空“操作员表”、“服务员表”、“会员卡类别表”中的内容

选择“测试辅助工具”→“清空数据库”命令。选中“操作员表”、“服务员表”、“会员卡类别表”后单击“=>”按钮把上述三个表移到右边框中，单击“单击这里清空右边框中所列数据表”按钮，清空该数据库表中的数据，同时自动返回启动界面并关闭该工具。图 3–6 所示为单击“单击这里清空右边框中所列数据表”按钮前的情况。

2. 设置表 3-1 驱动数据一

（1）启动本系统，自动进入“添加超级管理员”模块，把表 3–1 中序号为 1 的数据添加到数据库中。添加成功后，将自动进入“超级管理员”模块，如图 3–2 所示；

（2）选择“操作员”命令，此时应该出现“目前还没有满足条件的记录，请先添加再查看！”提示信息框，单击“确定”按钮继续；

（3）单击“添加”按钮，把表 3–1 中序号为 2、3、4 的数据添加到数据库中；

（4）单击“结束”按钮，返回上级界面。

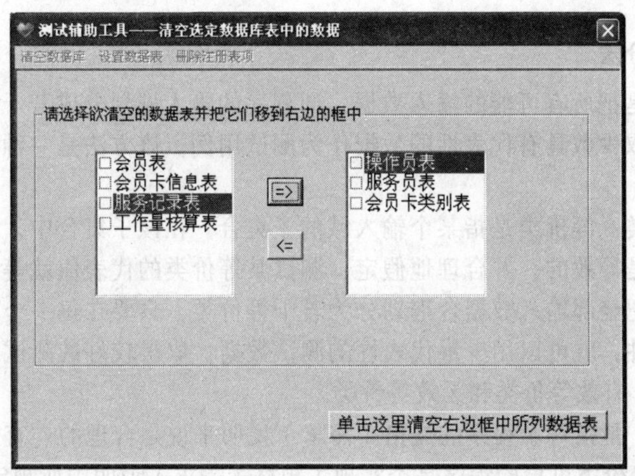

图 3–6　清空“操作员表”、“服务员表”、“会员卡类别表”中的所有内容

3. 设置表 3-2 驱动数据二

（1）选择“会员卡”→“设置会员卡类别”命令；

（2）单击“添加”按钮，把表 3-2 中的数据添加到数据库中；

（3）单击“结束”按钮，返回上级界面。

4. 设置表 3-3 驱动数据三

（1）选择“服务员”命令；

（2）单击“添加”按钮，把表 3-3 中的数据添加到数据库中；

（3）单击“结束”按钮，返回上级界面。

5. 测试“登录系统”按钮的功能

以任意顺序使用表 3-4～表 3-10 中的七组数据测试该按钮，并把实际的结果跟期望的结果做对比，对于不相同者，在“实际结果”和“测试状态”栏中分别注明；对于相同者，只在“测试状态”栏中注明“通过”即可。

在测试过程中，单击“再登录”或“重新登录”按钮返回到登录界面。

6. 测试“退出系统”按钮和窗口“关闭”按钮的功能

单击“退出系统”按钮结束本系统的运行，单击窗口“关闭”按钮，也能结束本系统运行。

7. 对测试结论给出评价

序　号	测 试 内 容	测 试 结 论
1	“登录系统”按钮的功能	
2	“退出系统”按钮的功能	
3	窗口自身“关闭”按钮的功能	
模块测试结论及建议		

五、相关知识

关于等价类划分法

等价类划分法是把所有可能的输入数据，即程序的输入域划分成若干部分（子集），然后从每一个子集中选取少数具有代表性的数据作为测试用例。该方法是一种重要的、常用的黑盒测试用例设计方法。

（1）划分等价类：等价类是指某个输入域的子集合。在该子集合中，各个输入数据对于揭露程序中的错误都是等效的，并合理地假定：测试某等价类的代表值就等于对这一类其他值的测试。因此，可以把全部输入数据合理划分为若干等价类，只要在每一个等价类中取一个数据作为测试的输入条件，就可以用少量代表性的测试数据，取得较好的测试结果。等价类划分可有两种不同的情况：有效等价类和无效等价类。

- 有效等价类：是指对于程序的规格（需求）说明来说是合理的、有意义的输入数据构成的集合。利用有效等价类可检验程序是否实现了规格（需求）说明中所规定的功能和性能。

• 无效等价类：与有效等价类的定义恰恰相反。

设计测试用例时，要同时考虑这两种等价类。因为，软件不仅要能接收合理的数据，也要能经受意外的考验。这样的测试才能确保软件具有更高的可靠性。

（2）划分等价类的方法：下面给出 6 条确定等价类的原则。

① 在输入条件规定了取值范围或值的个数的情况下，可以确立一个有效等价类和两个无效等价类；

② 在输入条件规定了输入值的集合或者规定了“必须如何”的条件的情况下，可确立一个有效等价类和一个无效等价类；

③ 在输入条件是一个布尔量的情况下，可确定一个有效等价类和一个无效等价类；

④ 在规定了输入数据的一组值（假定 n 个），并且程序要对每一个输入值分别处理的情况下，可确立 n 个有效等价类和一个无效等价类；

⑤ 在规定了输入数据必须遵守规则的情况下，可确立一个有效等价类（符合规则）和若干个无效等价类（从不同角度违反规则）；

⑥ 在确知已划分的等价类中各元素在程序处理中方式不同的情况下，则应再将该等价类进一步的细分为更小的等价类。

（3）设计测试用例：在确立了等价类后，可建立等价类表，列出所有划分出的等价类。

然后从划分出的等价类中按以下三个原则设计测试用例：

① 为每一个等价类规定一个唯一的编号；

② 设计一个新的测试用例，使其尽可能多地覆盖尚未被覆盖的有效等价类。重复这一步，直到所有的有效等价类都被覆盖为止；

③ 设计一个新的测试用例，使其仅覆盖一个尚未被覆盖的无效等价类。重复这一步，直到所有的无效等价类都被覆盖为止。

六、学习反思

（一）深入思考

1. 关于测试“登录系统”按钮的测试数据的设计

“登录系统”按钮的功能是本模块的主要功能，因此对本模块测试的重点就是对该按钮的测试。如前所述：在“用户名正确，密码也正确”两个条件都满足时，才能实现登录操作并根据用户的身份弹出不同的登录界面，否则依情况给出不同提示，并允许重新输入数据。所以设计测试数据时应侧重考虑测试系统对不合法数据的响应，当然也不能忘记测试系统对合法数据的响应。

2. 表 3-2、表 3-3 驱动数据的设计

测试登录模块在驱动数据中特别需要添加卡类别和服务员表，也就是表 3–2、表 3–3 中的数据，否则无法以普通操作员的身份登录系统，当然也就无法测试普通操作员是否能够登录系统。

3. 表 3-4～表 3-10 中的测试用例的设计

此处测试数据的设计采用的是黑盒测试方法中的等价类划分法，在设计测试用例时，要同时考虑两种等价类：有效等价类和无效等价类。测试“登录系统”的有效等价类有 3 个，无效等价类有 4 个，依据等价类划分的原则，建立等价类表，列出所有划分出的等价类，如表 3–11 所示。

表 3-11 等价类表

输入条件	有效等价类	无效等价类
用户名= AAA 密码=123	登录超级管理员界面	
用户名= BBB 密码=1234567890	登录管理员界面	
用户名= CCC 密码=1234567890	登录操作员界面	
用户名= DDD 密码=123（或除 1234567890 外的任意密码）		密码不正确
用户名= DDD 密码=空		密码不正确
用户名= Aa 密码=111（任意字符串）		用户名不存在
用户名= Aa 密码=空		用户名不存在

最后，根据等价类表得出等价类测试用例，如表 3-12 所示。

表 3-12 测试“登录系统”按钮等价类测试用例

测试用例	用户名	密 码	预期输出
用户登录_登录系统_1	AAA	123	登录超级管理员界面
用户登录_登录系统_2	BBB	1234567890	登录管理员界面
用户登录_登录系统_3	CCC	1234567890	登录操作员界面
用户登录_登录系统_4	DDD	123	密码不正确
用户登录_登录系统_5	DDD	空	密码不正确
用户登录_登录系统_6	Aa	111	用户名不存在
用户登录_登录系统_7	Aa	空	用户名不存在

表 3-4～表 3-10 中的测试用例在实际测试时可以按任意顺序使用的原因是，在驱动数据设置完成后，这七个测试用例间的关系是平行的，即：它们均不互为前提条件。

（二）自己动手

（1）使用上面提供的测试数据和测试步骤实际对本模块进行测试。

① 使用测试辅助工具清空“操作员表”中的数据；

② 完成对本模块的测试。

（2）使用自己设计的合适测试数据及合理测试步骤完成对本模块的测试。

七、能力评价

序号	评 价 内 容	评 价 结 果			
		优秀	良好	通过	加油
		能灵活运用	能掌握 80% 以上	能掌握 60% 以上	其他
1	能说出软件测试过程的四个步骤				

续表

序号	评 价 内 容	评 价 结 果			
		优秀	良好	通过	加油
		能灵活运用	能掌握 80% 以上	能掌握 60% 以上	其他
2	能说出划分等价类的原则				
3	能依据“用户登录模块”模块的主要功能设计合适的测试数据及合理的测试步骤				
4	能使用自己设计的测试数据，按照自己设计的测试步骤，实际完成对“用户登录模块”模块的测试				

任务二　测试密码修改模块

一、任务描述

司马云长小组测试完“用户登录”模块后，还需要继续测试“密码修改”模块。该模块的功能是为已登录用户修改自己的密码提供方法。本模块的工作界面如图 3-7 所示。

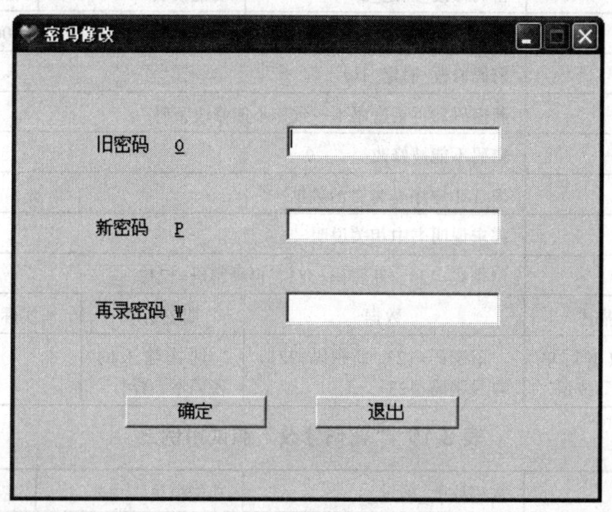

图 3-7　密码修改工作界面

二、任务分析

（一）驱动数据

驱动数据为表 3-1 中序号为 1 和 2 的两组数据。

（二）测试内容

（1）该模块是在用户登录系统后选择“改密码”时启动的，这意味着：只有成功登录本系统的用户才有权修改密码。

（2）窗体上各控件的功能：

①“确定”按钮。当“输入旧密码正确，并且新密码和再录密码两次输入的密码一致”两个条件都满足时，才能实现修改操作，否则依情况给出不同提示，并允许重新输入数据。

我们使用表 3-13～表 3-19 中的数据测试该按钮的功能。

表 3-13 “密码修改”测试用例一

用例编号		密码修改_确定_1	功能模块	密码修改	
编制人		司马云长	编制时间	2009-07-31	
相关用例		无			
功能特征		新密码修改成功			
测试目的		登录用户可以修改密码			
预置条件		表 3-1 中序号为 2 的数据			
参考信息		需求说明书中相关说明			
测试数据		旧密码=1234567890、新密码=123、再录密码=123			
操作步骤	操作描述	数据	期望结果	实际结果	测试状态
1	输入数据后单击“确定”按钮	旧密码=1234567890、新密码=123、再录密码=123	新密码修改成功!		

表 3-14 “密码修改”测试用例二

用例编号		密码修改_确定_2	功能模块	密码修改	
编制人		司马云长	编制时间	2009-07-31	
相关用例		密码修改_确定_1			
功能特征		新密码和再录密码不一致，不能修改密码			
测试目的		密码不能被修改			
预置条件		表 3-1 中序号为 2 的数据			
参考信息		需求说明书中相关说明			
测试数据		旧密码=123、新密码=321、再录密码=123			
操作步骤	操作描述	数据	期望结果	实际结果	测试状态
1	输入数据后单击“确定”按钮	旧密码=123、新密码=321、再录密码=123	两次输入的密码不一样!		

表 3-15 “密码修改”测试用例三

用例编号		密码修改_确定_3	功能模块	密码修改	
编制人		司马云长	编制时间	2009-07-31	
相关用例		密码修改_确定_1			
功能特征		新密码和再录密码不一致，不能修改密码			
测试目的		密码不能被修改			
预置条件		表 3-1 中序号为 2 的数据			
参考信息		需求说明书中相关说明			
测试数据		旧密码=123、新密码=321、再录密码=空			
操作步骤	操作描述	数据	期望结果	实际结果	测试状态
1	输入数据后单击“确定”按钮	旧密码=123、新密码=321、再录密码=空	两次输入的密码不一样!		

表 3-16 “密码修改”测试用例四

用例编号		密码修改_确定_4	功能模块	密码修改	
编制人		司马云长	编制时间	2009-07-31	
相关用例		密码修改_确定_1			
功能特征		新密码和再录密码不一致，不能修改密码			
测试目的		密码不能被修改			
预置条件		表 3-1 中序号为 2 的数据			
参考信息		需求说明书中相关说明			
测试数据		旧密码=123、新密码=空、再录密码=321			
操作步骤	操作描述	数据	期望结果	实际结果	测试状态
1	输入数据后单击“确定”按钮	旧密码=123、新密码=空、再录密码=321	两次输入的密码不一样！		

表 3-17 “密码修改”测试用例五

用例编号		密码修改_确定_5	功能模块	密码修改	
编制人		司马云长	编制时间	2009-07-31	
相关用例		密码修改_确定_1			
功能特征		旧密码不正确，不能修改密码			
测试目的		密码不能修改			
预置条件		表 3-1 中序号为 2 的数据			
参考信息		需求说明书中相关说明			
测试数据		旧密码=12345678、新密码=123、再录密码=123			
操作步骤	操作描述	数据	期望结果	实际结果	测试状态
1	输入数据后单击“确定”按钮	旧密码=12345678、新密码=123、再录密码=123	旧密码不正确！		

表 3-18 “密码修改”测试用例六

用例编号		密码修改_确定_6	功能模块	密码修改	
编制人		司马云长	编制时间	2009-07-31	
相关用例		密码修改_确定_1			
功能特征		旧密码不正确，不能修改密码			
测试目的		密码不能被修改			
预置条件		表 3-1 中序号为 2 的数据			
参考信息		需求说明书中相关说明			
测试数据		旧密码=空、新密码=123、再录密码=123			
操作步骤	操作描述	数据	期望结果	实际结果	测试状态
1	输入数据后单击“确定”按钮	旧密码=空、新密码=123、再录密码=123	旧密码不正确！		

表 3-19 “密码修改”测试用例七

用例编号	密码修改_确定_7	功能模块	密码修改		
编制人	司马云长	编制时间	2009-07-31		
相关用例	密码修改_确定_1				
功能特征	旧密码不正确，不能修改密码				
测试目的	密码不能被修改				
预置条件	表 3-1 中序号为 2 的数据				
参考信息	需求说明书中相关说明				
测试数据	旧密码=123、新密码=空、再录密码=空				
操作步骤	操作描述	数据	期望结果	实际结果	测试状态
1	输入数据后单击“确定”按钮	旧密码=123、新密码=空、再录密码=空	不能没有密码！		

②“退出”按钮。忽略所有输入并直接结束系统运行，返回系统管理界面。

③ 窗口“关闭”按钮。忽略所有输入并直接结束系统运行，返回系统管理界面。

（三）测试步骤

（1）设置驱动数据；

（2）使用“用户名=BBB、密码=1234567890”登录系统；

（3）依次使用表 3-13～表 3-19 中数据测试“确定”按钮的功能；

（4）测试“退出”按钮的功能；

（5）测试窗口“关闭”按钮的功能。

三、知识准备

1．单元测试的基本方法

单元测试又称模块测试，测试着重于每一个单独的模块，以确保每个模块都能正确地执行，其目的在于发现各模块内部可能存在的各种差错。单元测试大量采用白盒测试法，以发现程序内部的错误，一般由程序开发者自行完成。在单元测试中，每个程序模块可以并行、独立地进行测试工作。

2．单元测试的主要任务

在单元测试时，测试者需要依据详细设计说明书和源程序清单（源程序由程序开发者编写，此时，次数会员卡服务管理系统已被开发，测试者不会知道源程序，所以不涉及源程序），了解该模块的 I/O 条件和模块的逻辑结构，主要采用白盒测试的测试用例，辅之以黑盒测试的测试用例，使之对任何合理的输入和不合理的输入，都能鉴别和响应。单元测试的主要任务是解决以下 5 个方面的测试问题。

（1）模块接口测试。这是对模块接口进行的测试，检查进出程序单元的数据流是否正确。对模块接口数据流的测试必须在任何其他测试之前进行，因为如果不能确保数据正确地输入和输出，所有的测试都是没有意义的。为此，对模块接口，包括参数表、调用子模块的参数、全程数据、文件输入/输出操作都必须检查。

（2）局部数据结构测试。设计测试用例检查数据类型说明、初始化、默认值等方面的问题，还要查清全程数据对模块的影响。

（3）路径测试。选择适当的测试用例，对模块中重要的执行路径进行测试。对基本执行路径和循环进行测试可以发现大量的路径错误。

（4）错误处理测试。检查模块的错误处理功能是否包含有错误或缺陷。例如，是否拒绝不合理的输入；出错的描述是否难以理解，是否对错误定位有误，是否出错原因报告有误，是否对错误条件的处理不正确；在对错误处理之前错误条件是否已经引起系统的干预等。

（5）边界测试。经验表明，软件常在边界处发生问题。要特别注意数据流、控制流中刚好等于、大于或小于确定的比较值时的出错可能性。对这些地方要仔细地选择测试用例，认真加以测试。

四、任务实现

（1）使用测试辅助工具清空“操作员表”中的所有内容，并参照本单元任务一测试用户登录模块中的相关步骤设置驱动数据。

（2）使用“用户名=BBB、密码=1234567890”登录系统进入普通管理员界面，如图3-8所示。

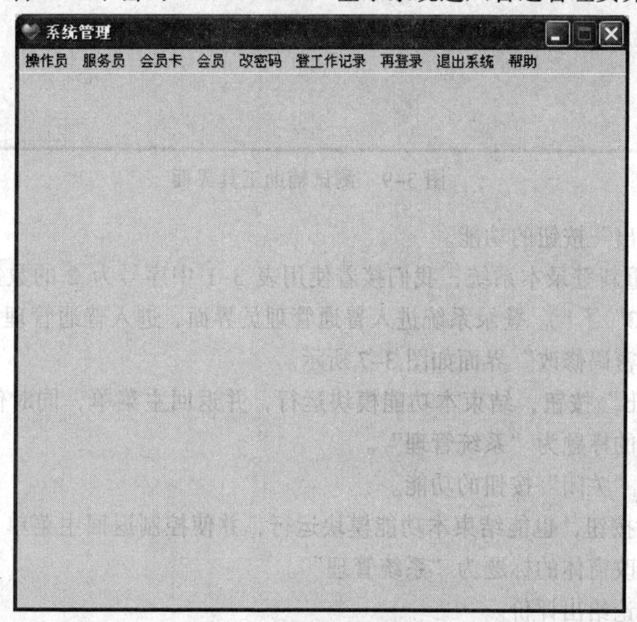

图3-8　普通管理员界面

（3）进入普通管理员界面后选择“改密码”命令，打开“密码修改”对话框，如图3-7所示。

（4）测试“确定”按钮的功能。

依次使用表3-13～表3-19中的七组数据测试该按钮，并把实际的结果跟期望的结果做对比，对于不相同者，在“实际结果”和“测试状态”栏中分别注明；对于相同者，只在“测试状态”栏中注明“通过”即可。

通过测试我们发现表3-19中期望结果与实际测试结果不相符，实际测试显示结果为“运行时错误”，同时非正常退出。这说明程序在这里存在缺陷，应该把这种缺陷记录在案，并想办法提供给开发组进行修改。修改完成后还必须从头重新测试该模块，以验证在错误修改过来的同时，并没有产生新的错误，这一过程就是回归测试。

需要提醒注意的是：这种非正常退出，会在注册表中留下痕迹，所以将导致本系统不能再次运行，此时必须使用测试辅助工具中的“删除注册表项”功能清除注册表中的痕迹，打开如图 3-9 所示的测试辅助工具进行此操作，最后会显示提示信息“注册表项已删除，可以再次启动次数会员卡服务管理系统了”。

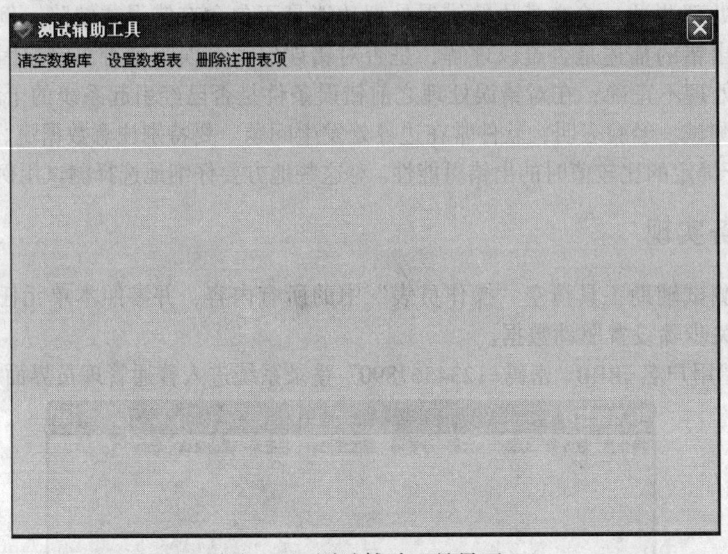

图 3-9　测试辅助工具界面

（5）测试“退出”按钮的功能。

① 由于需要重新登录本系统，我们接着使用表 3-1 中序号为 2 的数据（注意：此时的密码已被修改为“123”了！)。登录系统进入普通管理员界面，进入普通管理员界面后选择“改密码”命令，打开“密码修改”界面如图 3-7 所示。

② 单击“退出”按钮，结束本功能模块运行，并返回主菜单，同时使主菜单的所有菜单项可用、更改窗体的标题为“系统管理”。

（6）测试窗口“关闭”按钮的功能。

单击“关闭”按钮，也能结束本功能模块运行，并使控制返回主菜单，同时使主菜单的所有菜单项可用，更改窗体的标题为“系统管理”。

（7）对测试结论给出评价。

序　号	测 试 内 容	测 试 结 论
1	“确定”按钮的功能	
2	“退出”按钮的功能	
3	窗口自身“关闭”按钮的功能	
模块测试结论及建议		

五、相关知识

测试的目的是要验证程序中是否有故障存在，并且最大可能地找出错误。测试力求设计出最能暴露出问题的测试用例。测试不是为了显示程序是正确的，所以应从软件包含有缺陷和故障这个假定去进行测试活动，并从中发现尽可能多的问题。实现这个目的关键是如何合理地设计测试用例，在设计测试用例时，要着重考虑那些易于发现程序错误的方法策略与具体数据。

测试是以发现故障为目的并为发现故障而执行程序的过程。

综上所述，软件测试的目的包括以下三点：

（1）测试是程序的执行过程，目的在于发现错误；不能证明程序的正确性，仅限于处理有限的情况。

（2）检查系统是否满足需求，这也是测试的期望目标。

（3）一个好的测试用例在于发现还未曾发现的错误；成功的测试是发现程序错误的测试。

六、学习反思

（一）深入思考

（1）关于表 3-13～表 3-19 中预置条件的设置。

测试小组只有成功登录本系统后，才能够测试"密码修改"模块。我们可以利用任务一中所建表 3-1 序号为 2 的驱动数据登录本系统，当然我们也可以使用表 3-1 中序号为 1、3、4 的驱动数据登录系统，在这里需要提醒大家注意的是在使用表 3-1 中序号为 3 的数据登录系统时还需要设置表 3-2 和表 3-3 中的驱动数据。因为，普通操作员要登录系统，要求能为服务员的工作登记工作记录。之所以不使用表 3-1 中序号为 3 的数据登录系统的原因是，不管以什么身份登录系统，当需要修改密码时，都必须使用"密码修改"模块，也就是说，"密码修改"模块正确与否，与操作者使用的登录身份无关。

（2）关于表 3-14～表 3-16 测试用例的设计。

表 3-14～表 3-16 中测试数据的期望结果都是"两次输入的密码不一样"，那可不可以只选用其中一个表中的数据作为测试数据呢？答案是不可以。为什么呢？我们先来分析表 3-14 中的数据，要想期望输出结果为"两次输入的密码不一样"，那么新密码和再录密码就不能一致，而且旧密码必须输入正确，于是便得到了测试用例二的数据：旧密码=123、新密码=321、再录密码=123。但是我们还是要想一想，如果新密码和再录密码其中一个不输入任何数据（也就是空），是不是也能正常运行，显示的期望结果又会是什么？于是便得到了测试用例三的数据：旧密码=123、新密码=321、再录密码=空；以及测试用例四的数据：旧密码=123、新密码=空、再录密码=321。

表 3-17 和表 3-18 测试数据和表 3-14～表 3-16 测试数据的设计思路是一样的。

（3）关于表 3-19 测试数据的设计。

表 3-15 和表 3-16 中的测试数据只考虑了新密码和再录密码其中一个不输入任何数据（也就是空）的情况，那如果新密码和再录密码都不输入任何数据（也就是空）又会是什么样的结果呢？通过测试我们发现期望结果与实际测试结果不相符，这就证明本系统存在缺陷，需要软件开发者来进行修复。

（二）自己动手

（1）使用上面提供的测试用例和测试步骤实际对本模块进行测试。

（2）使用自己设计的合适测试用例及合理测试步骤完成对本模块的测试。

七、能力评价

序号	评价内容	评价结果			
		优秀	良好	通过	加油
		能灵活运用	能掌握 80% 以上	能掌握 60% 以上	其他
1	能说出单元测试的执行过程				
2	能说出单元测试的基本方法的内容要点以及单元测试的主要任务				
3	能依据等价类划分的标准对“密码修改”模块的设计合适的测试用例及合理的测试步骤				
4	能使用自己设计的测试用例，按照自己设计的测试步骤，实际完成对“密码修改”模块的测试				

任务三　测试退出系统模块

一、任务描述

司马云长小组接着测试退出系统模块。退出系统模块为了数据的安全，在每次退出系统前都需要根据用户意愿选择备份或不备份数据库。本模块的工作界面如图 3–10 所示。

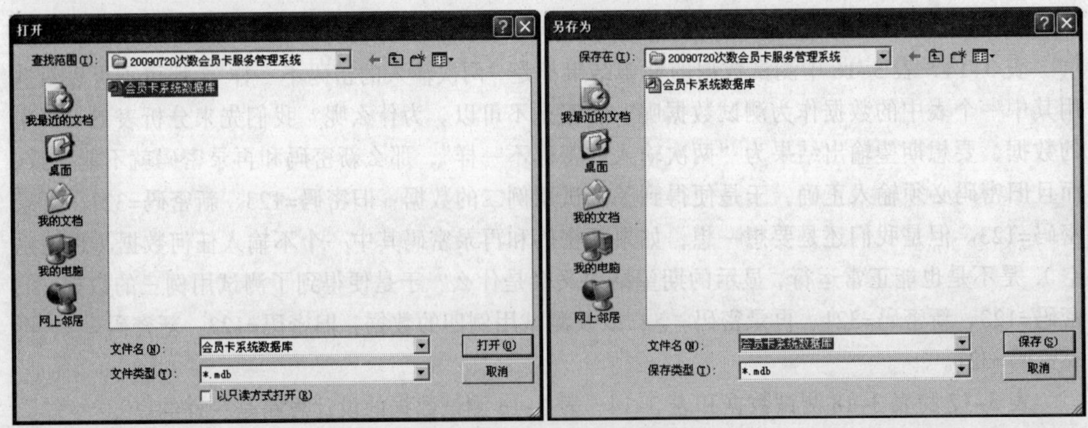

图 3–10　打开、备份系统界面

二、任务分析

（一）驱动数据

驱动数据为表 3–1 中序号为 1 和 2 的两组数据。

（二）测试内容

（1）该模块是在用户登录系统后选择“退出系统”时启动的，用户根据需要可以选择备份或不备份数据库。

（2）“退出系统”模块的功能。

当“输入源文件名正确，并且目标文件名也正确”两个条件都满足时，才能实现备份数据库的操作，否则依情况给出不同提示，并退出系统。

我们使用表 3-20～表 3-23 中的测试数据测试该模块的功能。

表 3-20 “退出系统”测试用例一

<table>
<tr><td>用例编号</td><td colspan="2">退出系统_1</td><td>功能模块</td><td colspan="2">退出系统</td></tr>
<tr><td>编制人</td><td colspan="2">司马云长</td><td>编制时间</td><td colspan="2">2009-07-31</td></tr>
<tr><td>相关用例</td><td colspan="5">无</td></tr>
<tr><td>功能特征</td><td colspan="5">完成本系统数据库备份并退出本系统</td></tr>
<tr><td>测试目的</td><td colspan="5">数据库备份成功</td></tr>
<tr><td>预置条件</td><td colspan="5">表 3-1 中序号为 2 的数据</td></tr>
<tr><td>参考信息</td><td colspan="5">需求说明书中相关说明</td></tr>
<tr><td>测试数据</td><td colspan="5">源文件名=会员卡系统数据库、文件类型=*.mdb
目标文件名=会员卡系统数据库 1、文件类型=*.mdb</td></tr>
<tr><td>操作步骤</td><td>操作描述</td><td>数据</td><td>期望结果</td><td>实际结果</td><td>测试状态</td></tr>
<tr><td>1</td><td>输入数据后单击“打开”按钮</td><td>文件名=会员卡系统数据库、文件类型=*.mdb</td><td rowspan="2">数据库备份成功并退出系统</td><td></td><td></td></tr>
<tr><td>2</td><td>输入数据后单击“保存”按钮</td><td>文件名=会员卡系统数据库 1、文件类型=*.mdb</td><td></td><td></td></tr>
</table>

表 3-21 “退出系统”测试用例二

<table>
<tr><td>用例编号</td><td colspan="2">退出系统_2</td><td>功能模块</td><td colspan="2">退出系统</td></tr>
<tr><td>编制人</td><td colspan="2">司马云长</td><td>编制时间</td><td colspan="2">2009-07-31</td></tr>
<tr><td>相关用例</td><td colspan="5">无</td></tr>
<tr><td>功能特征</td><td colspan="5">指定的源文件与目标文件相同，没有备份本系统数据库并退出系统</td></tr>
<tr><td>测试目的</td><td colspan="5">数据库备份失败</td></tr>
<tr><td>预置条件</td><td colspan="5">表 3-1 中序号为 2 的数据</td></tr>
<tr><td>参考信息</td><td colspan="5">需求说明书中相关说明</td></tr>
<tr><td>测试数据</td><td colspan="5">源文件名=会员卡系统数据库、文件类型=*.mdb
目标文件名=会员卡系统数据库、文件类型=*.mdb</td></tr>
<tr><td>操作步骤</td><td>操作描述</td><td>数据</td><td>期望结果</td><td>实际结果</td><td>测试状态</td></tr>
<tr><td>1</td><td>输入数据后单击“打开”按钮</td><td>文件名=会员卡系统数据库、文件类型=*.mdb</td><td rowspan="2">数据库备份失败并退出系统</td><td></td><td></td></tr>
<tr><td>2</td><td>输入数据后单击“保存”按钮</td><td>文件名=会员卡系统数据库、文件类型=*.mdb</td><td></td><td></td></tr>
</table>

表 3-22 “退出系统”测试用例三

用例编号	退出系统_3		功能模块	退出系统	
编制人	司马云长		编制时间	2009-07-31	
相关用例	无				
功能特征	指定了错误的源文件，没有备份本系统数据库并退出系统				
测试目的	数据库备份失败				
预置条件	表 3-1 中序号为 2 的数据				
参考信息	需求说明书中相关说明				
测试数据	文件名=会员卡（或除“会员卡系统数据库”外的任何字符）、文件类型=*.mdb				
操作步骤	操作描述	数据	期望结果	实际结果	测试状态
1	输入数据后单击“打开”按钮	文件名=会员卡（或除“会员卡系统数据库”外的任何字符）、文件类型=*.mdb	数据库备份失败并退出系统		

表 3-23 “退出系统”测试用例四

用例编号	退出系统_4		功能模块	退出系统	
编制人	司马云长		编制时间	2009-07-31	
相关用例	无				
功能特征	没有指定源文件，所以没有备份本系统数据库并退出系统				
测试目的	数据库备份失败				
预置条件	表 3-1 中序号为 2 的数据				
参考信息	需求说明书中相关说明				
测试数据	无				
操作步骤	操作描述	数据	期望结果	实际结果	测试状态
1	直接单击“取消”按钮	无	数据库备份失败并退出系统		

（三）测试步骤

（1）设置驱动数据；

（2）使用“用户名=BBB、密码=1234567890”登录系统；

（3）使用表 3-20～表 3-23 中的数据测试“退出系统”模块的功能。

三、知识准备

单元测试的执行过程

通常单元测试在编码阶段进行。在源程序代码编制完成，经过评审和验证，确认没有语法错误之后，就开始进行单元测试的测试用例设计。利用设计文档，设计可以验证程序功能、找出程序错误的多个测试用例。对于每一组输入，应有预期的正确结果。

在对每个模块进行单元测试时，不能完全忽视它们和周围模块的相互关系。为模拟这一联系，在进行单元测试时，需设置若干辅助测试模块。辅助模块有两种，一种是驱动模块（Driver），用以模拟被测试模块的上级模块。驱动模块在单元测试中接收数据，将相关的数据传送给被测模块，启动被测模块，并打印出相应的结果。另一种是被调用模拟子模块（Sub），用以模拟被测模块工作过程中所调用的模块。被调用模拟子模块由被测模块调用，它们一般只进行很少的数据处理，力图打印被测模块的入口和返回处，以便于检测被测模块与其下级模块的接口。如图 3-11 所示为单元测试的设置环境。

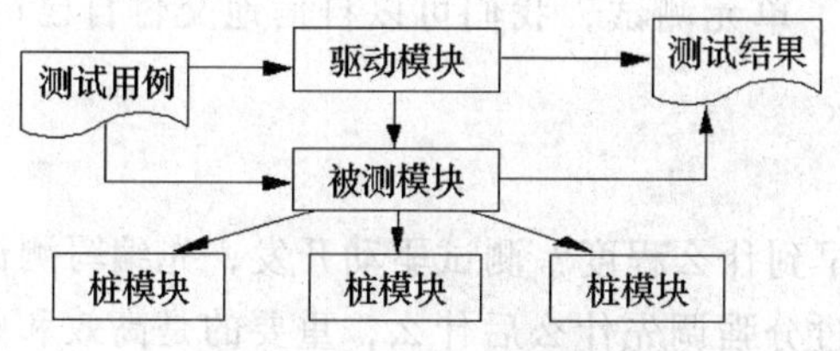

图 3-11　单元测试的测试环境

驱动模块和被调用模拟子模块都是额外的开销，这两种模块虽然在单元测试中必须编写，但却不作为最终的软件产品提供给用户。如果驱动模块和被调用模拟子模块很简单，那么开销相对较低，然而，使用“简单”的模块是不可能进行足够的单元测试的，模块间接口的全面检查要推迟到集成测试时进行。

四、任务实现

（1）使用与本单元任务二测试密码修改模块相同的方法先清空“操作员表”，后设置驱动数据。

（2）使用“用户名=BBB、密码=1234567890”登录系统进入普通管理员界面，如图 3-8 所示。

（3）进入普通管理员界面后选择“退出系统”命令，打开如图 3-10（左）所示工作界面。

（4）测试“退出系统”模块的功能。

依任意顺序使用表 3-20～表 3-22 中的四组数据测试该按钮，并把实际的结果跟期望的结果做对比，对于不相同者，在“实际结果”和“测试状态”栏中分别注明；对于相同者，只在“测试状态”栏中注明“通过”即可。

（5）对测试结论给出评价。

序　　号	测　试　内　容	测　试　结　论
1	“打开”按钮的功能	
2	“保存”按钮的功能	
模块测试结论及建议		

五、相关知识

1. 为什么要使用单元测试

我们编写代码时，一定会反复调试保证它能够编译通过。如果是编译没有通过的代码，没有任何人会愿意交付使用。但代码通过编译，只是说明了它的语法正确；我们却无法保证它的语义也一定正确，没有任何人可以轻易承诺这段代码的行为一定是正确的。

幸运，单元测试会为我们的承诺做保证。编写单元测试就是用来验证这段代码的行为是否与我们期望的一致。有了单元测试，我们可以自信地交付自己的代码，而没有任何后顾之忧。

2. 什么时候测试

单元测试越早越好，早到什么程度？测试驱动开发，先编写测试代码，再进行开发。在实际的工作中，可以不必过分强调先什么后什么，重要的是高效和感觉舒适。从经验来看，先编写产品函数的框架，然后编写测试函数，针对产品函数的功能编写测试用例，然后编写产品函数的代码，每写一个功能点都运行测试，随时补充测试用例。所谓先编写产品函数的框架，是指先编写函数空的实现，有返回值的随便返回一个值，编译通过后再编写测试代码，这时，函数名、参数表、返回类型都应该确定下来了，所编写的测试代码以后需修改的可能性比较小。

3. 由谁测试

单元测试与其他测试不同，单元测试可看做是编码工作的一部分，应该由程序员完成，也就是说，经过单元测试的代码才是已完成的代码，提交产品代码时也要同时提交测试代码。

六、学习反思

（一）深入思考

（1）关于表 3–20～表 3–22 退出系统中预置条件的设置。

我们可以使用表 3–1 中序号为 2 的驱动数据登录本系统，当然也可以使用表 3–1 中序号为 1、3、4 的驱动数据登录系统测试“退出系统”模块的功能，使用普通操作员身份登录系统时需要设置表 3–2 和表 3–3 中的驱动数据。不管使用什么身份登录系统，退出时均执行同一个“退出”模块——整个系统中也只有一个“退出”模块，所以为了提高测试效率，不考虑以普通操作员的身份登录系统。

（2）关于表 3–20～表 3–22 测试数据的设计。

退出系统后有两种结果，一种是成功备份数据库，还有一种是备份数据库失败。成功备份数据库有两个条件：源文件的文件说明和目标文件的文件说明必须都正确。

备份数据库失败有三种可能：① 源文件正确，目标文件不正确，即没有指定文件名或指定了与源文件相同的文件说明；② 源文件不正确，即没有指定系统认可的源文件名；③ 用户不想备份数据库文件。

（二）自己动手

（1）使用上面提供的测试用例和测试步骤实际对本模块进行测试。

（2）使用自己设计的合适测试用例及合理测试步骤完成对本模块的测试。

七、能力评价

序号	评价内容	评价结果			
		优秀	良好	通过	加油
		能灵活运用	能掌握 80%以上	能掌握 60%以上	其他
1	能说出单元测试的执行过程				
2	了解为什么要使用单元测试以及什么时候进行单元测试、由谁测试				
3	能依据等价类划分的标准对“退出系统”模块的设计合适的测试用例及合理的测试步骤				
4	能使用自己设计的测试用例，按照自己设计的测试步骤，实际完成对“退出系统”模块的测试				

任务四　测试联机帮助模块

一、任务描述

司马云长接下来要测试联机帮助模块。该模块的功能是，根据用户当前所在模块，提供跟其有关的联机帮助。对于显示的帮助信息，用户不能插入新内容、不能修改、不能删除、不能复制。当用户改变窗口的长宽比例时，其中的格式随窗口的改变而重新布局。图 3-12 为会员管理模块的帮助信息。

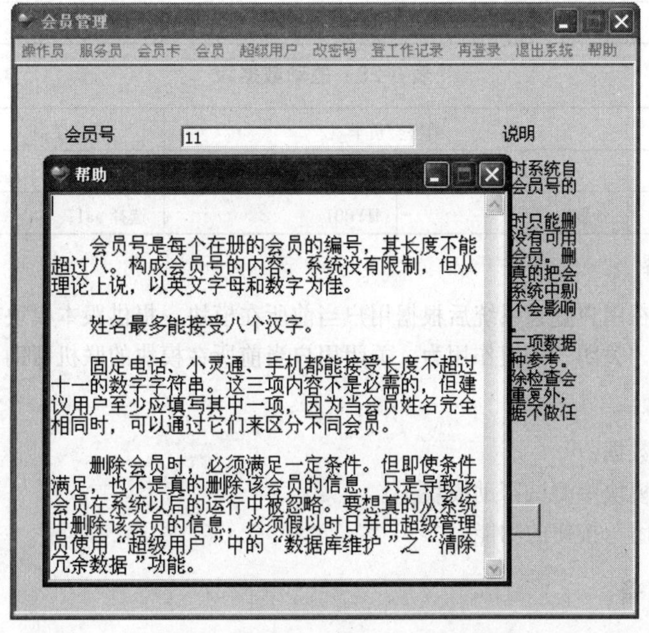

图 3-12　会员管理模块的联机帮助

二、任务分析

（一）驱动数据

为了测试联机帮助模块，司马云长测试小组已设置表 3-1 中序号为 1 的数据和表 3-24～表 3-28 所示驱动数据，该数据是由超级管理员添加的。

表 3-24 驱动数据二

数据库表	会员卡类别表		使用工具	本 系 统	
序 号	类别号	类别名	使用次数	价 格	工作量权重
1	A1	aa1	10	50	1

表 3-25 驱动数据三

数据库表	服务员表		使用工具	本 系 统
序 号	工作号	姓 名	加入日期	身份证号、离开日期、固定电话、小灵通、手机和住址字段暂不设置
1	F001	王娜	20060523	

表 3-26 驱动数据四

数据库表	会员表	使用工具	本 系 统
序 号	会员号	姓 名	固定电话、小灵通、手机字段暂不设置
1	HY001	张毅	

表 3-27 驱动数据五

操 作	添加会员卡表		使用工具	本系统
序 号	卡 号	卡类别	单个添加	成批添加
1	C001	选择 aa1	选择	不选择

表 3-28 驱动数据六

操 作	销售会员卡		使用工具	本 系 统
序 号	会员姓名	指定会员号	选择卡类别	
1	张毅	HY001	选择 aa1	

（二）测试内容

（1）该模块是在用户登录系统后根据用户当前所在模块，提供跟本模块有关的联机帮助。

（2）帮助窗口“关闭”按钮作用为，关闭用户当前所在模块的联机帮助。

（三）测试步骤

（1）设置驱动数据；

（2）在不同的模块中测试帮助模块；

（3）测试“关闭”按钮的功能。

三、知识准备

很多研究成果表明，无论什么时候作出修改都要进行完整的回归测试，在生命周期中尽早地对软件产品进行测试将使效率和质量得到最好的保证。Bug 发现的越晚，修改它所需的费用就越高，因此从经济角度来看，应该尽可能早地查找和修改 Bug。在修改费用变得过高之前，单元测试是一个在早期抓住 Bug 的机会。

相比后阶段的测试，单元测试的创建更简单，维护更容易，并且可以更方便地进行重复。从全程的费用来考虑，相比起那些复杂且旷日持久的集成测试，或是不稳定的软件系统来说，单元测试所需的费用是很低的。

四、任务实现

（1）使用与本单元任务二“测试密码修改模块”相同的方法先清空“操作员表”，然后设置驱动数据。使用表 3-1 中序号为 1 的数据登录系统进入超级管理员界面，如图 3-2 所示。

① 设置驱动数据二，如表 3-24 所示。

- 选择“会员卡”→“设置会员卡类别”命令；
- 单击“添加”按钮，把表 3-24 中的数据添加到数据库中；
- 单击“结束”按钮，返回上级界面。

② 设置驱动数据三，如表 3-25 所示。

- 单击“服务员”命令，打开“服务员管理”界面；
- 单击“添加”按钮，把表 3-25 中的数据添加到数据库中；
- 单击“结束”按钮，返回上级界面。

③ 设置驱动数据四，如表 3-26 所示。

- 选择“会员”命令，打开“会员管理”界面；
- 单击“添加”按钮，把表 3-26 中的数据添加到数据库中；
- 单击“结束”按钮，返回上级界面。

④ 设置驱动数据五，如表 3-27 所示。

- 选择“会员卡”→“添加会员卡”命令，打开“添加会员卡”界面；
- 单击“添加会员卡”按钮，把表 3-27 中的数据添加到数据库中；
- 单击“结束”按钮，返回上级界面。

⑤ 设置驱动数据六，如表 3-28 所示。

- 选择“会员卡”→“销售会员卡”命令，打开“销售会员卡”界面；
- 先在“指定会员号”文本框里输入“HY001”，然后单击“就要这类卡了”按钮，把表 3-28 中的数据添加到数据库中；
- 单击“结束”按钮，返回上级界面。

（2）测试“操作员管理”模块的帮助主菜单项。

① 在超级管理员界面选择“操作员”→“帮助”命令，打开“操作员管理”模块的联机帮助，如图 3-13 所示。

帮助模块不能插入新内容、不能修改、不能删除、不能复制。

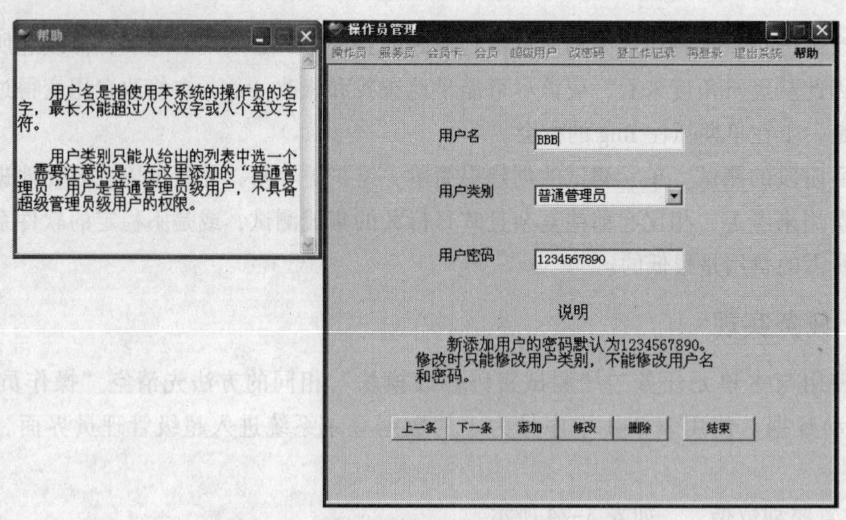

图 3-13 “操作员管理”模块的联机帮助

② 测试帮助窗口“关闭”按钮的功能。

单击帮助窗口“关闭”按钮，结束本模块运行，并返回“操作员管理”界面。

③ 单击“结束”按钮，返回“超级管理员界面”界面。

（3）测试“服务员管理”模块的帮助主菜单项。

① 在超级管理员界面选择“服务员”命令，打开“服务员管理”模块，然后选择“帮助”命令，打开“服务员管理”模块的联机帮助，如图 3-14 所示。

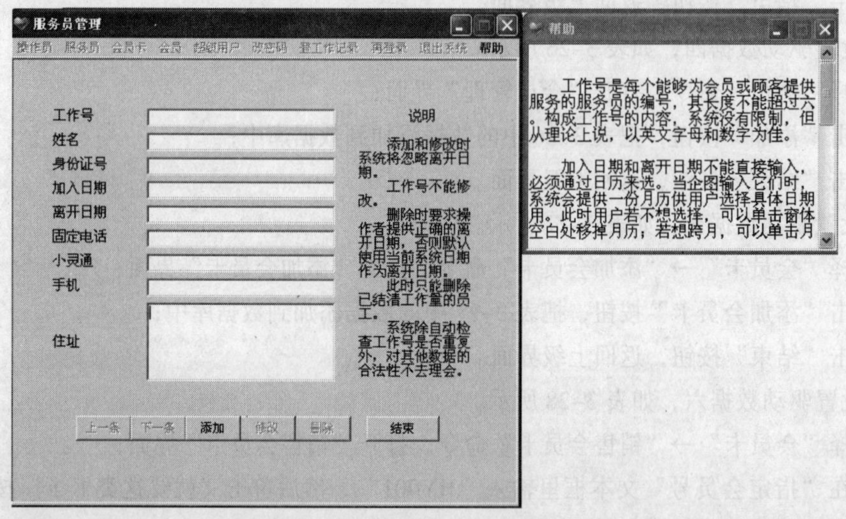

图 3-14 “服务员管理”模块的联机帮助

② 测试窗口“关闭”按钮的功能。

单击“关闭”按钮，结束本模块运行，并返回“服务员管理”界面。

③ 单击“结束”按钮，返回“超级管理员界面”界面。

（4）测试“设置会员卡类别”帮助模块。

① 在超级管理员界面选择“会员卡”→“设置会员卡类别”命令，打开“设置会员卡类别”模块，然后选择“帮助”命令，打开“设置会员卡类别”模块的联机帮助，如图 3-15 所示

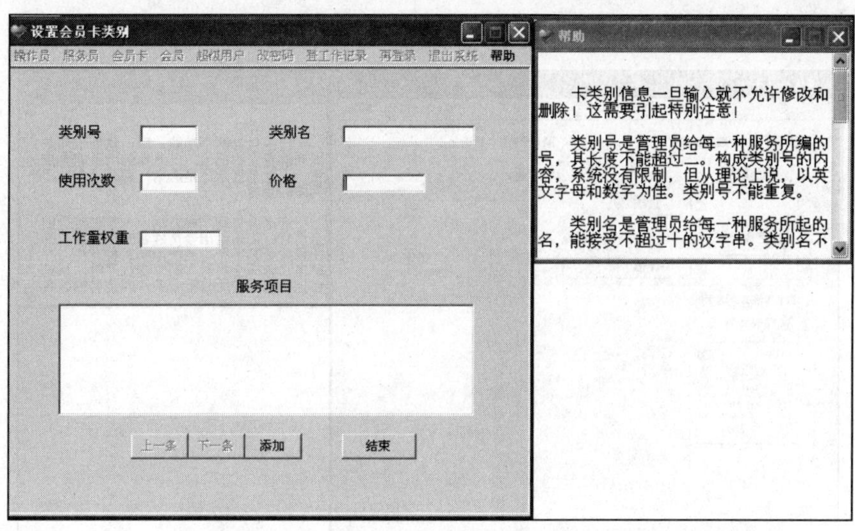

图 3-15　“设置会员卡类别”模块的联机帮助

② 测试窗口“关闭”按钮的功能。

单击“关闭”按钮，结束本模块运行，并返回“设置会员卡类别”界面。

③ 单击“结束”按钮，返回“超级管理员界面”界面。

（5）测试“添加会员卡”帮助模块。

① 在超级管理员界面选择“会员卡”→“添加会员卡”命令，打开“添加会员卡”模块，然后选择“帮助”命令，打开“添加会员卡”模块的联机帮助，如图 3-16 所示。

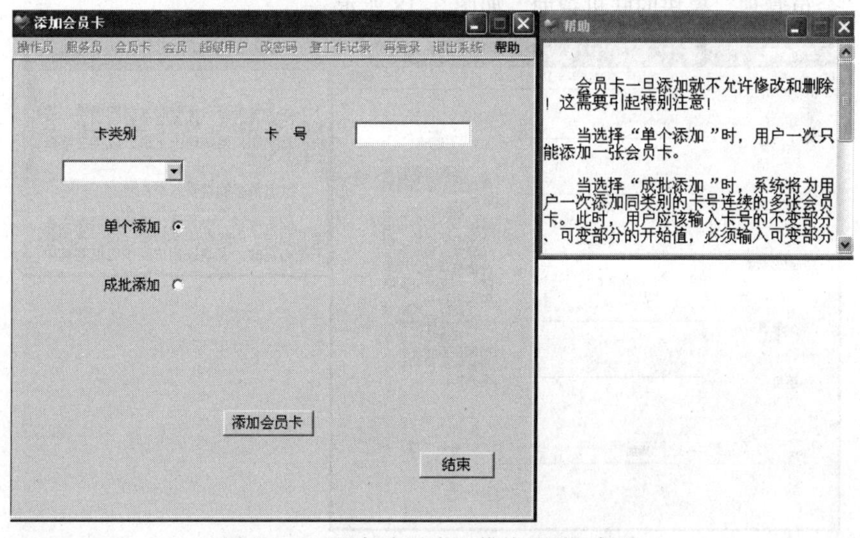

图 3-16　“添加会员卡”模块的联机帮助

② 测试窗口“关闭”按钮的功能。

单击“关闭”按钮，结束本模块运行，并返回“添加会员卡”界面。

③ 单击“结束”按钮，返回“超级管理员界面”界面。

（6）测试“销售会员卡”帮助模块。

① 在超级管理员界面选择“会员卡”→“销售会员卡”命令，打开“销售会员卡”模块，

然后选择“帮助”命令，打开“销售会员卡”模块的联机帮助，如图 3-17 所示。

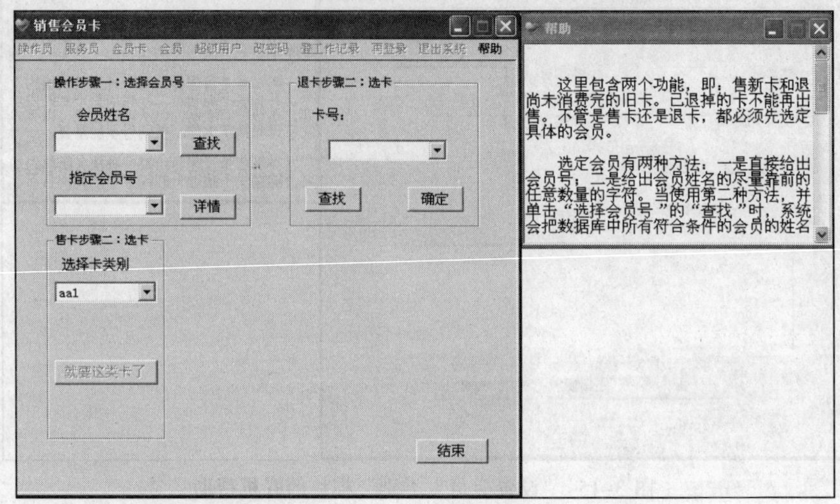

图 3-17 “销售会员卡”模块的联机帮助

② 测试窗口自身的“关闭”按钮的功能。

单击“关闭”按钮，结束本模块运行，并返回“销售会员卡”界面。

③ 单击“结束”按钮，返回“超级管理员界面”界面。

(7) 测试“会员管理”帮助模块。

① 在超级管理员界面选择“会员”菜单，打开“会员管理”模块，然后选择“帮助”命令，打开“会员管理”模块的联机帮助，如图 3-18 所示。

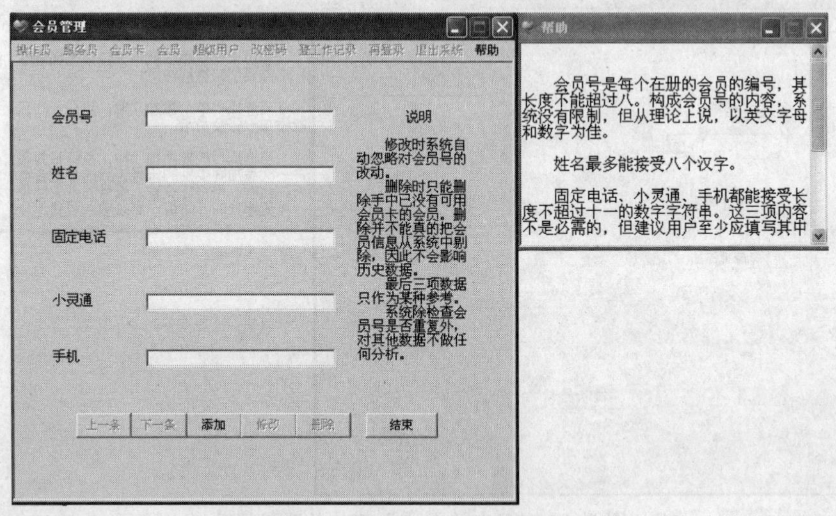

图 3-18 “会员管理”模块的联机帮助

② 测试窗口自身的“关闭”按钮的功能。

单击“关闭”按钮，结束本模块运行，并返回“会员管理”界面。

③ 单击“结束”按钮，返回“超级管理员界面”界面。

(8) 测试“工作量查询”帮助模块。

① 在超级管理员界面选择“超级用户”菜单，打开如图 3-19 所示工作界面。

图 3-19　“超级用户”界面

② 选择“查询”→“工作量查询”命令，打开“查询指定日期间所有工作量”工作界面，选择“帮助”命令，打开“查询工作量”模块的联机帮助，如图 3-20 所示。

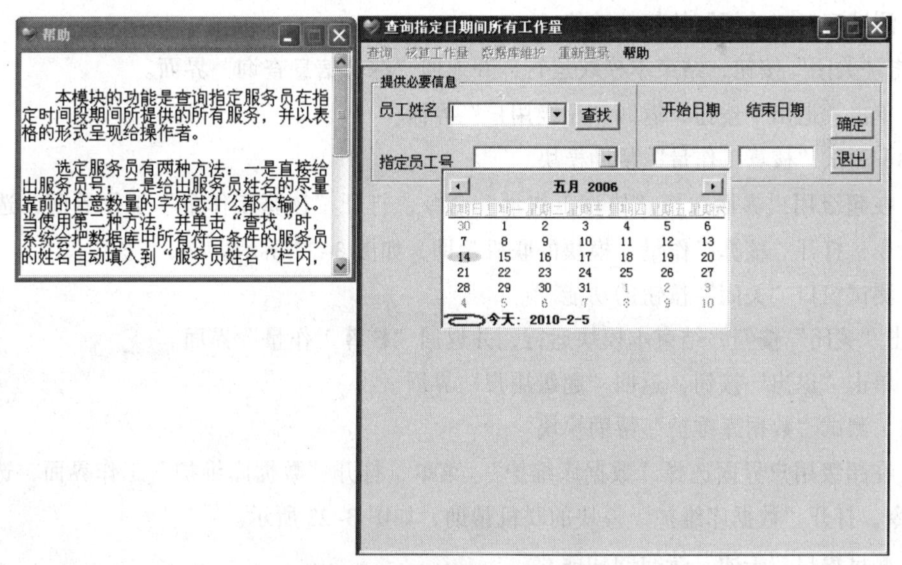

图 3-20　“查询工作量”模块的联机帮助

③ 测试窗口“关闭”按钮的功能。

单击“关闭”按钮，结束本模块运行，并返回“查询指定日期间所有工作量”界面。

④ 单击“退出”按钮，返回“超级用户”界面。

（9）测试“综合信息查询”帮助模块。

① 在超级用户界面选择“查询”→“综合信息查询”命令，打开“综合信息查询”工作界面，选择“帮助”命令，打开“综合信息查询”模块的联机帮助，如图 3-21 所示。

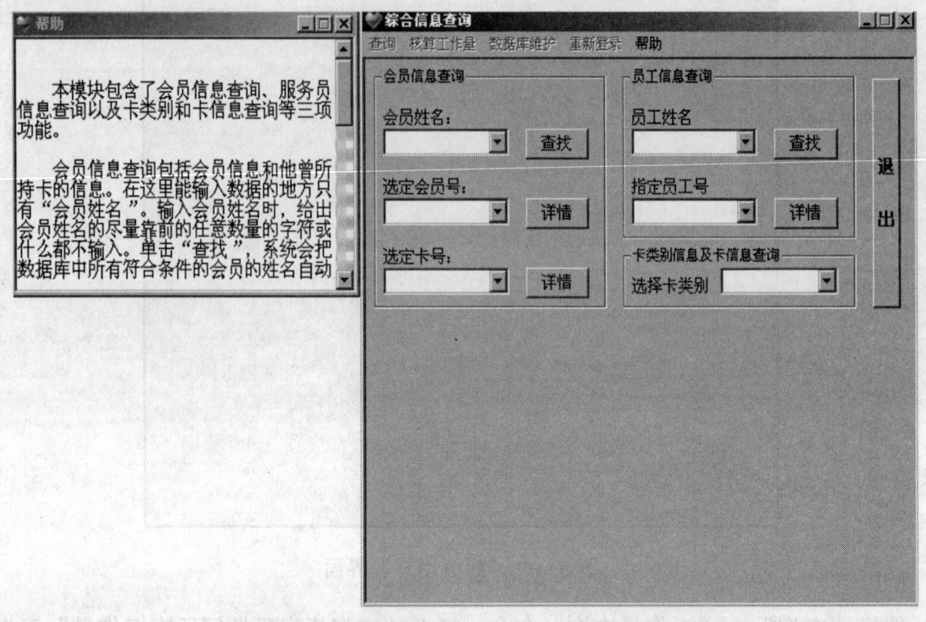

图 3-21 “综合信息查询”模块的联机帮助

② 测试窗口“关闭”按钮的功能。

单击“关闭”按钮，结束本模块运行，并返回“综合信息查询”界面。

③ 单击“退出”按钮，返回“超级用户”界面。

（10）测试“核算工作量”帮助模块。

① 在超级用户界面选择“核算工作量”命令，打开“核算工作量”工作界面，选择“帮助” 命令，打开“核算工作量”模块的联机帮助，如图 3-22 所示。

② 测试窗口“关闭”按钮的功能。

单击“关闭”按钮，结束本模块运行，并返回“核算工作量”界面。

③ 单击“退出”按钮，返回“超级用户”界面。

（11）测试“数据库维护”帮助模块。

① 在超级用户界面选择“数据库维护” 菜单，打开“数据库维护”工作界面，选择“帮助”命令，打开“数据库维护”模块的联机帮助，如图 3-23 所示。

② 测试窗口“关闭”按钮的功能。

单击“关闭”按钮，结束本模块运行，并返回“数据库维护”界面。

③ 单击“退出”按钮，返回“超级用户”界面。

④ 单击“关闭”按钮，会打开“用户登录”界面。

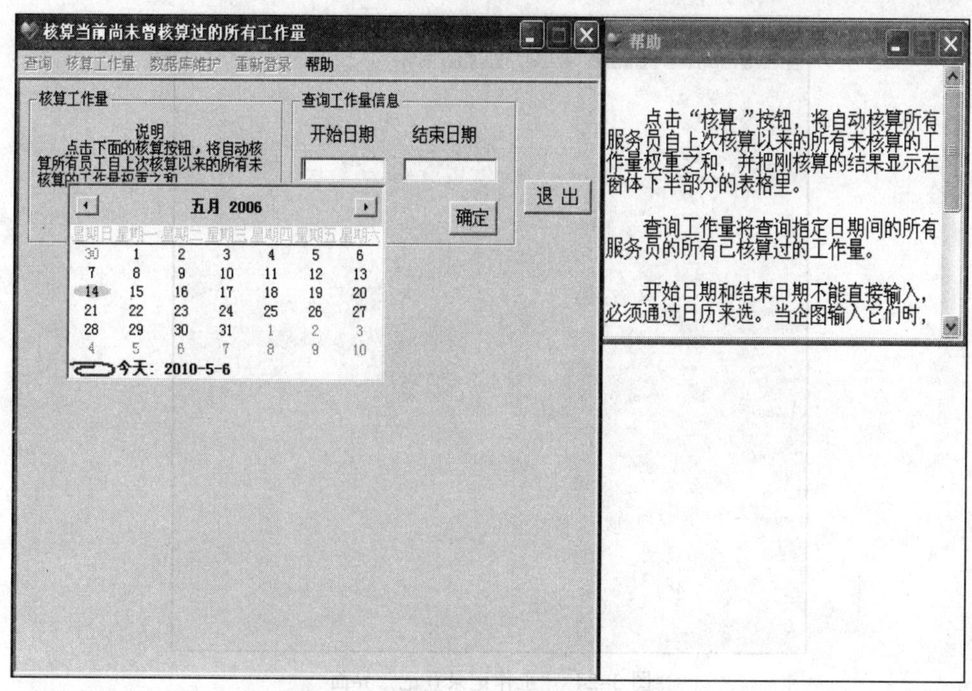

图 3-22　“核算工作量”模块的联机帮助

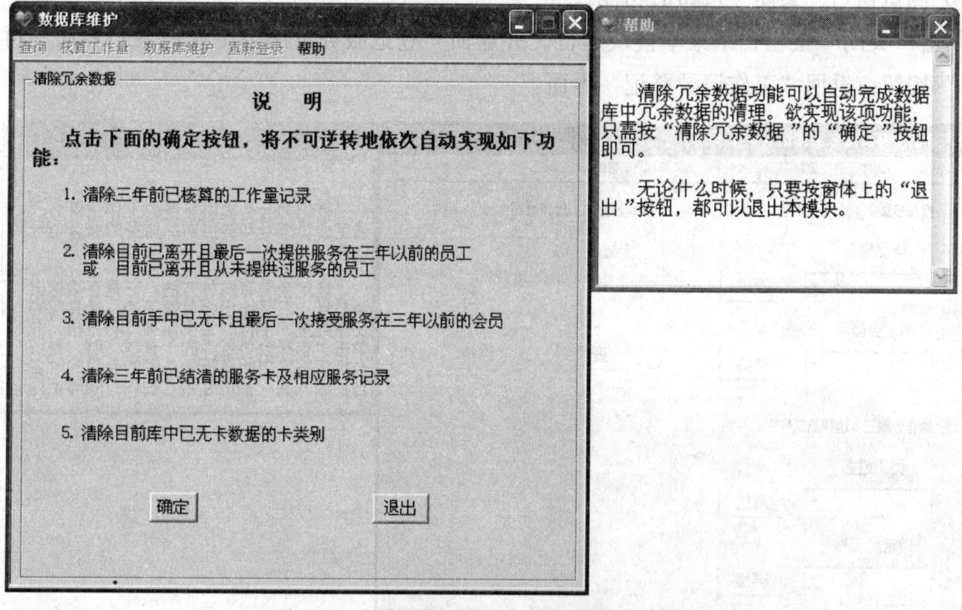

图 3-23　“数据库维护”模块的联机帮助

（12）测试“登记服务员服务工作记录”帮助模块。

① 使用表 3-1 中序号为 1 的数据登录系统进入超级管理员界面。

② 在超级管理员界面选择“登工作记录”命令，打开如图 3-24 所示工作界面。

③ 选择“会员顾客”命令，打开“登记服务员服务工作记录”工作界面，选择“帮助” 命令，打开“登记服务员服务工作记录”模块的联机帮助，如图 3-25 所示。

图 3-24 “工作记录登记”界面

④ 测试窗口“关闭”按钮的功能。

单击“关闭”按钮，结束本模块运行，并返回“登记服务员服务工作记录”界面。再单击“退出”按钮，返回“工作记录登记”界面。

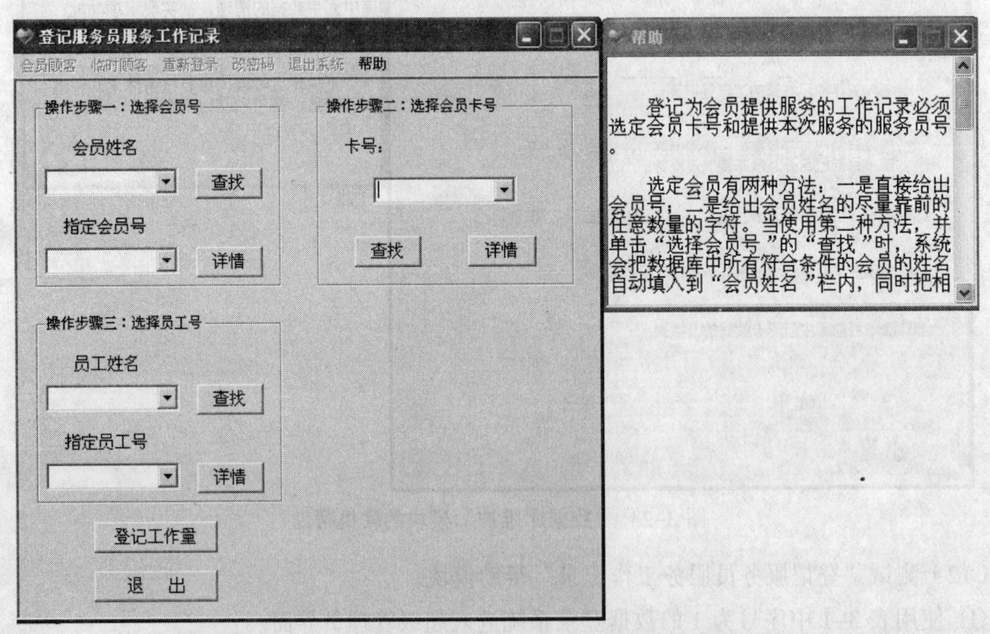

图 3-25 “登记服务员服务工作记录”模块的联机帮助

（13）测试“登记临时服务工作记录”帮助模块。

① 选择“临时顾客”命令，打开“登记临时服务工作记录”工作界面，选择“帮助” 命

令，打开“登记临时服务工作记录”模块的联机帮助，如图 3–26 所示。

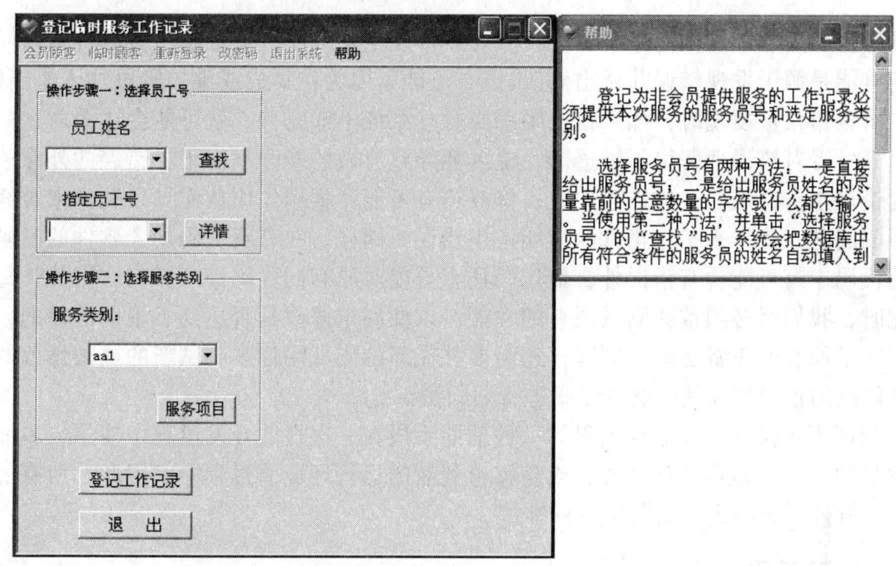

图 3–26　“登记临时服务工作记录”模块的联机帮助

② 测试窗口“关闭”按钮的功能。

单击“关闭”按钮，结束本模块运行，并返回“登记临时服务工作记录”界面。

③ 单击“退出”按钮，返回“工作记录登记”界面。

（14）对测试结论给出评价。

序　　号	测　试　内　容	测　试　结　论
1	“操作员管理”帮助模块	
2	“服务员管理”帮助模块	
3	“设置会员卡类别”帮助模块	
4	“添加会员卡”帮助模块	
5	“销售会员卡”帮助模块	
6	“会员管理”帮助模块	
7	“工作量查询”帮助模块	
8	“综合信息查询”帮助模块	
9	“核算工作量”帮助模块	
10	“数据库维护”帮助模块	
11	“登记服务员服务工作记录”帮助模块	
12	“登记临时服务工作记录”帮助模块	
模块测试结论及建议		

五、相关知识

在软件生命周期中的任何一个阶段，只要软件发生了改变，就可能给该软件带来问题。软件的改变可能是源于发现错误并做出修改，也有可能是因为在集成或维护阶段加入了新的模块。当软件中所含错误被发现时，如果错误跟踪与管理系统不够完善，就可能会遗漏对这些错误的修改；而开发者对错误理解得不够透彻，也可能导致所做的修改只修正了错误的外在表现，而没有修复错误本身，从而造成修改失败；修改还有可能产生副作用从而导致软件未被修改的部分产生新的问题，使本来工作正常的功能产生错误。同样，在有新代码加入软件的时候，除了新加入的代码中有可能含有错误外，新代码还有可能对原有的代码带来影响。因此，每当软件发生变化时，我们就必须重新测试现有的功能，以便确定修改是否达到了预期的目的，检查修改是否损害了原有的正常功能。同时，还需要补充新的测试用例来测试新的或被修改的功能。为了验证修改的正确性及其影响就需要进行回归测试。

单元测试不仅仅是作为无错编码的一种辅助手段在一次性的开发过程中使用，单元测试必须是可重复的，无论是在软件修改，或是移植到新的运行环境的过程中。因此，所有的测试都必须在整个软件系统的生命周期中进行维护。

六、学习反思

（一）深入思考

1. 关于驱动数据表 3-1 中序号为 1 数据的设计

使用超级管理员身份登录系统测试帮助模块的好处是，超级管理员有最高的权限，可以进入系统的所有模块，从而可以测试到所有模块的帮助。普通管理员和普通操作员则远没有这样的便利条件。

2. 关于测试帮助模块中驱动数据的设置

测试“添加会员卡”帮助模块和“销售会员卡”帮助模块必须设置会员卡类别；测试“登记服务员服务工作记录”帮助模块和“登记临时服务工作记录”帮助模块必须设置服务员、会员、会员卡，并把会员卡卖给会员，否则无法测试。这些都是由于考虑系统的容错性而设置的。

（二）自己动手

（1）使用上面提供的测试步骤实际对本模块进行测试。

（2）这里给出的测试实施步骤，是先把所有驱动数据设置好，然后按部就班地测试各模块的帮助。该测试策略绝对不是最佳的测试策略，因为完全可以在设置驱动数据的同时，顺手测试相应模块的帮助。请使用自己设计的驱动数据及合理测试步骤完成对本模块的测试。

七、能力评价

序号	评价内容	评价结果			
		优秀	良好	通过	加油
		能灵活运用	能掌握 80% 以上	能掌握 60% 以上	其他
1	能说出单元测试和修复费用的关系				
2	能使用自己设计的驱动数据，按照自己设计的测试步骤，实际完成对帮助模块的测试				

本 章 小 结

单元测试是检验程序的最小单位，即检查模块有无错误，它是在编码完成之后必须进行的测试工作。单元测试一般由程序开发者自行完成，当有多个程序模块时，可并行独立开展测试工作。

测试的目的是最大可能地找出错误，在设计测试用例时，要着重考虑那些易于发现程序错误的方法策略与具体数据。

单元测试越早越好，很多研究成果表明，单元测试是一个在早期抓住 Bug 的机会，而且越是到软件开发后期，更正缺陷和修复问题的费用越大。

第四单元 测试服务员管理、会员管理模块

任务一 测试服务员管理模块

一、任务描述

司马云长小组测试完“操作员管理”模块后，还需要继续测试“服务员管理”模块。该模块的功能包括服务员的添加、修改和删除。添加和修改时系统将忽略离开日期。工作号不能修改。删除时要求操作者提供正确的离开日期，否则默认使用当前系统日期作为离开日期。只能删除已经结清工作量的员工。系统除自动检查工作号是否重复外，对其他数据的合法性不做检查。

本模块的工作界面如图 4-1 所示。

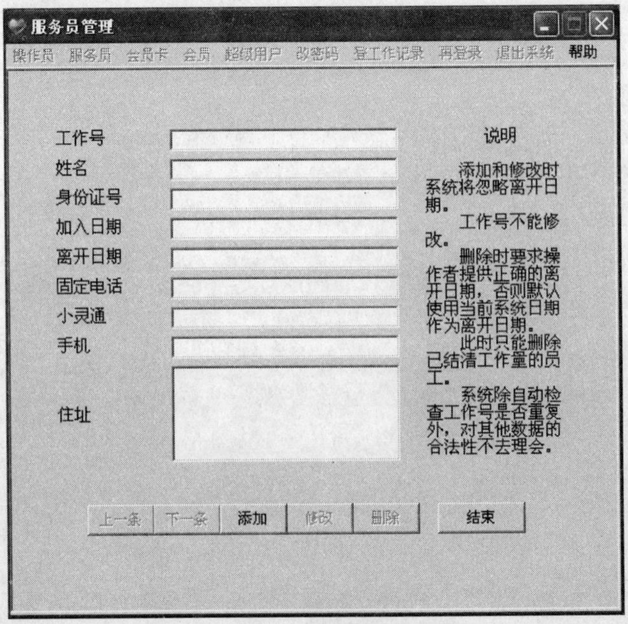

图 4-1 服务员管理模块工作界面

二、任务分析

（一）驱动数据

测试本模块，需要设置如表 4-1～表 4-3 所示驱动数据。

表 4-1　驱动数据一

数据库表	操作员表		使用工具	本 系 统
序　　号	用 户 名	用户类别	密　　码	功能模块
1	A1	超级管理员	123	添加超级管理员

表 4-2　驱动数据二

数据库表	服务员表		使用工具	本 系 统	
序　　号	工 作 号	姓　　名	身份证号	加入时间	手机
1	009	BBB	130105200901010009	20090428	13003110009

表 4-3　驱动数据三（标志 0：未核算；标志 1：已核算）

数据库表	服务记录表		使用工具	测试辅助工具	
序　　号	卡　　号	工 作 号	服务日期	标　　志	操 作 者
1	001	009	20100428	0	A1

（二）测试内容

（1）“服务员”主菜单项的功能是使主菜单除“帮助”主菜单项外的其他菜单项不可用、更改窗体的标题为“服务员管理”、弹出图 4-1 所示工作界面。如果记录集不空，则最底下一排按钮都均可用，否则最底下一排按钮只有“添加”和“结束”按钮可用。

（2）“上一条”按钮的功能是显示上一条记录。如当前记录为第一条记录，则提醒用户“当前已是第一条记录”，显示停留在当前记录处，该按钮不可用。

（3）“下一条”按钮的功能是显示下一条记录。若用户试图显示最后一条记录的后一条记录，则提醒用户“当前已是最后一条记录”，显示停留在最后一条记录处，该按钮不可用。

注意在上面按钮的测试中随时根据情况调整相关按钮的可用/不可用状态。

（4）“添加”按钮。必须有工作号，并且不能是目前已存在的工作号；必须填写姓名和加入日期，只有满足这两个条件才能完成“添加”操作。

我们使用表 4-4～表 4-6 中的用例测试该按钮的功能。

表 4-4　“添加”按钮测试用例一

用例编号	服务员_添加_1	功能模块	服务员管理
编制人	司马云长	编制时间	2009-07-31
相关用例	无		
功能特征	添加服务员		
测试目的	能够添加服务员（离开日期为空）		
预置条件	无		
参考信息	需求说明书中相关说明		
测试数据	工作号=001，姓名=A4，身份证号=130105200901010001，加入日期=2009 年 1 月 1 日，固定电话=88888801，小灵通=99999901，手机=13003110001，住址=天河小区 1 号		

续表

操作步骤	操作描述	数据	期望结果	实际结果	测试状态
1	输入数据后单击“添加”按钮	工作号=001，姓名=A4，身份证号=130105200901010001，加入日期=2009年1月1日，固定电话=88888801，小灵通=99999901，手机=13003110001，住址=天河小区1号	新服务员添加成功！		

表 4-5 “添加”按钮测试用例二

用例编号	服务员_添加_2	功能模块	服务员管理
编制人	司马云长	编制时间	2009-07-31
相关用例	无		
功能特征	添加服务员		
测试目的	能添加服务员（输入离开日期但添加结果离开日期仍为空）		
预置条件	无		
参考信息	需求说明书中相关说明		
测试数据	工作号=002，姓名=B4，身份证号=130105200901010002，加入日期=2009年1月1日，离开日期=2010年1月1日，固定电话=88888802 小灵通=99999902，手机=13003110002，住址=天河小区2号		

操作步骤	操作描述	数据	期望结果	实际结果	测试状态
1	输入数据后单击“添加”按钮	工作号=002，姓名=B4，身份证号=130105200901010002，加入日期=2009年1月1日，离开日期=2010年1月1日，固定电话=88888802，小灵通=99999902，手机=13003110002，住址=天河小区2号	新服务员添加成功！离开日期为空		

表 4-6 “添加”按钮测试用例三

用例编号	服务员_添加_3	功能模块	服务员管理
编制人	司马云长	编制时间	2009-07-31
相关用例	服务员_添加_2		
功能特征	添加服务员		
测试目的	能验证工作号的合理性		
预置条件	无		
参考信息	需求说明书中相关说明		
测试数据	工作号=002，姓名=AA，身份证号=130105200901010003，加入日期=2009年1月1日，固定电话=88888803，小灵通=99999903，手机=13003110003，住址=天河小区3号		

操作步骤	操作描述	数据	期望结果	实际结果	测试状态
1	输入数据后单击“添加”按钮	工作号=002，姓名=AA，身份证号=130105200901010003，加入日期=2009年1月1日，固定电话=88888803，小灵通=99999903，手机=13003110003，住址=天河小区3号	工作号已存在！		

（5）“修改”按钮的功能是修改姓名、身份证号、加入日期、固定电话、小灵通、手机、住址等信息。若用户试图修改工作号，系统将忽略刚才的修改操作。

表 4-7 “修改”按钮测试用例一

用例编号		服务员_修改_1	功能模块	服务员管理	
编制人		司马云长	编制时间	2009-07-31	
相关用例		服务员_添加_1			
功能特征		能修改服务员姓名			
测试目的		修改服务员姓名。			
预置条件		无			
参考信息		需求说明书中相关说明			
测试数据		工作号=001，姓名=AA4，身份证号=130105200901010003，加入日期=2009 年 1 月 3 日，固定电话=88888803，小灵通=99999903，手机=13003110003，住址=天河小区 3 号			
操作步骤	操作描述	数据	期望结果	实际结果	测试状态
1	使用“上一条”、“下一条”按钮，找到工作号=001 的记录				
2	输入数据后单击“修改”按钮	姓名=AA4，身份证号=130105200901010003，加入日期=2009 年 1 月 3 日，固定电话=88888803，小灵通=99999903，手机=13003110003，住址=天河小区 3 号	工作号=001，姓名=AA4，身份证号=130105200901010003，加入日期=2009 年 1 月 3 日，固定电话=88888803，小灵通=99999903，手机=13003110003，住址=天河小区 3 号		

表 4-8 “修改”按钮测试用例二

用例编号		服务员_修改_2	功能模块	服务员管理	
编制人		司马云长	编制时间	2009-07-31	
相关用例		服务员_添加_2			
功能特征		不能修改工作号			
测试目的		修改工作号不成功、忽略对离开日期的修改。			
预置条件		无			
参考信息		需求说明书中相关说明			
测试数据		工作号=002，姓名=B4，身份证号=130105200901010002，加入日期=2009 年 1 月 1 日，离开日期=2010 年 1 月 1 日，固定电话=88888802，小灵通=99999902，手机=13003110002，住址=天河小区 2 号			
操作步骤	操作描述	数据	期望结果	实际结果	测试状态
1	使用“上一条”、“下一条”按钮，找到工作号=002 的记录				

续表

2	输入数据后单击“修改”按钮	工作号=012，姓名=B4，身份证号=130105200901010002，加入日期=2009年1月1日，离开日期=2010年1月1日，固定电话=88888802，小灵通=99999902，手机=13003110002，住址=天河小区2号	工作号=002，姓名=B4，身份证号=130105200901010002，加入日期=2009年1月1日，离开日期=空，固定电话=88888802，小灵通=99999902，手机=13003110002，住址=天河小区2号；工作号不能修改		

（6）“删除”按钮的功能是删除当前屏幕上正在显示的用户，且被删除的记录必须是已结清工作量的员工，否则不能删除，如果符合条件的当前记录被删除，同时下一条记录自动变成当前记录。如果恰是最后一条记录被删除，则新的最后一条记录成为当前记录。另外即使删除操作成功也不是真的删除该服务员的信息，而只是导致该服务员在系统以后的运行中被忽略。

使用表4-9～表4-11的用例测试该按钮的功能。

表4-9 “删除”按钮测试用例一

用例编号		服务员_删除_1	功能模块	服务员管理	
编制人		司马云长	编制时间	2009-07-31	
相关用例		服务员_添加_2			
功能特征		能删除服务员			
测试目的		删除服务员			
预置条件		无			
参考信息		需求说明书中相关说明			
测试数据		工作号=002，姓名=B4，身份证号=130105200901010002，加入日期=2009年1月1日，离开日期=2010年1月1日，固定电话=88888802，小灵通=99999902，手机=13003110002，住址=天河小区2号			
操作步骤	操作描述	数据	期望结果	实际结果	测试状态
1	使用“上一条”、“下一条”按钮，找到工作号=002的记录				
2	单击“删除”按钮	工作号=002，姓名=B4，身份证号=130105200901010002，加入日期=2009年1月1日，固定电话=88888802，小灵通=99999902，手机=13003110002，住址=天河小区2号	当前记录被删除，使用“上一条”和“下一条”按钮已不能找到该记录。		

表4-10 “删除”按钮测试用例二

用例编号	服务员_删除_2	功能模块	服务员管理
编制人	司马云长	编制时间	2009-07-31
相关用例	无		
功能特征	不能删除没结清工作量的服务员		

续表

测试目的	删除没结清工作量的服务员不成功				
预置条件	表 4-2、表 4-3 驱动数据				
参考信息	需求说明书中相关说明				
测试数据	工作号=009，姓名=BBB，身份证号=130105200901010009，加入日期=2009 年 4 月 28 日，手机=13003110009				
操作步骤	操作描述	数据	期望结果	实际结果	测试状态
1	使用“上一条”、“下一条”按钮，找到工作号=009 的记录				
2	单击“删除”按钮		BBB 尚有没核算的工作量，不能被删除		

表 4-11 “删除”按钮测试用例三

用例编号	服务员_删除_3		功能模块	服务员管理	
编制人	司马云长		编制时间	2009-07-31	
相关用例	服务员_删除_1				
功能特征	不能添加在本模块被删除服务员的工作号				
测试目的	添加在本模块被删除服务员的工作号不成功				
预置条件	无				
参考信息	需求说明书中相关说明				
测试数据	工作号=002，姓名=B4，身份证号=130105200901010002，加入日期=2009 年 1 月 1 日，固定电话=88888802，小灵通=99999902，手机=13003110002，住址=天河小区 2 号				
操作步骤	操作描述	数据	期望结果	实际结果	测试状态
1	输入数据后单击“添加”按钮	工作号=002，姓名=B4，身份证号=130105200901010002，加入日期=2009 年 1 月 1 日，离开日期=2010 年 1 月 1 日，固定电话=88888802，小灵通=99999902，手机=13003110002，住址=天河小区 2 号	工作号已存在		

（7）“结束”按钮的功能跟窗口“关闭”按钮的功能相同都是结束本功能模块运行，并返回主菜单，同时使主菜单的所有菜单项可用、更改窗体的标题为“系统管理”。

（三）测试步骤

（1）设置驱动数据；

（2）测试“服务员”主菜单项的功能；

（3）测试“添加”按钮的功能；

（4）测试“修改”按钮的功能；

（5）测试“上一条”按钮的功能；

（6）测试“下一条”按钮的功能；

（7）测试“删除”按钮的功能；

（8）测试“结束”按钮与窗口“关闭”按钮的功能。

三、知识准备

什么是测试计划

首先我们来看看什么是测试计划，针对这个内容我们又分成以下几个方面来进行介绍：

- 软件测试计划的定义；
- 为什么要编写测试计划；
- 什么时间开始；
- 由谁编写测试计划；
- 制定原则；
- 面对的问题。

1. 测试计划的定义

软件测试是有计划、有组织和有系统的软件质量保证活动，而不是随意地、松散地、杂乱地实施过程。为了规范软件测试内容、方法和过程，在对软件进行测试之前，必须创建测试计划。《ANSI/IEEE 软件测试文档标准 829-1983》将测试计划定义为：“一个叙述了预定的测试活动的范围、途径、资源及进度安排的文档。它确认了测试项、被测特征、测试任务、人员安排，以及任何偶发事件的风险。”

软件测试计划是指导测试过程的纲领性文件，包含了产品概述、测试策略、测试方法、测试区域、测试配置、测试周期、测试资源、测试交流、风险分析等内容。借助软件测试计划，参与测试的项目成员，尤其是测试管理人员，可以明确测试任务和测试方法，保持测试实施过程的顺畅沟通，跟踪和控制测试进度，应对测试过程中的各种变更。

归纳起来定义，测试计划就是描述所有要完成的测试工作，包括被测试项目的背景、目标、范围、方式、资源、进度安排、测试组织，以及与测试有关的风险等方面。

2. 为什么要编写测试计划

为什么要编写测试计划，编写测试计划它能给我们带来什么好处呢？总结起来它有以下几个好处：

（1）使软件测试工作进行更顺利。我们一般都说“预则立”，计划便是我们软件测试工作的预先安排，为我们的整个测试工作指明方向。

（2）促进项目参加人员彼此的沟通。测试人员能够了解整个项目测试情况以及项目测试不同阶段的所要进行的工作等。这种形式使测试工作与开发工作紧密地联系起来。

（3）使软件测试工作更易于管理。领导能够根据测试计划做宏观调控，进行相应资源配置等；其他人员了解测试人员的工作内容，进行有关配合工作。按照这种方式，资源的变更变成了一个可控制的风险。

3. 什么时间做测试计划

确定什么时间开始做测试计划是很重要的，一般来说是测试需求分析前做总体测试计划书，测试需求分析后做详细测试计划书。

4. 由谁来做测试计划

编写测试计划是一项系统工作，编写者必须对项目了解，对测试工作所接触到的方方面面都要有系统地把握。因此一般情况下是由具有丰富经验的项目测试负责人进行编写。

5. 制定原则

制定测试计划也是有原则的，主要包含以下几个方面：

（1）制定测试计划应尽早开始。越早进行测试计划，就可以从最根本的地方去了解所要测试的对象及内容，这样对完善测试计划是很有好处的。

（2）保持测试计划的灵活性。测试计划不是固定的，在测试进行过程中会有一定的变动，测试计划的灵活性为我们持续测试具有很好的支持。

（3）保持测试计划简洁和易读。测试计划做出来后应该能够让测试人员明了自己的任务和计划。

（4）尽量争取多渠道评审测试计划。通过不同的人来发现测试计划中的不足及缺陷，可以很好地改进测试计划的质量。

（5）计算测试计划的投入。投入到测试中的项目经费是一定的，我们制定测试计划时一定要注意测试计划的费用情况。要量力而行。

四、任务实现

1. 使用测试辅助工具清空“操作员表”、“服务员表”和“服务记录表”中的所有内容

选择“测试辅助工具”→“清空数据库”命令，选中“操作员表”、“服务员表”和“服务记录表”，单击“=>”按钮把它们移到右边列表框中，单击“单击清空右边框中所列数据表”按钮，清空这些数据库表中的数据，同时自动返回启动界面，并关闭该工具。图 4-2 所示为单击“单击清空右边框中所列数据表”按钮前的情况。

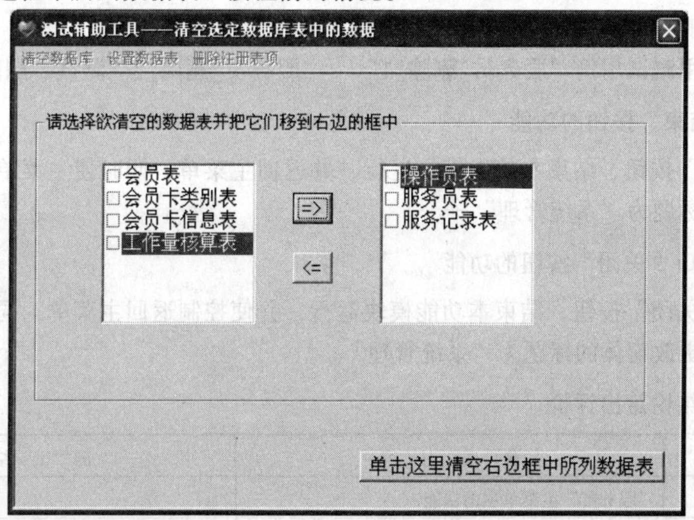

图 4-2　清空“操作员表”、“服务员表”和“服务记录表”中的所有内容

2. 设置驱动数据一

启动本系统，自动进入“添加超级管理员”模块，把表 4-1 中的数据添加到数据库中。添加成功后，将自动进入“超级管理员”模块。

3．测试“服务员”主菜单项的功能

单击“超级管理员”界面上的“服务员”主菜单项，弹出“记录集为空”的提示信息框，单击“确定”按钮进入下面的测试。此时应该显示图 4-1 所示的工作界面。

4．测试“添加”按钮的功能

依次使用测试用例“服务员_添加_1”～“服务员_添加_3”测试“添加”按钮功能。把实际的结果跟期望的结果做对比，对于不相同者，在“实际结果”和“测试状态”栏中分别注明；对于相同者，只在“测试状态”栏中注明“通过”即可。

5．测试“修改”按钮的功能

依次使用测试用例“服务员_修改_1”和“服务员_修改_2”测试“修改”按钮功能。把实际的结果跟期望的结果做对比，对于不相同者，在“实际结果”和“测试状态”栏中分别注明；对于相同者，只在“测试状态”栏中注明“通过”即可。

6．测试“上一条”按钮的功能

连续单击该按钮，直到出现“当前已是第一条记录”提示信息，同时观察系统的反映跟测试内容中介绍“上一条”按钮功能时所描述的情况是否一致。

7．测试“下一条”按钮的功能

连续单击该按钮，直到出现“当前已是最后一条记录”提示信息，同时观察系统的反映跟测试内容中介绍“下一条”按钮功能时所描述的情况是否一致。

8．测试“删除”按钮的功能

（1）设置驱动数据二。使用“添加”按钮，把表 4-2 中的数据添加到数据库中。

（2）设置驱动数据三。使用测试辅助工具的“设置数据表”→“服务记录表”功能，把表 4-3 中的数据添加到数据库中，并关闭测试辅助工具；

（3）依次使用测试用例“服务员_删除_1”～“服务员_删除_3”测试“删除”按钮功能。

9．测试“结束”按钮的功能

单击“结束”按钮，结束本功能模块运行，并返回主菜单，同时使主菜单的所有菜单项可用、更改窗体的标题为“系统管理”。

10．测试窗口“关闭”按钮的功能

单击窗口“关闭”按钮，结束本功能模块运行，并使控制返回主菜单，同时使主菜单的所有菜单项可用、更改窗体的标题为“系统管理”。

11．对测试结论给出评价

序号	测试内容	测试结论
1	“服务员”主菜单项的功能	
2	“上一条”按钮的功能	
3	“下一条”按钮的功能	
4	“添加”按钮的功能	
5	“修改”按钮的功能	

续表

6	“删除”按钮的功能	
7	“结束”按钮的功能	
8	窗口“关闭”按钮的功能	
模块测试结论及建议		

五、相关知识

测试计划的内容

制定测试计划时，由于各软件公司的背景不同，测试计划文档也略有差异。实践表明，制定测试计划时，使用正规化文档通常比较好。一般来说，测试计划应包含以下内容。

1．测试计划标识符

一个测试计划标识符是一个由公司生成的唯一值，它用于标识测试计划的版本、等级，以及与该测试计划相关的软件版本。

2．介绍

在测试计划的介绍部分主要是测试软件基本情况的介绍和测试范围的概括性描述。

3．测试项

测试项部分主要是纲领性描述在测试范围内对哪些具体内容进行测试，确定一个包含所有测试项在内的一览表。具体要点包括功能的测试、设计的测试、整体测试。

4．需要测试的功能

测试计划中这一部分列出了待测的功能。

5．方法（策略）

这部分内容是测试计划的核心所在，所以有些软件公司更愿意将其标记为“策略”，而不是“方法”。

测试策略描述测试小组用于测试整体和每个阶段的方法。要描述如何公正、客观地开展测试，要考虑模块、功能、整体、系统、版本、压力、性能、配置和安装等各个因素的影响，要尽可能地考虑到细节，越详细越好，并制作测试记录文档的模板，为即将开始的测试做准备。

6．不需要测试的功能

测试计划中这一部分列出不需要测试的功能。

7．测试项通过/失败的标准

测试计划中这一部分给出“测试项”中描述的每一个测试项通过/失败的标准。正如每个测试用例都需要一个预期的结果一样，每个测试项同样都需要一个预期的结果。

8. 测试中断和恢复的规定

测试计划中这一部分给出测试中断和恢复的标准。常用的测试中断标准如下：

（1）关键路径上的未完成任务；

（2）大量的缺陷；

（3）严重的缺陷；

（4）不完整的测试环境；

（5）资源短缺。

9. 测试完成所提交的材料

测试完成所提交的材料包含了测试工作开发设计的所有文档、工具等。例如，测试计划、测试设计规格说明、测试用例、测试日志、测试数据、自定义工具、测试缺陷报告和测试总结报告等。

10. 测试任务

测试计划中这一部分给出测试工作所需完成的一系列任务。在这里还列举了所有任务之间的依赖关系和可能需要的特殊技能。

11. 环境需求

环境需求是确定实现测试策略必备条件的过程。

例如：

（1）人员——人数、经验和专长。他们是全职、兼职、业余还是学生？

（2）设备——计算机、测试硬件、打印机、测试工具等。

（3）办公室和实验室空间——在哪里？空间有多大？怎样排列？

（4）软件——字处理程序、数据库程序和自定义工具等。

（5）其他资源——软盘、电话、参考书、培训资料等。

12. 测试人员的工作职责

测试人员的工作职责是明确指出测试任务和测试人员的工作责任。有时测试需要定义的任务类型不容易分清，不像程序员所编写的程序那样明确。复杂的任务可能有多个执行者，或者由多人共同负责。

13. 人员安排与培训需求

前面讨论的测试人员的工作职责是指哪类人员（管理、测试和程序员等）负责哪些任务。人员安排与培训需求是指明确测试人员具体负责软件测试的哪些部分、哪些可测试性能，以及他们需要掌握的技能等。实际责任表会更加详细，确保软件的每一部分都有人进行测试。每一个测试员都会清楚地知道自己应该负责什么，而且有足够的信息开始设计测试用例。

培训需求通常包括学习如何使用某个工具、测试方法、缺陷跟踪系统、配置管理，或者与被测试系统相关的业务基础知识。培训需求各个测试项目会各不相同，它取决于具体项目的情况。

14. 进度表

测试进度是围绕着包含在项目计划中的主要事件（如文档、模块的交付日期，接口的可用性等）来构造的。

作为测试计划的一部分，完成测试进度计划安排，可以为项目管理员提供信息，以便更好地安排整个项目的进度。

进度安排会使测试过程容易管理。通常，项目管理员或者测试管理员负责最终进度安排，而测试人员参与安排自己的具体任务。

15. 潜在的问题和风险

软件测试人员要明确地指出计划过程中的风险，并与测试管理员和项目管理员交换意见。这些风险应该在测试计划中明确指出，在进度中予以考虑。有些风险是真正存在的，而有些最终证实是无所谓的，但要尽早明确指出，以免在项目晚期发现时造成损失。

一般而言，大多数测试小组都会发现自己的资源有限，不可能穷尽测试软件所有方面。如果能勾画出风险的轮廓，将有助于测试人员排定待测试项的优先顺序，并且有助于集中精力去关注那些极有可能发生失效的领域。下面是一些潜在的问题和风险的例子：

（1）不现实的交付日期；

（2）与其他系统的接口；

（3）处理巨额现金的特征；

（4）极其复杂的软件；

（5）有过缺陷历史的模块；

（6）发生过许多或者复杂变更的模块；

（7）安全性、性能和可靠性问题；

（8）难于变更或测试的特征。

风险分析是一项十分艰巨的工作，尤其是第一次尝试进行时更是如此，但是以后会好起来，而且也值得这样做。

16. 审批

审批人应该是有权宣布已经为转入下一个阶段做好准备的某个人或某几个人。测试计划审批部分一个重要的部件是签名页。审批人除了在适当的位置签署自己的名字和日期外，还应该签署表明他们是否建议通过评审的意见。

六、学习反思

（一）深入思考

（1）在服务员数据库中，唯一能够区分服务员的便是工作号，因此在服务员数据库中不允许相同的工作号，因此“添加”按钮测试用例三希望测试当添加一个已经存在的工作号时会发生什么情况。

（2）测试“添加”按钮的功能时，之所以要求“依次使用测试用例”，是因为从逻辑上说，测试用例间有顺序关系。比如：“服务员_添加_3”就以“服务员_添加_2”为前提。

（3）“修改”按钮可以对姓名、身份证号、加入日期、固定电话、小灵通、手机、住址等信息进行修改，但不能修改工作号，如果试图修改工作号，系统将忽略对工作号的修改，这样就有效地保证了工作号的唯一性。保证工作号的唯一性就可以很好地保证数据的准确性、完整性和一致性，否则将给工作量核算带来麻烦和混乱。在设计测试用例时必须考虑到这一点。

（4）因为在本模块只能删除已结清工作量的员工，而工作量的结算并不是本模块的功能，因此为了测试本模块的删除功能就需要我们构造数据来完成“删除”按钮的测试。实际上，驱动数据三就是这样的“构造数据”，当然它必须与驱动数据二同时使用。

（5）在本模块中即使完成了对符合条件员工的删除，也不是真的删除该服务员的信息，只是导致该服务员在系统以后的运行中被忽略，要想真的从系统中删除该服务员的信息，必须并由超级管理员使用“超级用户”中的“数据库维护”→“清除冗余数据”功能。因此“删除”按钮测试用例三希望测试当添加一个已经被删除的工作号时会发生什么情况。

（6）驱动数据的设置，不一定全在开始集中进行，完全可以根据具体情况决定设置的时机，只要是在其起作用前的合适时刻即可。采用这样的策略会提高整个工作的效率。

（二）自己动手

（1）使用上面提供的测试用例和测试步骤实际对本模块进行测试。

（2）使用自己设计的合适测试用例及合理测试步骤完成对本模块的测试。

七、能力评价

序号	评价内容	评价结果			
		优秀	良好	通过	加油
		能灵活运用	能掌握80%以上	能掌握60%以上	其他
1	能说出测试计划的基本组成部分以及各部分的特点				
2	能依据“服务员管理”模块的主要功能设计合适的测试数据及合理的测试步骤				
3	能使用自己设计的测试数据，按照自己设计的测试步骤，实际完成对“服务员管理”模块的测试				

任务二　测试会员管理模块

一、任务描述

司马云长小组测试完“服务员管理模块”模块后，接下来需要测试“会员管理模块”。该模块的功能包括会员的添加、修改和删除。修改时系统自动忽略对会员号的改动。删除时只能删除已没有会员卡的会员。系统除自动检查会员号是否重复外，对其他数据的合法性不去理会。

本模块的工作界面如图4-3所示。

二、任务分析

（一）驱动数据

测试本模块，需要设置如表4-12～表4-14所示驱动数据。

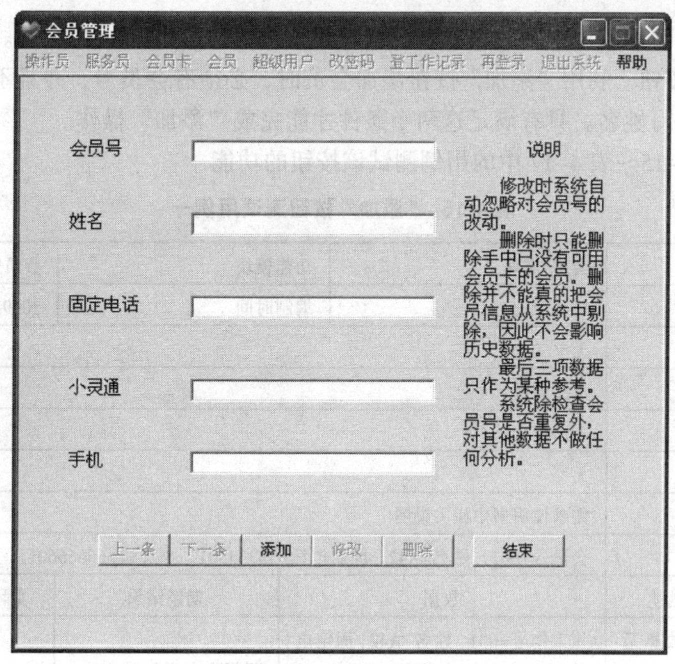

图 4-3　会员管理模块工作界面

表 4-12　驱动数据一

数据库表	操作员表		使用工具	本 系 统
序　　号	用 户 名	用户类别	密　　码	功能模块
1	A1	超级管理员	123	添加超级管理员

表 4-13　驱动数据二

数据库表	会员表		使用工具	本 系 统
序　　号	会 员 号	姓　　名	手机	
1	099	CCC	13003180099	

表 4-14　驱动数据三（标志 0：已结算；标志 1：未结算）

数据库表	会员卡信息表				使用工具	测试辅助工具	
序　　号	卡　　号	类 别 号	售出日期	买卡顾客号	尚能使用次数	标　　志	操 作 者
1	001	01	20100428	099	3	1	A1

（二）测试内容

（1）“会员”主菜单项的功能是使主菜单除“帮助”主菜单项外的其他菜单项不可用、更改窗体的标题为“会员管理”、呈现图 4-3 所示工作界面。如果记录集不空，则最底下一排按钮都可用，否则最底下一排按钮只有“添加”和“结束”按钮可用。

（2）“上一条”按钮的功能是显示上一条记录。如当前记录为第一条记录，则提醒用户“当前已是第一条记录”，显示停留在当前记录处。该按钮不可用。

（3）“下一条”按钮的功能是显示下一条记录。若用户试图显示最后一条记录的后一条记录，则提醒用户“当前已是最后一条记录”，显示停留在最后一条记录处。该按钮不可用。

注意在上面按钮的实现中随时根据情况调整相关按钮的可用/不可用状态。

（4）“添加”按钮。利用“添加”按钮添加会员时，必须有会员号，并且不能是目前已存在的会员号；必须填写姓名。只有满足这两个条件才能完成“添加”操作。

我们使用表 4-15～表 4-17 中的用例测试该按钮的功能

表 4-15 “添加”按钮测试用例一

用例编号		会员_添加_1	功能模块		会员管理	
编制人		司马云长	编制时间		2009-07-31	
相关用例		无				
功能特征		添加会员				
测试目的		能添加会员				
预置条件		无				
参考信息		需求说明书中相关说明				
测试数据		会员号=001，姓名=A42，固定电话=33333301，小灵通=66666601，手机=13003180001				
操作步骤	操作描述	数据		期望结果	实际结果	测试状态
1	输入数据后单击“添加”按钮	工作号=001，姓名=A42，固定电话=33333301，小灵通=66666601，手机=13003180001		新用户名添加成功！		

表 4-16 “添加”按钮测试用例二

用例编号		会员_添加_2	功能模块		会员管理	
编制人		司马云长	编制时间		2009-07-31	
相关用例		无				
功能特征		添加会员				
测试目的		能添加会员（固定电话、小灵通、手机等信息为空）				
预置条件		无				
参考信息		需求说明书中相关说明				
测试数据		会员号=002，姓名=B42				
操作步骤	操作描述	数据	期望结果		实际结果	测试状态
1	输入数据后单击“添加”按钮	工作号=002，姓名=B42	新用户名添加成功！			

表 4-17 “添加”按钮测试用例三

用例编号	会员_添加_3	功能模块	会员管理
编制人	司马云长	编制时间	2009-07-31
相关用例	无		
功能特征	添加会员		
测试目的	能验证会员号的合理性		
预置条件	无		
参考信息	需求说明书中相关说明		

续表

测试数据		会员号=001，姓名=AA2，固定电话=33333301，小灵通=66666601，手机=13003180001			
操作步骤	操作描述	数据	期望结果	实际结果	测试状态
1	输入数据后单击“添加”按钮	会员号=001，姓名=AA2，固定电话=33333301，小灵通=66666601，手机=13003180001	会员号已存在！		

（5）“修改”按钮的功能是修改姓名、固定电话、小灵通、手机等信息。若用户试图修改工作号，系统将忽略刚才的修改。

我们使用表4-18和表4-19的用例测试该按钮。

表4-18 “修改”按钮测试用例一

用例编号		会员_修改_1	功能模块	会员管理	
编制人		司马云长	编制时间	2009-07-31	
相关用例		会员_添加_1			
功能特征		能修改会员姓名			
测试目的		修改会员姓名			
预置条件		无			
参考信息		需求说明书中相关说明			
测试数据		工作号=001，姓名=AA4,，固定电话=33333301，小灵通=66666601，手机=13003180001			
操作步骤	操作描述	数据	期望结果	实际结果	测试状态
1	使用“上一条”、“下一条”按钮找到会员号=001的记录				
2	单击“修改”按钮	工作号=001，姓名=AA4，固定电话=33333301，小灵通=66666601，手机=13003180001	工作号=001，姓名=AA4,，固定电话=88888801，小灵通=99999901，手机=13003110001		

表4-19 “修改”按钮测试用例二

用例编号		会员_修改_2	功能模块	会员管理	
编制人		司马云长	编制时间	2009-07-31	
相关用例		会员_添加_2			
功能特征		不能修改会员号			
测试目的		修改会员号不成功			
预置条件		无			
参考信息		需求说明书中相关说明			
测试数据		会员号=002，姓名=B42			
操作步骤	操作描述	数据	期望结果	实际结果	测试状态
1	使用“上一条”、“下一条”按钮找到会员号=002的记录				

续表

2	单击“修改”按钮	会员=012，姓名=B42	会员号=002，姓名=B42，会员号不能修改		

（6）“删除”钮的功能是删除当前屏幕上正显示的用户，且被删除的记录必须是已没有可用会员卡的会员，否则不能删除。如果符合条件当前记录将被删除，同时下一条记录自动变成当前记录。如果恰是最后一条记录被删除，则新的最后一条记录成为当前记录。另外即使删除操作成功也不是真的删除该会员的信息，而只是导致该会员在系统以后的运行中被忽略。

我们使用表 4-20～表 4-22 的用例测试该按钮的功能。

表 4-20 “删除”按钮测试用例一

用例编号		会员_删除_1	功能模块		会员管理	
编制人		司马云长 ，	编制时间		2009-07-31	
相关用例		会员_添加_2				
功能特征		删除会员				
测试目的		能删除会员				
预置条件		无				
参考信息		需求说明书中相关说明				
测试数据		会员号=002，姓名=B42				
操作步骤	操作描述	数据		期望结果	实际结果	测试状态
1	使用“上一条”、“下一条”按钮找到“会员号=002”的记录					
2	按“删除”按钮	会员号=002，姓名=B42		当前记录被删除		

表 4-21 “删除”按钮测试用例二

用例编号		会员_删除_2	功能模块		会员管理	
编制人		司马云长	编制时间		2009-07-31	
相关用例		无				
功能特征		不能删除还有可用会员卡的会员				
测试目的		删除还有可用会员卡的会员不成功				
预置条件		表 4-13、表 4-14 驱动数据				
参考信息		需求说明书中相关说明				
测试数据		会员号=099，姓名=CCC，手机=13003110099				
操作步骤	操作描述	数据		期望结果	实际结果	测试状态
1	使用“上一条”、“下一条”按钮找到会员号=099 的记录					
2	单击“删除”按钮	会员号=099，姓名=CCC 手机=13003180099		CCC 尚有没使用完的服务，不能被删除		

表 4-22 “删除”按钮测试用例三

用例编号		会员_删除_3	功能模块	会员管理	
编制人		司马云长	编制时间	2009-07-31	
相关用例		会员_删除_1			
功能特征		不能添加在本模块被删除的会员的会员号			
测试目的		添加在本模块被删除的会员的会员号不成功			
预置条件		无			
参考信息		需求说明书中相关说明			
测试数据		会员号=002，姓名=B42			
操作步骤	操作描述	数据	期望结果	实际结果	测试状态
1	输入数据后单击“添加”按钮	会员号=002，姓名=B42	添加不成功（会员号已存在）		

（7）“结束”按钮的功能跟窗口“关闭”按钮的功能相同都是结束本功能模块运行，并返回主菜单，同时使主菜单的所有菜单项可用、更改窗体的标题为“系统管理”。

（三）测试步骤

（1）设置驱动数据；

（2）测试“会员”主菜单项的功能；

（3）测试“添加”按钮的功能；

（4）测试“修改”按钮的功能；

（5）测试“上一条”按钮的功能；

（6）测试“下一条”按钮的功能；

（7）测试“删除”按钮的功能；

（8）测试“结束”按钮与窗口“关闭”按钮的功能。

三、知识准备

如何做好测试计划

1. 明确测试的目标，增强测试计划的实用性

当今大部分商业软件都包含了丰富的功能，因此，软件测试的内容千头万绪，如何在纷乱的测试内容之间提炼测试的目标，是制定软件测试计划时首先需要明确的问题。测试目标必须是明确的，可以量化和度量的，而不是模棱两可的宏观描述。另外，测试目标应该相对集中，避免罗列出一系列目标，导致轻重不分。根据对用户需求文档和设计规格文档的分析，确定被测软件的质量要求和测试需要达到的目标。

编写软件测试计划的重要目的就是使测试过程能够发现更多的软件缺陷，因此软件测试计划的价值取决于它对帮助管理测试项目，并且找出软件潜在的缺陷。因此，软件测试计划中的测试范围必须高度覆盖功能需求，测试方法必须切实可行，测试工具并且具有较高的实用性，便于使用，生成的测试结果直观、准确。

2. 坚持“5W1H”规则

明确内容与过程“Why（为什么做）”、“What（做什么）”、“When（何时做）”、“Where（在

哪里)”、“Who(谁来做)”、“How(如何做)”

(1)why——为什么要进行这些测试;

(2)what——测试哪些方面,不同阶段的工作内容;

(3)when——测试不同阶段的起止时间;

(4)where——相应文档,缺陷的存放位置,测试环境等;

(5)who——项目有关人员组成,安排哪些测试人员进行测试;

(6)how——如何去做,使用哪些测试工具以及测试方法进行测试。

3. 采用评审和更新机制,保证测试计划满足实际需求

测试计划写作完成后,如果没有经过评审,直接发送给测试团队,测试计划内容的可能不准确或遗漏测试内容,或者软件需求变更引起测试范围的增减,而测试计划的内容没有及时更新,误导测试执行人员。

测试计划包含多方面的内容,编写人员可能受自身测试经验和对软件需求的理解所限,而且软件开发是一个渐进的过程,所以最初创建的测试计划可能是不完善的、需要更新的。需要采取相应的评审机制对测试计划的完整性、正确性、可行性进行评估。例如,在创建完测试计划后,提交到由项目经理、开发经理、测试经理、市场经理等组成的评审委员会审阅,根据审阅意见和建议进行修正和更新。

4. 分别创建测试计划与测试详细规格、测试用例

编写软件测试计划要避免一种不良倾向即测试计划的“大而全”,无所不包、篇幅冗长、长篇大论、重点不突出,既浪费写作时间,也浪费测试人员的阅读时间。“大而全”的一个常见表现就是测试计划文档包含详细的测试技术指标、测试步骤和测试用例。

最好的方法是把详细的测试技术指标包含到独立创建的测试详细规格文档,把用于指导测试小组执行测试过程的测试用例放到独立创建的测试用例文档或测试用例管理数据库中。测试计划和测试详细规格、测试用例之间是战略和战术的关系,测试计划主要从宏观上规划测试活动的范围、方法和资源配置,而测试详细规格、测试用例是完成测试任务的具体战术。

5. 测试阶段的划分

就通常软件项目而言,基本上采用“瀑布型”开发方式,这种开发方式下,各个项目主要活动比较清晰,易于操作。整个项目生命周期为“需求－设计－编码－测试－发布－实施－维护”。然而,在制定测试计划时候,有些测试经理对测试的阶段划分还不是十分明晰,经常性遇到的问题是把测试单纯理解成系统测试,或者把各类型测试设计(测试用例的编写和测试数据准备)全部放入生命周期的“测试阶段”,这样造成的问题是浪费了开发阶段可以并行的项目日程,另一方面造成测试不足。

6. 系统测试阶段日程安排

划分阶段清楚了,随之而来的问题是测试执行需要多长的时间?标准的工程方法或 CMM 方式是对工作量进行估算,然后得出具体的估算值。但是这种方法过于复杂,可以另辟专题讨论。一个可操作的简单方法是:根据测试执行上一阶段的活动时间进行换算,换算方法是与上一阶段活动时间 1:1.1～1:1.5。举个例子,对测试经理来说,因为开发计划可能包含了单元测试和集成测试,系统测试的时间大概是编码阶段(包含单元测试和集成测试)1～1.5 倍。这种方法的优点是简单，依赖于项目计划的日程安排，缺点是水分太多，难于量化。那么，可以采用的另一个简单方法是经验评估。评估方法如下：

（1）计算需求文档的页数，得出系统测试用例的页数。

需求页数:系统测试用例页数≈1:1

（2）由系统测试用例页数计算编写系统测试用例时间。

编写系统测试用例时间≈系统测试用例页数×1小时

（3）计算执行系统测试用例时间。

编写系统用例用时:执行系统测试用时≈1:2

（4）计算回归测试包含的时间。

系统测试用时:回归测试用时≈2:1

7．变更控制

测试计划改变了以往根据任务进行测试的方式，因此，为使测试计划得到贯彻和落实，测试组人员必须及时跟踪软件开发的过程，对产品提交测试做准备，测试计划的目的，本身就是强调按规划的测试战略进行测试，淘汰以往以任务为主的临时性。在这种情况下，测试计划中强调对变更的控制显得尤为重要。

四、任务实现

1．使用测试辅助工具清空“操作员表”、“会员表”和“会员卡信息表”中的所有内容

选择“测试辅助工具”→“清空数据库”命令，选中“操作员表”、“会员表”和“会员卡信息表”，单击“=>”把它们移到右边列表框中，单击“单击这里清空右边框中所列数据表”按钮，清空这些数据库表中的数据，同时自动返回启动界面，并关闭该工具。图4-4所示为单击“单击这里清空右边框中所列数据表”按钮前的情况。

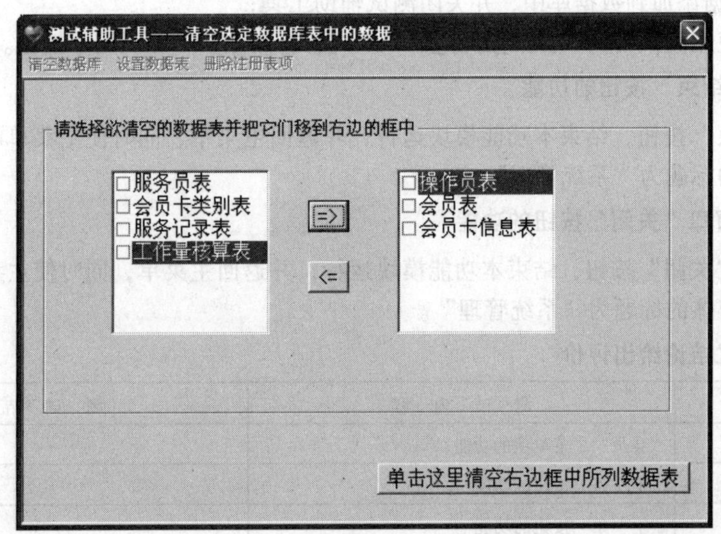

图4-4　清空“操作员表”、“会员表”和“会员卡信息表”中的所有内容

2．设置驱动数据一

启动本系统，自动进入“添加超级管理员”模块，把表4-12中的数据添加到数据库中。

添加成功后，将自动进入“超级管理员”模块。

3．测试“会员”主菜单项的功能

单击“超级管理员”界面上的“会员”主菜单项，弹出“记录集为空”的提示信息框，单击“确定”进入下面的测试。此时应该显示图 4-3 所示的工作界面。

4．测试“添加”按钮的功能

依次使用测试用例“服务员_添加_1”～“服务员_添加_3”测试“添加”按钮。把实际的结果跟期望的结果做对比，对于不相同者，在“实际结果”和“测试状态”栏中分别注明；对于相同者，只在“测试状态”栏中注明“通过”即可。

5．测试“修改”按钮的功能

依次使用测试用例“服务员_修改_1”和“服务员_修改_2”测试“修改”按钮。把实际的结果跟期望的结果做对比，对于不相同者，在“实际结果”和“测试状态”栏中分别注明；对于相同者，只在“测试状态”栏中注明“通过”即可。

6．测试“上一条”按钮的功能

连续单击该按钮，直到出现“当前已是第一条记录”提示信息，同时观察系统的反映跟测试内容中介绍“上一条”按钮功能时所描述的情况是否一致。

7．测试“下一条”按钮的功能

连续单击该按钮，直到出现“当前已是最后一条记录”提示信息，同时观察系统的反映跟测试内容中介绍“下一条”按钮功能时所描述的情况是否一致。

8．测试“删除”按钮的功能

（1）设置驱动数据二。使用“添加”按钮，把表 4-13 中的数据添加到数据库中；

（2）设置驱动数据三，使用测试辅助工具的“设置数据表”→“会员卡信息表”功能，把表 4-14 中的数据添加到数据库中，并关闭测试辅助工具；

（3）依次使用测试用例“会员_删除_1”～“会员_删除_3”测试删除按钮。

9．测试“结束”按钮的功能

单击“结束”按钮，结束本功能模块运行，并返回主菜单，同时使主菜单的所有菜单项可用、更改窗体的标题为“系统管理”。

10．测试窗口“关闭”按钮的功能

单击窗口“关闭”按钮，结束本功能模块运行，并返回主菜单，同时使主菜单的所有菜单项可用、更改窗体的标题为“系统管理”。

11．对测试结论给出评价

序　　号	测 试 内 容	测 试 结 论
1	“会员”主菜单项的功能	
2	“上一条”按钮的功能	
3	“下一条”按钮的功能	
4	“添加”按钮的功能	
5	“修改”按钮的功能	
6	“删除”按钮的功能	

续表

7	“结束”按钮的功能	
8	窗口自身“关闭”按钮的功能	
模块测试结论及建议		

五、相关知识

测试方案和测试计划的区别

（一）测试计划

对测试全过程的组织、资源、原则等进行规定和约束，并制订测试全过程各个阶段的任务以及时间进度安排，提出对各项任务的评估、风险分析和需求管理。

（二）测试方案

描述需要测试的特性、测试的方法、测试环境的规划、测试工具的设计和选择、测试用例的设计方法、测试代码的设计方案。

（三）测试计划是组织管理层面的文件，从组织管理的角度对一次测试活动进行规划

（四）测试方案是技术层面的文档，从技术的角度一次测试活动进行规划

（五）测试计划要明确的内容

1. 明确测试组织的组织形式

（1）测试组织和其他部门关系，责任划分。

（2）测试组织内的机构和责任安排。

2. 明确测试的测试对象（明确测试项，用于后面划分任务，估计工作量等）

3. 完成测试的需求跟踪

4. 明确测试中需要遵守的原则

（1）测试通过/失败标准。

（2）测试挂起和回复的必要条件。

5. 明确测试工作任务分配是测试计划的核心

（1）进行测试任务划分。

（2）进行测试工作量估计。

（3）人员资源和物资源分配。

（4）明确任务的时间和进度安排。

（5）风险的估计和规避措施。

（6）明确测试结束后应交付的测试工作产品。

（六）测试方案的具体内容

1. 明确策略

2. 细化测试特性（形成测试子项）

3. 测试用例的规划

4. 测试环境的规划

5. 自动化测试框架的设计

6. 测试工具的设计和选择

（七）测试方案需要在测试计划的指导下进行

六、学习反思

（一）深入思考

（1）在会员数据库中，唯一能够区分会员的便是会员号，因此在会员数据库中不允许有两个会员号是相同的，因此“添加”按钮测试用例三希望测试当添加一个已经存在的会员号时会发生什么情况。

（2）固定电话、小灵通、手机三项信息仅作为参考数据，并且系统对它们的合法性不做检查，所以在添加会员时有无这三项数据均可完成正确添加。在测试时完全可以不考虑它们。

（3）“修改”按钮可以对姓名、固定电话、小灵通、手机等信息进行修改，但不能修改会员号，如果试图修改会员号，系统将忽略对会员号的修改，这是有效地保证会员号的唯一性的需要。为此必须有专门的用例来测试这一点，比如：会员_修改_2。

（4）因为在本模块中只能删除已没有可用会员卡的会员，而会员卡的销售并不是本模块的功能，因此为了测试本模块的删除功能就需要我们构造数据来完成“删除”按钮的测试。实际上，驱动数据三就是这样的“构造数据”，当然它必须与驱动数据二同时使用。

（5）在本模块中即使完成了对符合条件会员的删除，也不是真的删除该会员的信息，只是导致该服务员在系统以后的运行中被忽略，要想真的从系统中删除该会员的信息，必须由超级管理员使用“超级用户”中的“数据库维护”→“清除冗余数据”功能。因此“删除”按钮测试用例三希望测试当添加一个已经被删除的会员号时会发生什么情况。

（6）驱动数据的设置，不一定全在开始，完全可以根据具体情况决定设置的时机，只要是在其起作用前的合适时刻即可。

（二）自己动手

（1）使用上面提供的测试用例和测试步骤实际对本模块进行测试。

（2）使用自己设计的合适测试用例及合理测试步骤完成对本模块的测试。

七、能力评价

<table>
<tr><td rowspan="3">序号</td><td rowspan="3">评 价 内 容</td><td colspan="4">评 价 结 果</td></tr>
<tr><td>优秀</td><td>良好</td><td>通过</td><td>加油</td></tr>
<tr><td>能灵活运用</td><td>能掌握 80%以上</td><td>能掌握 60%以上</td><td>其他</td></tr>
<tr><td>1</td><td>能说出测试计划的基本组成部分以及各部分的特点</td><td></td><td></td><td></td><td></td></tr>
<tr><td>2</td><td>能依据“会员管理”模块的主要功能设计合适的测试数据及合理的测试步骤</td><td></td><td></td><td></td><td></td></tr>
<tr><td>3</td><td>能使用自己设计的测试数据，按照自己设计的测试步骤，实际完成对“会员管理”模块的测试</td><td></td><td></td><td></td><td></td></tr>
</table>

本 章 小 结

单元测试的对象是软件设计的最小单位——模块。单元测试应对模块内所有重要的控制路径设计测试用例，以便发现模块内部的错误。

单元测试任务包括：① 模块接口测试；② 模块局部数据结构测试；③ 模块边界条件测试；④模块中所有独立执行通路测试；⑤ 模块的各条错误处理通路测试。

模块接口测试是单元测试的基础。只有在数据能正确流入、流出模块的前提下，其他测试才有意义。

检查局部数据结构是为了保证临时存储在模块内的数据在程序执行过程中完整、正确。局部数据结构往往是错误的根源，应仔细设计测试用例。

边界条件测试是单元测试中最后，也是最重要的一项任务。众所周知，软件经常在边界上失效，采用边界值分析技术，针对边界值设计测试用例，很有可能发现新的错误。

在模块中应对每一条独立执行路径进行测试，单元测试的基本任务是保证模块中每条语句至少执行一次。此时设计测试用例是为了发现因错误计算、不正确比较和不适当控制流造成的错误。

一个好的设计应能预见各种出错条件，并预设各种出错处理通路，出错处理通路同样需要认真测试。

第五单元 测试会员卡、工作记录登记、超级用户模块

任务一　测试会员卡模块

一、任务描述

会员卡模块包括设置会员卡类别、添加会员卡和销售会员卡等模块，由司马云长小组负责测试。设置会员卡类别模块的功能只有两项：添加会员卡类别、查看已添加的记录，该模块的界面如图 5-1 所示。添加会员卡模块提供了两种添加方式：当选择“单个添加”单选按钮时，用户一次只能添加一张会员卡；当选择“成批添加”单选按钮时，系统将为用户一次添加同类别卡号连续的多张会员卡，该模块的界面如图 5-2 所示。不管采取何种方式，在整个库中，都不允许相同卡号存在。另外，类别号不能被用做会员卡号。销售会员卡模块有两个功能，即售新卡和退尚未消费完的旧卡，已退掉的卡不能再出售。不管是售卡还是退卡，都必须先选定具体的会员，该模块的界面如图 5-3 所示。

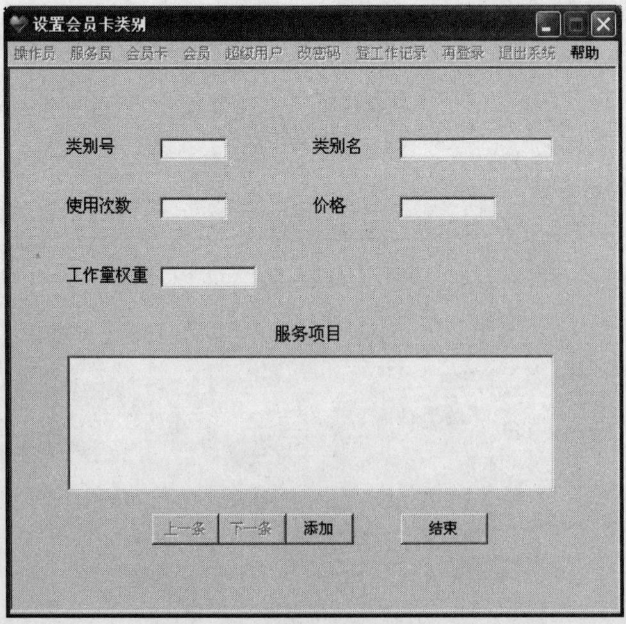

图 5-1　设置会员卡类别界面

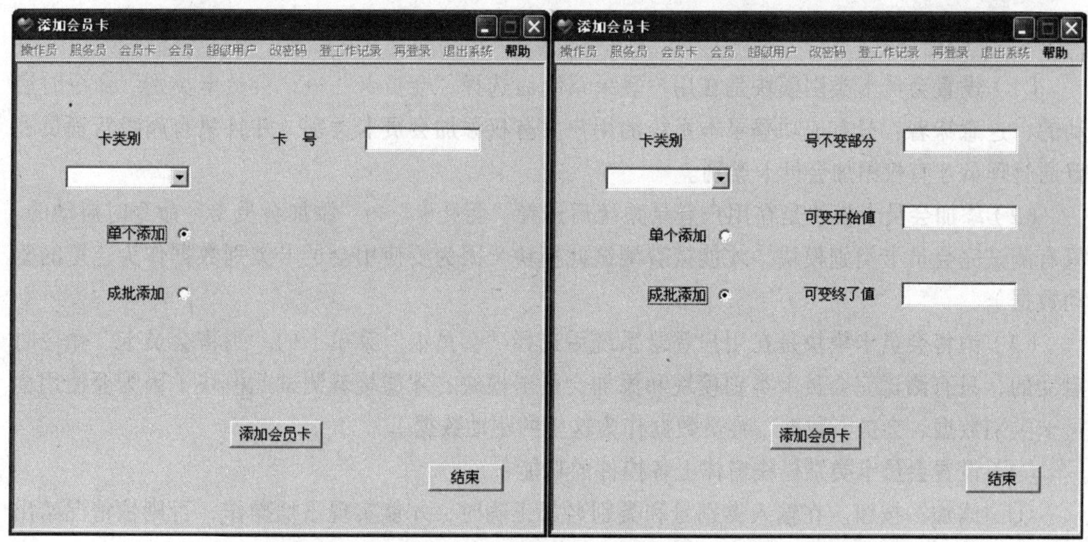

图 5-2　添加会员卡界面

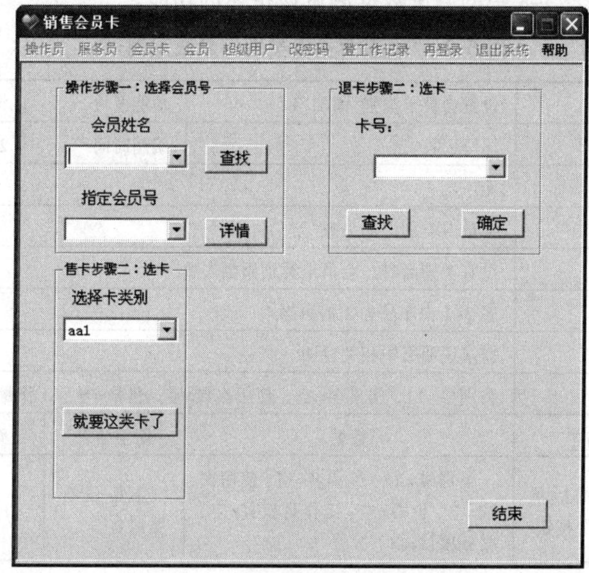

图 5-3　销售会员卡界面

二、任务分析

（一）驱动数据

驱动数据一为表 3-1 中序号为 1 和 2 的两组数据。驱动数据二如表 5-1 所示。

表 5-1　驱动数据二

数据库表	会　员　表	使用工具	本　系　统
序　　号	会　员　号	姓　　名	
1	HY001	刘佳	固定电话、小灵通和手机字段暂不设置
2	HY002	张译	

（二）测试内容

（1）设置会员卡类别模块是在用户登录系统后选择“会员卡”→“会员卡类别”命令时启动的，这意味着：只有成功登录本系统的用户才有权添加会员卡类别，并且只有超级管理员和普通管理员才有权添加会员卡类别。

（2）添加会员卡模块是在用户登录系统后选择“会员卡”→“添加会员卡”命令时启动的，只有测试完会员卡类别模块，才能接着测试此模块（因为要使用会员卡类别数据作为这里的驱动数据）。

（3）销售会员卡模块是在用户登录系统后选择“会员卡”菜单下的“销售会员卡”命令时启动的，只有测试完会员卡类别模块和添加会员卡模块，才能接着测试此模块（因为要使用会员卡类别数据、会员卡数据、会员数据作为这里的驱动数据）。

（4）设置会员卡类别模块窗体上各控件的功能：

①“添加”按钮。在输入类别号和类别名都正确时，才能实现添加操作，否则依情况给出不同提示，并允许重新输入数据。

我们使用表 5-2～表 5-8 中的测试数据测试该按钮的功能。

表 5-2 “设置会员卡类别”测试用例一

用例编号		设置会员卡类别_添加_1	功能模块	设置会员卡类别	
编制人		司马云长	编制时间	2009-07-31	
相关用例		无			
功能特征		会员卡类别添加失败			
测试目的		没有类别名时，会员卡类别添加失败			
预置条件		表 3-1 中序号为 1 的数据			
参考信息		需求说明书中相关说明			
测试数据		类别号=A1、类别名=空、使用次数=空、价格=空、工作量权重=空、服务项目=空			
操作步骤	操作描述	数据	期望结果	实际结果	测试状态
1	输入数据后单击“添加 ”按钮	类别号=A1、类别名=空、使用次数=空、价格=空、工作量权重=空、服务项目=空	不能没有类别名		

表 5-3 “设置会员卡类别”测试用例二

用例编号	设置会员卡类别_添加_2	功能模块	设置会员卡类别
编制人	司马云长	编制时间	2009-07-31
相关用例	无		
功能特征	会员卡类别添加失败		
测试目的	没有类别号时，会员卡类别添加失败		
预置条件	表 3-1 中序号为 1 的数据		
参考信息	需求说明书中相关说明		
测试数据	类别号=空、类别名=aa1、使用次数=空、价格=空、工作量权重=空、服务项目=空		

续表

操作步骤	操作描述	数据	期望结果	实际结果	测试状态
1	输入数据后单击“添加”按钮	类别号=空、类别名=aa1、使用次数=空、价格=空、工作量权重=空、服务项目=空	不能没有类别号		

表 5-4 “设置会员卡类别”测试用例三

用例编号		设置会员卡类别_添加_3	功能模块	设置会员卡类别	
编制人		司马云长	编制时间	2009-07-31	
相关用例		无			
功能特征		会员卡类别添加失败			
测试目的		没有类别使用次数时，会员卡类别添加失败			
预置条件		表 3-1 中序号为 1 的数据			
参考信息		需求说明书中相关说明			
测试数据		类别号=A1、类别名=aa1、使用次数=空、价格=空、工作量权重=空、服务项目=空			
操作步骤	操作描述	数据	期望结果	实际结果	测试状态
1	输入数据后单击“添加”按钮	类别号=A1、类别名=aa1、使用次数=空、价格=空、工作量权重=空、服务项目=空	不能没有使用次数		

表 5-5 “设置会员卡类别”测试用例四

用例编号		设置会员卡类别_添加_4	功能模块	设置会员卡类别	
编制人		司马云长	编制时间	2009-07-31	
相关用例		无			
功能特征		会员卡类别添加成功			
测试目的		新类别添加成功			
预置条件		表 3-1 中序号为 1 的数据			
参考信息		需求说明书中相关说明			
测试数据		类别号=A1、类别名=aa1、使用次数=5、价格=空、工作量权重=空、服务项目=空			
操作步骤	操作描述	数据	期望结果	实际结果	测试状态
1	输入数据后单击“添加”按钮	类别号=A1、类别名=aa1、使用次数=5、价格=空、工作量权重=空、服务项目=空	新类别添加成功		

表 5-6 “设置会员卡类别”测试用例五

用例编号	设置会员卡类别_添加_5	功能模块	设置会员卡类别
编制人	司马云长	编制时间	2009-07-31
相关用例	设置会员卡类别_添加_4		
功能特征	会员卡类别添加失败		
测试目的	类别号已存在时，会员卡类别添加失败		
预置条件	表 5-1 中序号为 1 的数据		

续表

参考信息		需求说明书中相关说明			
测试数据		类别号=A1、类别名=aa2、使用次数=5、价格=空、工作量权重=空、服务项目=空			
操作步骤	操作描述	数据	期望结果	实际结果	测试状态
1	输入数据后单击“添加”按钮	类别号=A1、类别名=aa2、使用次数=5、价格=空、工作量权重=空、服务项目=空	类别号已存在		

表 5-7 “设置会员卡类别”测试用例六

用例编号		设置会员卡类别_添加_6	功能模块	设置会员卡类别	
编制人		司马云长	编制时间	2009-07-31	
相关用例		设置会员卡类别_添加_4			
功能特征		会员卡类别添加失败			
测试目的		类别名已存在时，会员卡类别添加失败			
预置条件		表 3-1 中序号为 1 的数据			
参考信息		需求说明书中相关说明			
测试数据		类别号=A2、类别名=aa1、使用次数=5、价格=空、工作量权重=空、服务项目=空			
操作步骤	操作描述	数据	期望结果	实际结果	测试状态
1	输入数据后单击“添加”按钮	类别号=A2、类别名=aa1、使用次数=5、价格=空、工作量权重=空、服务项目=空	类别名已存在		

表 5-8 “设置会员卡类别”测试用例七

用例编号		设置会员卡类别_添加_7	功能模块	设置会员卡类别	
编制人		司马云长	编制时间	2009-07-31	
相关用例		无			
功能特征		会员卡类别添加成功			
测试目的		新类别添加成功			
预置条件		表 3-1 中序号为 1 的数据			
参考信息		需求说明书中相关说明			
测试数据		类别号=A2、类别名=aa2、使用次数=5、价格=空、工作量权重=空、服务项目=空			
操作步骤	操作描述	数据	期望结果	实际结果	测试状态
1	输入数据后单击“添加”按钮	类别号=A2、类别名=aa2、使用次数=5、价格=空、工作量权重=空、服务项目=空	新类别添加成功		

② “上一条”按钮。“上一条”按钮的功能是显示上一条记录。若当前已是第一条记录，再单击“上一条”按钮，则给出提示“当前已是第一条记录”并且该按钮不可用。

③ “下一条”按钮。“下一条”按钮的功能是显示下一条记录。若当前已是最后一条记录，再单击“下一条”按钮，则给出提示“当前已是最后一条记录”并且该按钮不可用。

④ “结束”按钮的功能跟窗口自身的“关闭”按钮的功能相同都是结束本功能模块运行，并使控制返回主菜单，同时使主菜单的所有菜单项可用、更改窗体的标题为“系统管理”。

（5）添加会员卡窗体上各控件的功能：

①“添加会员卡”按钮。当选择“单个添加”时并且卡类别和卡号都正确时，用户一次只能添加一张会员卡；当选择“成批添加”时并且卡类别、号不变部分、可变开始值、可变终了值都正确时，系统将为用户一次添加同类别的卡号连续的多张会员卡。但不管采取何种方式，在整个库中，都不允许相同卡号存在。另外，类别号不能被用做会员卡号。

我们使用表 5-9～表 5-17 中的测试数据测试该按钮的功能。

表 5-9 “添加会员卡”测试用例一

用例编号		添加会员卡_添加_1	功能模块	添加会员卡	
编制人		司马云长	编制时间	2009-07-31	
相关用例		无			
功能特征		会员卡添加失败			
测试目的		没有选会员卡类别时，会员卡添加失败			
预置条件		表 3-1 中序号为 1 的数据			
参考信息		需求说明书中相关说明			
测试数据		卡类别=空、卡号=空			
操作步骤	操作描述	数据	期望结果	实际结果	测试状态
1	选择“单个添加”单选按钮后单击“添加会员卡”按钮	卡类别=空、卡号=空	没有选会员卡类别		

表 5-10 “添加会员卡”测试用例二

用例编号		添加会员卡_添加_2	功能模块	添加会员卡	
编制人		司马云长	编制时间	2009-07-31	
相关用例		设置会员卡类别_添加_4			
功能特征		会员卡添加失败			
测试目的		没有会员卡号时，会员卡添加失败			
预置条件		表 3-1 中序号为 1 的数据			
参考信息		需求说明书中相关说明			
测试数据		卡类别=aa1、卡号=空			
操作步骤	操作描述	数据	期望结果	实际结果	测试状态
1	选择“单个添加”单选按钮，选择相应卡类别后单击“添加会员卡”按钮	卡类别=aa1、卡号=空	不能没有会员卡号		

表 5-11 “添加会员卡”测试用例三

用例编号		添加会员卡_添加_3	功能模块		添加会员卡
编制人		司马云长	编制时间		2009-07-31
相关用例		设置会员卡类别_添加_4			
功能特征		会员卡添加失败			
测试目的		会员卡号与类别号相同时，会员卡添加失败			
预置条件		表 3-1 中序号为 1 的数据			
参考信息		需求说明书中相关说明			
测试数据		卡类别=aa1、卡号=A1			
操作步骤	操作描述	数据	期望结果	实际结果	测试状态
1	选择“单个添加”单选按钮、选择相应卡类别、输入指定卡号后按“添加会员卡”按钮	卡类别=aa1、卡号=A1	以下号的卡已存在，没有被新添加：A1		

表 5-12 “添加会员卡”测试用例四

用例编号		添加会员卡_添加_4	功能模块		添加会员卡
编制人		司马云长	编制时间		2009-07-31
相关用例		设置会员卡类别_添加_4			
功能特征		会员卡添加成功			
测试目的		会员卡类别号和会员卡号均选择适当时，会员卡添加成功			
预置条件		表 3-1 中序号为 1 的数据			
参考信息		需求说明书中相关说明			
测试数据		卡类别=aa1、卡号=C001			
操作步骤	操作描述	数据	期望结果	实际结果	测试状态
1	选择“单个添加”单选按钮、选择相应卡类别、输入指定卡号后单击“添加会员卡”按钮	卡类别=aa1、卡号=C001	会员卡添加成功		

表 5-13 “添加会员卡”测试用例五

用例编号		添加会员卡_添加_5	功能模块		添加会员卡
编制人		司马云长	编制时间		2009-07-31
相关用例		设置会员卡类别_添加_7、添加会员卡_添加_4			
功能特征		会员卡添加失败			
测试目的		会员卡号重复时，会员卡添加失败			
预置条件		表 3-1 中序号为 1 的数据			
参考信息		需求说明书中相关说明			
测试数据		卡类别=aa2、卡号=C001			
操作步骤	操作描述	数据	期望结果	实际结果	测试状态
1	选择“单个添加”单选按钮、选择相应卡类别、输入指定卡号后单击“添加会员卡”按钮	卡类别=aa2、卡号=C001	以下号的卡已存在，没有被新添加：C001		

表 5-14 “添加会员卡”测试用例六

用例编号		添加会员卡_添加_6	功能模块	添加会员卡	
编制人		司马云长	编制时间	2009-07-31	
相关用例		设置会员卡类别_添加_4			
功能特征		会员卡添加失败			
测试目的		可变开始值和可变终了值都为空时，会员卡添加失败			
预置条件		表 3-1 中序号为 1 的数据			
参考信息		需求说明书中相关说明			
测试数据		卡类别=aa1、号不变部分=C00、可变开始值=空、可变终了值=空			
操作步骤	操作描述	数据	期望结果	实际结果	测试状态
1	选择“成批添加”单选按钮、选择相应卡类别、输入数据后单击“添加会员卡”按钮	卡类别=aa1、 号不变部分=C00、 可变开始值=空、 可变终了值=空	由于可变部分的终了值不大于开始值，将不能正确产生会员卡号		

表 5-15 “添加会员卡”测试用例七

用例编号		添加会员卡_添加_7	功能模块	添加会员卡	
编制人		司马云长	编制时间	2009-07-31	
相关用例		设置会员卡类别_添加_7			
功能特征		会员卡添加失败			
测试目的		不变部分、可变开始值和可变终了值都为空时，会员卡添加失败			
预置条件		表 3-1 中序号为 1 的数据			
参考信息		需求说明书中相关说明			
测试数据		卡类别=aa2、号不变部分=空、可变开始值=空、可变终了值=空			
操作步骤	操作描述	数据	期望结果	实际结果	测试状态
1	选择“成批添加”单选按钮，选择相应卡类别后单击“添加会员卡”按钮	卡类别=aa2、 号不变部分=空、 可变开始值=空、 可变终了值=空	由于可变部分的终了值不大于开始值，将不能正确产生会员卡号		

表 5-16 “添加会员卡”测试用例八

用例编号	添加会员卡_添加_8	功能模块	添加会员卡
编制人	司马云长	编制时间	2009-07-31
相关用例	设置会员卡类别_添加_7		
功能特征	会员卡添加失败		
测试目的	可变终了值不大于可变开始值和时，会员卡添加失败		
预置条件	表 3-1 中序号为 1 的数据		
参考信息	需求说明书中相关说明		
测试数据	卡类别=aa2、号不变部分=C00、可变开始值=2、可变终了值=2		

续表

操作步骤	操作描述	数据	期望结果	实际结果	测试状态
1	选择“成批添加”单选按钮、选择相应卡类别、输入数据后单击“添加会员卡”按钮	卡类别=aa2、 号不变部分=C00、 可变开始值=2、 可变终了值=2	由于可变部分的终了值不大于开始值，将不能正确产生会员卡号		

表 5-17 “添加会员卡”测试用例九

用例编号	添加会员卡_添加_9	功能模块	添加会员卡		
编制人	司马云长	编制时间	2009-07-31		
相关用例	设置会员卡类别_添加_7				
功能特征	会员卡添加成功				
测试目的	成批会员卡添加成功				
预置条件	表 3-1 中序号为 1 的数据				
参考信息	需求说明书中相关说明				
测试数据	卡类别=aa2、号不变部分=C00、可变开始值=2、可变终了值=3				
操作步骤	操作描述	数据	期望结果	实际结果	测试状态
1	选择“成批添加”单选按钮、选择相应卡类别、输入数据后单击“添加会员卡”按钮	卡类别=aa2、 号不变部分=C00、 可变开始值=2、 可变终了值=3	会员卡添加成功		

②“结束”按钮的功能跟窗口自身的“关闭”按钮的功能相同都是结束本功能模块运行，并使控制返回主菜单，同时使主菜单的所有菜单项可用、更改窗体的标题为“系统管理”。

（6）销售会员卡模块窗体上各控件的功能：

①“就要这类卡了”按钮。当单击“就要这类卡了”按钮时会提示欲买卡的会员的姓名和会员号，待确认后系统自动把该类卡新卡中卡号最小的会员卡售到该会员名下。

我们使用表 5-18～表 5-22 中的测试数据测试该按钮的功能。

表 5-18 “就要这类卡了”测试用例一

用例编号	销售会员卡_就要这类卡了_1	功能模块	销售会员卡		
编制人	司马云长	编制时间	2009-07-31		
相关用例	设置会员卡类别_添加_4				
功能特征	会员卡销售失败				
测试目的	没有会员号，会员卡销售失败				
预置条件	表 3-1 中序号为 1 的数据表，表 5-2 中的数据				
参考信息	需求说明书中相关说明				
测试数据	会员姓名=任何数据、指定会员号=空、选择卡类别=aa1				
操作步骤	操作描述	数据	期望结果	实际结果	测试状态
1	选择、输入数据后单击“就要这类卡了”按钮	会员姓名=任何数据、 指定会员号=空、选择卡类别=aa1	请输入会员号		

表 5-19 “就要这类卡了”测试用例二

用例编号		销售会员卡_就要这类卡了_2	功能模块	销售会员卡	
编制人		司马云长	编制时间	2009-07-31	
相关用例		设置会员卡类别_添加_4			
功能特征		会员详情显示失败			
测试目的		没有该会员名，会员详情显示失败			
预置条件		表 3-1 中序号为 1 的数据表，表 5-2 中的数据			
参考信息		需求说明书中相关说明			
测试数据		会员姓名=任何数、据指定会员号=HY、选择卡类别=aa1			
操作步骤	操作描述	数据	期望结果	实际结果	测试状态
1	选择、输入数据后单击“就要这类卡了”按钮	会员姓名=任何数、据指定会员号=HY、选择卡类别=aa1	该会员好像是新会员，请先添加再服务		

表 5-20 “就要这类卡了”测试用例三

用例编号		销售会员卡_就要这类卡了_3	功能模块	销售会员卡	
编制人		司马云长	编制时间	2009-07-31	
相关用例		设置会员卡类别_添加_4、添加会员卡_添加_4			
功能特征		会员卡销售成功			
测试目的		会员卡成功售出，			
预置条件		表 3-1 中序号为 1 的数据表，表 5-2 中的数据			
参考信息		需求说明书中相关说明			
测试数据		会员姓名=刘佳、指定会员号=HY001、选择卡类别=aa1			
操作步骤	操作描述	数据	期望结果	实际结果	测试状态
1	选择、输入数据后单击“就要这类卡了”按钮	会员姓名=刘佳、指定会员号=HY001、选择卡类别=aa1	售卡成功		

表 5-21 “就要这类卡了”测试用例四

用例编号		销售会员卡_就要这类卡了_4	功能模块	销售会员卡	
编制人		司马云长	编制时间	2009-07-31	
相关用例		设置会员卡类别_添加_4 、添加会员卡_添加_4、销售会员卡_就要这类卡了_3			
功能特征		会员卡销售失败			
测试目的		aa1 类别的会员卡已售完，没有该类别的会员卡了			
预置条件		表 3-1 中序号为 1 的数据表，表 5-2 中的数据			
参考信息		需求说明书中相关说明			
测试数据		会员姓名=张译、指定会员号=HY002、选择卡类别=aa1			
操作步骤	操作描述	数据	期望结果	实际结果	测试状态
1	选择、输入数据后单击“就要这类卡了”按钮	会员姓名=张译、指定会员号=HY002、选择卡类别=aa1	“就要这类卡了”按钮不可用		

表 5-22 “就要这类卡了”测试用例五

用例编号		销售会员卡_就要这类卡了_5	功能模块	销售会员卡	
编制人		司马云长	编制时间	2009-07-31	
相关用例		设置会员卡类别_添加_7 、添加会员卡_添加_9			
功能特征		会员卡销售成功			
测试目的		会员卡成功售出			
预置条件		表 3-1 中序号为 1 的数据表，表 5-2 中的数据			
参考信息		需求说明书中相关说明			
测试数据		会员姓名=张译、指定会员号=HY002、选择卡类别=aa2			
操作步骤	操作描述	数据	期望结果	实际结果	测试状态
1	选择、输入数据后单击“就要这类卡了”按钮	会员姓名=张译、指定会员号=HY002、选择卡类别=aa2	售卡成功		

② 退卡“确定”按钮如果该卡能退，并且退卡操作得到用户的认可，则可成功实现退卡，否则退卡操作将被忽略。

我们使用表 5-23 和表 5-24 中的测试数据测试该按钮的功能。

表 5-23 退卡“确定”测试用例一

用例编号		销售会员卡_退卡确定_1	功能模块	销售会员卡	
编制人		司马云长	编制时间	2009-07-31	
相关用例		无			
功能特征		退卡失败			
测试目的		该卡不存在，退卡失败			
预置条件		表 3-1 中序号为 1 的数据表，表 5-2 中的数据			
参考信息		需求说明书中相关说明			
测试数据		卡号=任何数据（C001 和 C002 除外）			
操作步骤	操作描述	数据	期望结果	实际结果	测试状态
1	输入数据后单击“确定”按钮	卡号=任何数据（C001 和 C002 除外）	该卡不存在或已结清或信息不完整，不能实现退卡操作		

表 5-24 退卡“确定”测试用例二

用例编号	销售会员卡_退卡确定_2	功能模块	销售会员卡
编制人	司马云长	编制时间	2009-07-31
相关用例	设置会员卡类别_添加_7 、添加会员卡_添加_9、销售会员卡_就要这类卡了_5		
功能特征	退卡成功		
测试目的	成功实现退卡		
预置条件	表 3-1 中序号为 1 的数据表，表 5-2 中的数据		
参考信息	需求说明书中相关说明		

续表

测试数据		卡号=C002			
操作步骤	操作描述	数据	期望结果	实际结果	测试状态
1	输入数据后按“确定”按钮	卡号=C002	已成功实现退卡操作		

③ 退卡“查找”按钮。当单击“退卡步骤”中的“查找”按钮时，系统会找出“会员号”手中的所有卡号，并把它们填入到“退卡步骤”中的“卡号”栏中。

我们使用表 5-25、表 5-26、表 5-27 中的测试数据测试该按钮的功能。

表 5-25　退卡“查找”测试用例一

用例编号		销售会员卡_退卡查找_1	功能模块	销售会员卡	
编制人		司马云长	编制时间	2009-07-31	
相关用例		无			
功能特征		卡号查找失败			
测试目的		没有输入会员号，卡号查找失败			
预置条件		表 3-1 中序号为 1 的数据表，表 5-2 中的数据			
参考信息		需求说明书中相关说明			
测试数据		会员姓名=任何数据、指定会员号=空、卡号=空			
操作步骤	操作描述	数据	期望结果	实际结果	测试状态
1	输入数据后按“查找”按钮	会员姓名=任何数据、指定会员号=空、卡号=空	请输入会员号		

表 5-26　退卡“查找”测试用例二

用例编号		销售会员卡_退卡查找_2	功能模块	销售会员卡	
编制人		司马云长	编制时间	2009-07-31	
相关用例		无			
功能特征		卡号查找失败			
测试目的		会员号输入不正确，卡号查找失败			
预置条件		表 3-1 中序号为 1 的数据表，表 5-2 中的数据			
参考信息		需求说明书中相关说明			
测试数据		会员姓名=任何数据、指定会员号=HY、卡号=空			
操作步骤	操作描述	数据	期望结果	实际结果	测试状态
1	输入数据后单击“查找”按钮	会员姓名=任何数据、指定会员号=HY、卡号=空	该会员手中好像没有卡		

表 5-27　退卡“查找”测试用例三

用例编号	销售会员卡_退卡查找_2	功能模块	销售会员卡
编制人	司马云长	编制时间	2009-07-31

续表

相关用例	设置会员卡类别_添加_4 、添加会员卡_添加_4、销售会员卡_就要这类卡了_3				
功能特征	卡号查找成功				
测试目的	会员号输入正确，卡号查找成功				
预置条件	表 3-1 中序号为 1 的数据表，表 5-2 中的数据				
参考信息	需求说明书中相关说明				
测试数据	会员姓名=任何数据、指定会员号=HY、卡号=空				
操作步骤	操作描述	数据	期望结果	实际结果	测试状态
1	输入数据后单击“查找”按钮	会员姓名=任何数据、指定会员号=HY001、卡号=空	“卡号”栏中显示该会员的卡号 C001		

④ “选择会员号”的“查找”按钮。单击“选择会员号”的“查找”按钮时，系统会把数据库中所有符合条件的会员的姓名自动填入到“指定会员姓名”下拉列表框内，同时把相应的会员号填入到“指定会员号”下拉列表框内。这两个下拉列表框的单击操作是同步的。

我们使用表 5-28～表 5-31 中的测试数据测试该按钮的功能。

表 5-28　选择会员号“查找”测试用例一

用例编号	销售会员卡_选择会员号查找_1		功能模块	销售会员卡	
编制人	司马云长		编制时间	2009-07-31	
相关用例	无				
功能特征	查找失败				
测试目的	没有输入会员的姓或姓名，查找失败				
预置条件	表 3-1 中序号为 1 的数据表，表 5-2 中的数据				
参考信息	需求说明书中相关说明				
测试数据	姓名=空				
操作步骤	操作描述	数据	期望结果	实际结果	测试状态
1	输入数据后单击“查找”按钮	姓名=空	请输入会员的姓或姓名		

表 5-29　选择会员号“查找”测试用例二

用例编号	销售会员卡_选择会员号查找_2	功能模块	销售会员卡
编制人	司马云长	编制时间	2009-07-31
相关用例	无		
功能特征	查找失败		
测试目的	没有输入存在会员的姓或姓名，查找失败		
预置条件	表 3-1 中序号为 1 的数据表，表 5-2 中的数据		
参考信息	需求说明书中相关说明		
测试数据	姓名=李光		

续表

操作步骤	操作描述	数据	期望结果	实际结果	测试状态
1	输入数据后单击“查找”按钮	姓名=李光	该会员好像是新会员，请先添加再服务		

表 5-30　选择会员号“查找”测试用例三

用例编号		销售会员卡_选择会员号查找_3	功能模块	销售会员卡	
编制人		司马云长	编制时间	2009-07-31	
相关用例		销售会员卡_退卡确定_2			
功能特征		查找成功			
测试目的		会员手中没有卡，不显示卡号			
预置条件		表 3-1 中序号为 1 的数据表，表 5-2 中的数据			
参考信息		需求说明书中相关说明			
测试数据		姓名=张或张译			
操作步骤	操作描述	数据	期望结果	实际结果	测试状态
1	输入数据后单击“查找”按钮	姓名=张或张译	该会员手中好像没有卡		

表 5-31　选择会员号“查找”测试用例四

用例编号		销售会员卡_选择会员号查找_4	功能模块	销售会员卡	
编制人		司马云长	编制时间	2009-07-31	
相关用例		销售会员卡_就要这类卡了_3			
功能特征		查找成功			
测试目的		姓或姓名输入正确，查找成功			
预置条件		表 3-1 中序号为 1 的数据表，5-2 中的数据			
参考信息		需求说明书中相关说明			
测试数据		姓名=刘或刘佳			
操作步骤	操作描述	数据	期望结果	实际结果	测试状态
1	输入数据后按“查找”按钮	姓名=刘或刘佳	显示该会员的会员号和卡号信息		

⑤“详情”按钮。单击“选择会员号”的“详情”按钮时，会在右下角的空白区域显示该会员的详细信息。

我们使用表 5-32～表 5-34 中的测试数据测试该按钮的功能。

表 5-32　选择会员号“详情”测试用例一

用例编号	销售会员卡_选择会员号详情_1	功能模块	销售会员卡
编制人	司马云长	编制时间	2009-07-31
相关用例	无		
功能特征	详情显示失败		
测试目的	没有输入会员名，会员详情显示失败		

续表

预置条件	表 3-1 中序号为 1 的数据表，表 5-2 中的数据				
参考信息	需求说明书中相关说明				
测试数据	指定会员号=空				
操作步骤	操作描述	数据	期望结果	实际结果	测试状态
1	输入数据后单击“详情”按钮	指定会员号=空	请输入会员名		

表 5-33　选择会员号“详情”测试用例二

用例编号		销售会员卡_选择会员号详情_2	功能模块		销售会员卡
编制人		司马云长	编制时间		2009-07-31
相关用例		无			
功能特征		详情显示失败			
测试目的		没有该会员名，会员详情显示失败			
预置条件		表 3-1 中序号为 1 的数据表，表 5-2 中的数据			
参考信息		需求说明书中相关说明			
测试数据		指定会员号=HY			
操作步骤	操作描述	数据	期望结果	实际结果	测试状态
1	输入数据后单击“详情”按钮	指定会员号=HY	该会员好像是新会员，请先添加再服务		

表 5-34　选择会员号“详情”测试用例三

用例编号		销售会员卡_选择会员号详情_2	功能模块		销售会员卡
编制人		司马云长	编制时间		2009-07-31
相关用例		无			
功能特征		详情显示成功			
测试目的		能成功显示会员的详情			
预置条件		表 3-1 中序号为 1 的数据表，表 5-2 中的数据			
参考信息		需求说明书中相关说明			
测试数据		指定会员号=HY			
操作步骤	操作描述	数据	期望结果	实际结果	测试状态
1	输入数据后单击“详情”按钮	指定会员号=HY001	右下角的空白区域显示该会员的详细信息		

⑥“结束”按钮的功能跟窗口自身的“关闭”按钮的功能相同都是结束本功能模块运行，并使控制返回主菜单，同时使主菜单的所有菜单项可用、更改窗体的标题为“系统管理”。

（三）测试步骤

1. 设置驱动数据

2. 测试设置会员卡类别模块

（1）测试“添加” 按钮的功能；

依次使用表 5-2～表 5-8 中数据测试该按钮的功能；

（2）测试“上一条”按钮的功能；

（3）测试“下一条”按钮的功能；

（4）测试“结束”按钮和窗口的“关闭”按钮；

3. 测试添加会员卡模块

（1）测试“添加会员卡”按钮的功能；

依次使用表 5-9～表 5-17 中数据测试该按钮的功能；

（2）测试“结束”按钮和窗口的“关闭”按钮；

4. 测试销售会员卡模块

（1）测试“就要这类卡了”按钮。

依次使用表 5-18～表 5-22 中的测试数据测试该按钮的功能。

（2）测试退卡“确定”按钮。

使用表 5-23 和表 5-24 中的测试数据测试该按钮的功能。

（3）测试退卡“查找”按钮。

使用表 5-25～表 5-27 中的测试数据测试该按钮的功能。

（4）测试“选择会员号”的“查找”按钮。

依次使用表 5-28～表 5-31 中的测试数据测试该按钮的功能。

（5）测试“详情”按钮。

使用表 5-32～表 5-34 中的测试数据测试该按钮的功能。

（6）测试“结束”按钮和窗口的“关闭”按钮。

三、知识准备

测试执行过程的主要工作内容：

（1）根据测试大纲/测试用例进行测试。根据测试大纲/测试用例进行测试，找出预期的测试结果和实际测试结果之间的差异，填写软件问题报告，确定造成这些差异的原因。

① 产品是否有缺陷？

② 规格说明书是否有缺陷？

③ 测试环境和测试下属部件是否有缺陷？

（2）搭建测试环境（测试数据库，软件环境，硬件环境）。

（3）初始化测试数据库。

（4）确定测试用例描述内容：输入、执行过程、预期输出。

（5）分析测试报告，与软件开发管理层进行沟通，报告的内容。

① 已测试部分占产品多大的百分比？

② 还有多少工作要做？

③ 找到了多少个问题或不足？

④ 测试的发展趋势如何？

⑤ 测试是否可以结束？

四、任务实现

（1）先使用测试工具清空所有表中的数据，然后使用表 3–1 中序号为 1 的数据添加超级管理员。添加成功后将自动进入超级管理员界面。

（2）进入超级管理员界面后选择“会员卡”→“设置会员卡类别”命令，打开“设置会员卡类别”界面，如图 5–1 所示。

① 测试“添加”按钮的功能。依次使用表 5–2～表 5–8 中的七组数据测试该按钮，并把实际的结果跟期望的结果做对比，对于不相同者，在“实际结果”和“测试状态”栏中分别注明；对于相同者，只在“测试状态”栏中注明“通过”即可。

② 测试“上一条”按钮的功能。连续单击该按钮，直到出现“当前已是第一条记录”提示信息，同时观察系统的反映跟测试内容中介绍“上一条”按钮功能时所描述的情况是否一致。

③ 测试“下一条”按钮的功能。连续单击该按钮，直到出现“当前已是最后一条记录”提示信息，同时观察系统的反映跟测试内容中介绍“下一条”按钮功能时所描述的情况是否一致。

④ 测试“结束”按钮的功能。单击“结束”按钮，结束本功能模块运行，并返回主菜单，同时使主菜单的所有菜单项可用、更改窗体的标题为“系统管理”。

⑤ 对测试结论给出评价。

序　号	测 试 内 容	测 试 结 论
1	“添加”按钮的功能	
2	“上一条”按钮的功能	
3	“下一条”按钮的功能	
4	“结束”按钮的功能	
5	窗口自身“关闭”按钮的功能	
模块测试结论及建议		

（3）进入超级管理员界面后选择“会员卡”菜单下的“添加会员卡”命令，打开“添加会员卡”界面，如图 5–2 所示。

① 测试“添加会员卡”按钮的功能。依次使用表 5–9～表 5–17 中的九组数据测试该按钮，并把实际的结果跟期望的结果做对比，对于不相同者，在“实际结果”和“测试状态”栏中分别注明；对于相同者，只在“测试状态”栏中注明“通过”即可。

② 测试“结束”按钮的功能。单击“结束”按钮，结束本功能模块运行，并返回主菜单，同时使主菜单的所有菜单项可用、更改窗体的标题为“系统管理”。

③ 对测试结论给出评价

序　号	测 试 内 容	测 试 结 论
1	“添加会员卡”按钮的功能	
2	“结束”按钮的功能	

续表

序号	测试内容	测试结论
3	窗口“关闭”按钮的功能	
模块测试结论及建议		

（4）进入超级管理员界面后选择“会员”命令，打开“会员管理”界面，添加表5-1所示驱动数据。

（5）进入超级管理员界面后选择“会员卡”→“销售会员卡”命令，打开“销售会员卡”界面，如图5-3所示。

① 测试“就要这类卡了”按钮。依次使用表5-18～表5-22中的五组数据测试该按钮，并把实际的结果跟期望的结果做对比，对于不相同者，在“实际结果”和“测试状态”栏中分别注明；对于相同者，只在“测试状态”栏中注明“通过”即可。

② 测试退卡“确定”按钮。依次使用表5-23、表5-24中的三组数据测试该按钮，并把实际的结果跟期望的结果做对比，对于不相同者，在“实际结果”和“测试状态”栏中分别注明；对于相同者，只在“测试状态”栏中注明“通过”即可；

③ 测试退卡“查找”按钮。依次使用表5-25～表5-27中的数据测试该按钮，并把实际的结果跟期望的结果做对比，对于不相同者，在“实际结果”和“测试状态”栏中分别注明；对于相同者，只在“测试状态”栏中注明“通过”即可；

④ 测试“选择会员号”的“查找”按钮。依次使用表5-28～表5-31中的数据测试该按钮，并把实际的结果跟期望的结果做对比，对于不相同者，在“实际结果”和“测试状态”栏中分别注明；对于相同者，只在“测试状态”栏中注明“通过”即可；

⑤ 测试“选择会员号”的“详情”按钮。依次使用表5-32～表5-34中的数据测试该按钮，并把实际的结果跟期望的结果做对比，对于不相同者，在“实际结果”和“测试状态”栏中分别注明；对于相同者，只在“测试状态”栏中注明“通过”即可；

⑥ 测试“结束”按钮和窗口的“关闭”按钮。

⑦ 对测试结论给出评价。

序号	测试内容	测试结论
1	“就要这类卡了”按钮	
2	退卡“确定”按钮	
3	退卡“查找”按钮	
4	“选择会员号”的“查找”按钮	
5	“选择会员号”的“详情”按钮	
6	“结束”按钮	
7	窗口的“关闭”按钮	
模块测试结论及建议		

五、相关知识

1. 加强测试过程记录

测试执行过程中，一定要加强测试过程记录。如果测试执行步骤与测试用例中描述的有差异，一定要记录下来，作为日后更新测试用例的依据；如果软件产品提供了日志功能，比如有软件运行日志、用户操作日志，一定在每个测试用例执行后记录相关的日志文件，作为测试过程记录，一旦日后发现问题，开发人员可以通过这些测试记录方便地定位问题，而不用测试人员重新搭建测试环境，为开发人员重现问题。

2. 及时确认发现的问题

测试执行过程中，如果确认发现了软件的缺陷，那么可以毫不犹豫地提交问题报告单。如果发现了可疑问题，又无法定位是否为软件缺陷，那么一定要保留现场，然后通知相关开发人员到现场定位问题。如果开发人员在短时间内可以确认是否为软件缺陷，测试人员应给予配合；如果开发人员定位问题需要花费很长的时间，测试人员不要因此耽误宝贵的测试执行时间，可以让开发人员记录重现问题的测试环境配置，然后，回到自己的开发环境上重现问题，继续定位问题。

六、学习反思

（一）深入思考

1. 关于驱动数据一

我们可以使用超级管理员身份登录系统测试设置会员卡类别、添加会员卡和销售会员卡模块，也可以使用普通管理员身份登录系统测试这些模块。

2. 关于驱动数据二的添加

我们还可以使用测试辅助工具来添加表 5–1 驱动数据，操作步骤如下：

（1）打开测试辅助工具；

（2）选择“设置数据表”→“会员表”命令；

（3）打开“设置会员表”对话框，添加表 5–1 所示驱动数据。

3. 关于测试实施的步骤

会员卡模块实际包含了逻辑上相互联系，物理上却相互独立的三个不同模块：设置会员卡类别模块、添加会员卡模块和销售会员卡模块。要完成测试会员卡模块，就必须清楚设置会员卡类别、添加会员卡和销售会员卡等模块间的逻辑关系：只有设置了会员卡类别，才能添加相应类别的会员卡；只有添加了会员卡，才能把相应会员卡卖给会员（当然，此时要求买卡的会员信息已被事先添加到了数据库中——这就是设置表 5–1 中驱动数据的原因）。由于这三个模块间存在着这样的逻辑关系，所以在实际测试时，必须按其逻辑顺序进行，与此同时，还必须顾及前一个模块的结果正是后一个模块运行（测试）的必要条件，而且这些条件必须充分，否则无法展开后面模块的测试。

具体到一个物理模块自己内部的测试，要注意特定测试用例使用后的“现场”情况，也就是说测试用例的使用一般要遵循一定的先后顺序，不能随便使用。这种顺序的确定，需要考虑测试目的和软件本身的特性等因素。

4. 关于测试销售会员卡模块窗体上各控件的步骤

为什么要先测试步骤二中的“就要这类卡了”按钮呢？原因有两个：①在测试退卡中的“确定”按钮时，只有买卡后才能测试退卡的情况；②在测试退卡中的“查找”按钮时，不光要考虑查找卡号失败的测试用例，还要查找卡号成功的测试用例，为此我们必须要先买卡。

5. 关于测试销售会员卡模块中的“就要这类卡了”按钮的测试用例

测试“就要这类卡了”按钮时成功售卡的测试用例有两个，这是因为我们还要接着测试退卡步骤中的“确定”按钮，要为测试成功退卡“准备”用例。在测试退卡中的“查找”按钮时，可以找到会员 HY001 买的卡的卡号，但是找不到会员 HY002 买的卡的卡号，因为在测试退卡步骤中的“确定”按钮时，HY002 已经成功的实现了退卡操作。

（二）自己动手

（1）使用上面提供的测试用例和测试步骤实际对本模块进行测试。

（2）不过上面的测试实际并不充分，比如：没有测试在成批添加会员卡时，系统怎样处理卡号相同的情况。在有些情况下，充分测试往往不具有可行性。请使用自己设计的合适测试用例及合理测试步骤完成对本模块的测试。

（3）在测试退卡中的“查找”按钮时，设计的测试用例也不充分，比如：没有测试会员 HY002 退卡后是否能找到他买的卡。请使用自己设计的合适测试用例及合理测试步骤把它补充完整。

七、能力评价

序号	评价内容	评价结果			
		优秀	良好	通过	加油
		能灵活运用	能掌握 80% 以上	能掌握 60% 以上	其他
1	能说出测试执行过程的主要工作内容				
2	能依据“设置会员卡类别”模块、“添加会员卡”模块和“销售会员卡”模块的主要功能设计合适的测试用例及合理的测试步骤				
3	能使用自己设计的测试用例，按照自己设计的测试步骤，实际完成对“设置会员卡类别”模块、“添加会员卡”模块和“销售会员卡”模块的测试				

任务二 测试工作记录登记模块

一、任务描述

司马云长小组接着测试工作记录登记模块，该模块界面如图 5–4 所示。其中会员顾客模块的功能是登记为会员服务的工作记录，该模块界面如图 5–5 所示。临时顾客模块的功能是登记为非会员服务的工作记录，该模块界面如图 5–6 所示。

图 5–4 工作记录登记首界面

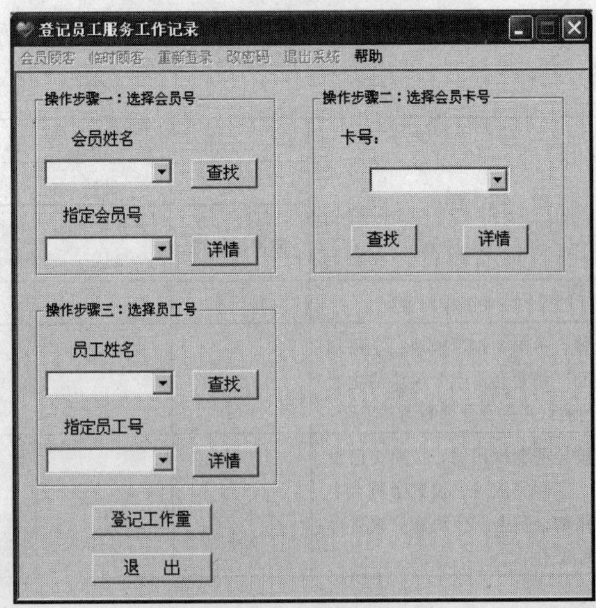

图 5–5 会员顾客界面

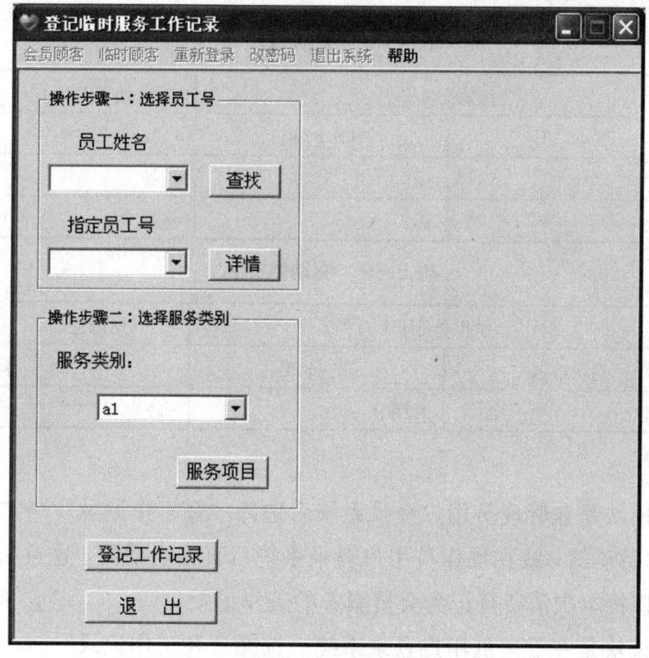

图 5-6　临时顾客界面

二、任务分析

（一）驱动数据

本次测试驱动数据一为表 3-1 中序号为 1 的数据。驱动数据二～六如表 5-34～5-39 所示。

表 5-35　驱动数据二

数据库表	服务员表		使用工具	本系统
序　　号	工作号	姓　　名	加入日期	身份证号、离开日期、固定电话、小灵通、手机和住址字段暂不设置
1	FW001	王刚	20060523	
2	FW003	李铁	20060524	

表 5-36　驱动数据三

数据库表	会员表	使用工具	本系统
序　　号	会员号	姓　　名	固定电话、小灵通和手机字段暂不设置
1	HY001	刘佳	
2	HY002	张译	

表 5-37　驱动数据四

数据库表	会员卡类别表			使用工具		本系统
序　　号	类别号	类别名	使用次数	价　　格	权　　重	服务项目
1	A1	aa1	2	30	1	保健
2	A2	aa2	1	8	1	腰椎

表 5-38　驱动数据五

操　　作	添加会员卡		使用工具	本 系 统
序　　号	卡　　号	卡 类 别	单个添加	成批添加
1	C001	aa1	选择	不选择
2	C002	aa2	选择	不选择

表 5-39　驱动数据六

操　　作	销售会员卡		使用工具	本 系 统
序　　号	会员姓名	会 员 号	卡类别	
1	刘佳	HY001	aa1	

（二）测试内容

（1）会员顾客模块是在管理员用户登录系统后选择“登工作记录”→“工作记录登记”→“会员顾客”命令时启动的，或在操作员用户登录系统后直接启动的。这意味着：只有成功登录本系统的用户才有权将本次消费登记为会员服务的工作记录。

（2）临时顾客模块是在管理员用户登录系统后选择“登工作记录”→“工作记录登记”→“临时顾客”命令时启动的，或在操作员用户登录系统后直接启动的。这意味着：只有成功登录本系统的用户才有权将本次消费登记为非会员服务的工作记录。

（3）会员顾客模块窗体上各控件的功能。

①“选择会员号”的“查找”按钮。当给出会员姓名的尽量靠前的任意数量的连续字符，并单击“选择会员号”的“查找”按钮时，系统会把数据库中所有符合条件的会员的姓名自动填入到“会员姓名”下拉列表框内，同时把相应的会员号填入到“会员号”下拉列表框内。

我们使用表 5-40～表 5-42 中的数据测试该按钮的功能。

表 5-40　选择会员号“查找”测试用例一

用例编号		会员顾客_选择会员号查找_1	功能模块	会员顾客	
编制人		司马云长	编制时间	2009-07-31	
相关用例		无			
功能特征		查找失败			
测试目的		没有输入会员的姓或姓名，查找失败			
预置条件		驱动数据：表 3-1、表 5-35、表 5-36、表 5-37、表 5-38、表 5-39			
参考信息		需求说明书中相关说明			
测试数据		姓名=空			
操作步骤	操作描述	数据	期望结果	实际结果	测试状态
1	不输入任何数据，直接单击“查找”按钮	姓名=空	请输入会员的姓或姓名		

表 5-41 选择会员号“查找”测试用例二

用例编号		会员顾客_选择会员号查找_2	功能模块	会员顾客	
编制人		司马云长	编制时间	2009-07-31	
相关用例		无			
功能特征		查找失败			
测试目的		没有输入存在的会员的姓或姓名，查找失败			
预置条件		驱动数据：表 3-1、表 5-35、表 5-36、表 5-37、表 5-38、表 5-39			
参考信息		需求说明书中相关说明			
测试数据		姓名=李光			
操作步骤	操作描述	数据	期望结果	实际结果	测试状态
1	输入数据后单击“查找”按钮	姓名=李光	该会员好像是新会员，请先添加再服务		

表 5-42 选择会员号“查找”测试用例三

用例编号		会员顾客_选择会员号查找_3	功能模块	会员顾客	
编制人		司马云长	编制时间	2009-07-31	
相关用例		无			
功能特征		查找成功			
测试目的		姓或姓名输入正确，查找成功			
预置条件		驱动数据：表 3-1、表 5-35、表 5-36、表 5-37、表 5-38、表 5-39			
参考信息		需求说明书中相关说明			
测试数据		姓名=刘或刘佳			
操作步骤	操作描述	数据	期望结果	实际结果	测试状态
1	输入数据后单击“查找”按钮	姓名=刘或刘佳	显示该会员的会员号和卡号信息		

②“选择会员号”的“详情”按钮。单击“选择会员号”的“详情”按钮时，会在右下角的空白区域显示该会员的详细信息。

我们使用表 5-43～表 5-45 中的测试数据测试该按钮的功能。

表 5-43 选择会员号“详情”测试用例一

用例编号	会员顾客_选择会员号详情_1	功能模块	会员顾客
编制人	司马云长	编制时间	2009-07-31
相关用例	无		
功能特征	详情显示失败		
测试目的	没有输入会员号，会员详情显示失败		
预置条件	驱动数据：表 3-1、表 5-35、表 5-36、表 5-37、表 5-38、表 5-39		
参考信息	需求说明书中相关说明		
测试数据	指定会员号=空		

续表

操作步骤	操作描述	数据	期望结果	实际结果	测试状态
1	输入数据后单击“详情”按钮	指定会员号=空	请输入会员号		

表 5-44 选择会员号“详情”测试用例二

用例编号	会员顾客_选择会员号详情_2	功能模块	会员顾客		
编制人	司马云长	编制时间	2009-07-31		
相关用例	无				
功能特征	详情显示失败				
测试目的	没有该会员号，会员详情显示失败				
预置条件	驱动数据：表 3-1、表 5-35、表 5-36、表 5-37、表 5-38、表 5-39				
参考信息	需求说明书中相关说明				
测试数据	指定会员号=HY				
操作步骤	操作描述	数据	期望结果	实际结果	测试状态
1	输入数据后单击“详情”按钮	指定会员号=HY	该会员好像是新会员，请先添加再服务		

表 5-45 选择会员号“详情”测试用例三

用例编号	会员顾客_选择会员号详情_3	功能模块	会员顾客		
编制人	司马云长	编制时间	2009-07-31		
相关用例	无				
功能特征	详情显示成功				
测试目的	显示该会员的详细信息				
预置条件	驱动数据：表 3-1、表 5-35、表 5-36、表 5-37、表 5-38、表 5-39				
参考信息	需求说明书中相关说明				
测试数据	指定会员号=HY001				
操作步骤	操作描述	数据	期望结果	实际结果	测试状态
1	输入数据后单击“详情”按钮	指定会员号=HY001	右下角的空白区域显示该会员的详细信息		

③“选择会员卡号”的“查找”按钮。当单击“选择会员卡号”中的“查找”按钮时，系统会找出“会员号”中的所有卡号，并把它们填入到“选择会员卡号”中的“卡号”下拉列表框中。

我们使用表 5-46～表 5-48 中的测试数据测试该按钮的功能。

表 5-46 选择会员卡号“查找”测试用例一

用例编号	会员顾客_选择会员卡号查找_1	功能模块	会员顾客
编制人	司马云长	编制时间	2009-07-31
相关用例	无		

续表

功能特征		卡号查找失败			
测试目的		没有输入会员号，卡号查找失败			
预置条件		驱动数据：表 3-1、表 5-35、表 5-36、表 5-37、表 5-38、表 5-39			
参考信息		需求说明书中相关说明			
测试数据		指定会员号=空			
操作步骤	操作描述	数据	期望结果	实际结果	测试状态
1	输入数据后单击“查找”按钮	指定会员号=空	请输入会员号		

表 5-47　选择会员卡号“查找”测试用例二

用例编号		会员顾客_选择会员卡号查找_2	功能模块	会员顾客	
编制人		司马云长	编制时间	2009-07-31	
相关用例		无			
功能特征		卡号查找失败			
测试目的		会员号输入不正确，卡号查找失败			
预置条件		驱动数据：表 3-1、表 5-35、表 5-36、表 5-37、表 5-38、表 5-39			
参考信息		需求说明书中相关说明			
测试数据		指定会员号=HY			
操作步骤	操作描述	数据	期望结果	实际结果	测试状态
1	输入数据后单击“查找”按钮	指定会员号=HY	该会员手中好像没有卡		

表 5-48　选择会员卡号“查找”测试用例三

用例编号		会员顾客_选择会员卡号查找_3	功能模块	会员顾客	
编制人		司马云长	编制时间	2009-07-31	
相关用例		无			
功能特征		卡号查找成功			
测试目的		会员号输入正确，卡号查找成功			
预置条件		驱动数据：表 3-1、表 5-35、表 5-36、表 5-37、表 5-38、表 5-39			
参考信息		需求说明书中相关说明			
测试数据		会员姓名=任何数据、指定会员号=HY、卡号=空			
操作步骤	操作描述	数据	期望结果	实际结果	测试状态
1	输入数据后单击“查找”按钮	指定会员号=HY001	“卡号”栏中显示该会员的卡号		

④“选择会员卡号”的“详情”按钮。单击“选择会员卡号”的“详情”按钮可在窗体的右下角空白区域显示该会员卡的详细信息。

我们使用表 5-49～表 5-51 中的测试数据测试该按钮的功能。

表 5-49　选择会员卡号“详情”测试用例一

用例编号	会员顾客_选择会员卡号详情_1		功能模块	会员顾客	
编制人	司马云长		编制时间	2009-07-31	
相关用例	无				
功能特征	卡号信息显示失败				
测试目的	没有输入卡号，卡号信息显示失败				
预置条件	驱动数据：表 3-1、表 5-35、表 5-36、表 5-37、表 5-38、表 5-39				
参考信息	需求说明书中相关说明				
测试数据	卡号=空				
操作步骤	操作描述	数据	期望结果	实际结果	测试状态
1	输入数据后单击“详情”按钮	卡号=空	该卡不存在或已结清或信息不完整		

表 5-50　选择会员卡号“详情”测试用例二

用例编号	会员顾客_选择会员卡号详情_2		功能模块	会员顾客	
编制人	司马云长		编制时间	2009-07-31	
相关用例	无				
功能特征	卡号信息显示失败				
测试目的	会员卡号输入不正确，卡号信息显示失败				
预置条件	驱动数据：表 3-1、表 5-35、表 5-36、表 5-37、表 5-38、表 5-39				
参考信息	需求说明书中相关说明				
测试数据	卡号=HY				
操作步骤	操作描述	数据	期望结果	实际结果	测试状态
1	输入数据后单击“详情”按钮	卡号=HY	该卡不存在或已结清或信息不完整		

表 5-51　选择会员卡号“详情”测试用例三

用例编号	会员顾客_选择会员卡号详情_3		功能模块	会员顾客	
编制人	司马云长		编制时间	2009-07-31	
相关用例	无				
功能特征	详情显示成功				
测试目的	显示该会员卡的详细信息				
预置条件	驱动数据：表 3-1、表 5-35、表 5-36、表 5-37、表 5-38、表 5-39				
参考信息	需求说明书中相关说明				
测试数据	卡号=C001				
操作步骤	操作描述	数据	期望结果	实际结果	测试状态
1	输入数据后单击“详情”按钮	卡号=C001	右下角的空白区域显示该卡号的详细信息		

⑤“选择员工号”的“查找”按钮。当单击“选择员工号”的“查找”按钮时，系统会把

数据库中所有符合条件的服务员的姓名自动填入到“员工姓名”下拉列表框内，同时把相应的服务员号填入到“指定员工号”下拉列表框内。

我们使用表 5-52～表 5-54 中的测试数据测试该按钮的功能。

表 5-52 选择员工号“查找”测试用例一

用例编号		会员顾客_选择员工号查找_1		功能模块	会员顾客
编制人		司马云长		编制时间	2009-07-31
相关用例		无			
功能特征		查找成功			
测试目的		查找到所有服务员的姓名			
预置条件		驱动数据：表 3-1、表 5-35、表 5-36、表 5-37、表 5-38、表 5-39			
参考信息		需求说明书中相关说明			
测试数据		姓名=空			
操作步骤	操作描述	数据	期望结果	实际结果	测试状态
1	输入数据后单击“详情”按钮	姓名=空	所有符合条件的服务员的姓名自动填入到“员工姓名”下拉列表框内，同时把相应的服务员号填入到“指定员工号”下拉列表框内		

表 5-53 选择员工号“查找”测试用例二

用例编号		会员顾客_选择员工号查找_2		功能模块	会员顾客
编制人		司马云长		编制时间	2009-07-31
相关用例		无			
功能特征		查找失败			
测试目的		没有正确输入员工的姓或姓名，查找失败			
预置条件		驱动数据：表 3-1、表 5-35、表 5-36、表 5-37、表 5-38、表 5-39			
参考信息		需求说明书中相关说明			
测试数据		姓名=李娜			
操作步骤	操作描述	数据	期望结果	实际结果	测试状态
1	输入数据后单击“查找”按钮	姓名=李娜	该会员好像是新会员，请先添加再服务		

表 5-54 选择员工号“查找”测试用例三

用例编号	会员顾客_选择员工号查找_3	功能模块	会员顾客
编制人	司马云长	编制时间	2009-07-31
相关用例	无		
功能特征	查找成功		
测试目的	姓或姓名输入正确，查找成功		
预置条件	驱动数据：表 3-1、表 5-35、表 5-36、表 5-37、表 5-38、表 5-39		
参考信息	需求说明书中相关说明		

续表

测试数据		姓名=王或王刚			
操作步骤	操作描述	数据	期望结果	实际结果	测试状态
1	输入数据后单击“查找”按钮	姓名=王或王刚	该的服务员的姓名自动填入到“员工姓名”下挟列表框内，同时把相应的服务员号填入到“指定工号”下拉列表框内		

⑥“选择员工号”的“详情”按钮。单击“选择员工号”的“详情”按钮时，会在右下角的空白区域显示该服务员的详细信息。

我们使用表5-55～表5-57中的测试数据测试该按钮的功能。

表5-55　选择员工号“详情”测试用例一

用例编号		会员顾客_选择员工号详情_1	功能模块	会员顾客	
编制人		司马云长	编制时间	2009-07-31	
相关用例		无			
功能特征		详情显示失败			
测试目的		没有输入员工号，服务员详情显示失败			
预置条件		驱动数据：表3-1、表5-35、表5-36、表5-37、表5-38、表5-39			
参考信息		需求说明书中相关说明			
测试数据		指定会员号=空			
操作步骤	操作描述	数据	期望结果	实际结果	测试状态
1	输入数据后单击“详情”按钮	指定员工号=空	请输入员工号		

表5-56　选择员工号“详情”测试用例二

用例编号		会员顾客_选择员工号详情_2	功能模块	会员顾客	
编制人		司马云长	编制时间	2009-07-31	
相关用例		无			
功能特征		详情显示失败			
测试目的		没有该服务员，服务员情显示失败			
预置条件		驱动数据：表3-1、表5-35、表5-36、表5-37、表5-38、表5-39			
参考信息		需求说明书中相关说明			
测试数据		指定会员号=FW			
操作步骤	操作描述	数据	期望结果	实际结果	测试状态
1	输入数据后单击“详情”按钮	指定员工号=FW	该服务员好像是新服务员，请先添加再服务		

表5-57　选择员工号“详情”测试用例三

用例编号	会员顾客_选择员工号详情_3	功能模块	会员顾客
编制人	司马云长	编制时间	2009-07-31

续表

相关用例	"添加会员卡类别"测试用例四				
功能特征	详情显示成功				
测试目的	显示该服务员的详细信息				
预置条件	驱动数据：表 3-1、表 5-35、表 5-36、表 5-37、表 5-38、表 5-39				
参考信息	需求说明书中相关说明				
测试数据	指定员工号=FW001				
操作步骤	操作描述	数据	期望结果	实际结果	测试状态
1	输入数据后单击"详情"按钮	指定员工号=FW001	右下角的空白区域显示该服务员的详细信息		

⑦"登记工作量"按钮。单击"登记工作量"按钮，在用户对随后的问题一一确认后，系统将自动登记该笔工作记录。

我们使用表 5-58～表 5-63 中的测试数据测试该按钮的功能。

表 5-58 "登记工作量"按钮测试用例一

用例编号	会员顾客_登记工作量_1		功能模块	会员顾客	
编制人	司马云长		编制时间	2009-07-31	
相关用例	无				
功能特征	登记工作量失败				
测试目的	没有输入卡号，登记工作量失败				
预置条件	驱动数据：表 3-1、表 5-35、表 5-36、表 5-37、表 5-38、表 5-39				
参考信息	需求说明书中相关说明				
测试数据	卡号=空、指定员工号=任何数据				
操作步骤	操作描述	数据	期望结果	实际结果	测试状态
1	输入数据后单击"登记工作量"按钮	卡号=空、指定员工号=任何数据	该卡不存在或已结清或是通用卡		

表 5-59 "登记工作量"按钮测试用例二

用例编号	会员顾客_登记工作量_2	功能模块	会员顾客
编制人	司马云长	编制时间	2009-07-31
相关用例	无		
功能特征	登记工作量失败		
测试目的	卡号输入不正确，登记工作量失败		
预置条件	驱动数据：表 3-1、表 5-35、表 5-36、表 5-37、表 5-38、表 5-39		
参考信息	需求说明书中相关说明		
测试数据	选定卡号=COO8、指定员工号=任何数据		

续表

操作步骤	操作描述	数据	期望结果	实际结果	测试状态
1	选定数据后单击“登记工作量”按钮	选定卡号=C008、指定员工号=任何数据	该卡不存在或已结清或是通用卡		

表 5-60 “登记工作量”按钮测试用例三

用例编号	会员顾客_登记工作量_3	功能模块	会员顾客
编制人	司马云长	编制时间	2009-07-31
相关用例	无		
功能特征	登记工作量失败		
测试目的	没有输入服务员号，登记工作量失败		
预置条件	驱动数据：表 3-1、表 5-35、表 5-36、表 5-37、表 5-38、表 5-39		
参考信息	需求说明书中相关说明		
测试数据	选定卡号=C001、指定员工号=空		

操作步骤	操作描述	数据	期望结果	实际结果	测试状态
1	选定数据后单击“登记工作量”按钮	选定卡号=C001、指定员工号=空	请输入员工号		

表 5-61 “登记工作量”按钮测试用例四

用例编号	会员顾客_登记工作量_4	功能模块	会员顾客
编制人	司马云长	编制时间	2009-07-31
相关用例	无		
功能特征	登记工作量失败		
测试目的	员工号输入不正确，登记工作量失败		
预置条件	驱动数据：表 3-1、表 5-35、表 5-36、表 5-37、表 5-38、表 5-39		
参考信息	需求说明书中相关说明		
测试数据	选定卡号=C001、指定员工号=FW007		

操作步骤	操作描述	数据	期望结果	实际结果	测试状态
1	选定数据后单击“登记工作量”按钮	选定卡号=C001、指定员工号=FW007	该服务员好像是新服务员，请先添加再服务		

表 5-62 “登记工作量”按钮测试用例五

用例编号	会员顾客_登记工作量_5	功能模块	会员顾客
编制人	司马云长	编制时间	2009-07-31
相关用例	无		
功能特征	登记工作量成功		
测试目的	成功登记工作量		
预置条件	驱动数据：表 3-1、表 5-35、表 5-36、表 5-37、表 5-38、表 5-39		
参考信息	需求说明书中相关说明		
测试数据	选定卡号=C001、指定员工号=FW001		

续表

操作步骤	操作描述	数据	期望结果	实际结果	测试状态
1	选定数据后单击“登记工作量”按钮	选定卡号=CO01、指定员工号=FW001	本笔工作记录已正确登记		

表 5-63 “登记工作量”按钮测试用例六

用例编号		会员顾客_登记工作量_6	功能模块	会员顾客	
编制人		司马云长	编制时间	2009-07-31	
相关用例		会员顾客_登记工作量_5			
功能特征		登记工作量成功			
测试目的		当会员卡使用次数剩下一次时，登记工作量成功			
预置条件		驱动数据：表 3-1、表 5-35、表 5-36、表 5-37、表 5-38、表 5-39			
参考信息		需求说明书中相关说明			
测试数据		会员号=HY001、选定卡号=CO01、定员工号=FW001			
操作步骤	操作描述	数据	期望结果	实际结果	测试状态
1	指定会员号后按“选择会员卡号”的“查找”按钮	会员号=HY001			
2	选定数据后按“登记工作量”按钮	选定卡号=CO01、指定员工号=FW001	本笔工作记录已正确登记，并给出提示信息“本卡次数已用完，欢迎购买新卡”		

⑧“退出”按钮的功能跟窗口自身的“关闭”按钮的功能相同都是结束本功能模块运行。

（4）临时顾客模块窗体上各控件的功能。

① 选择员工号“查找”按钮。当单击“选择员工号”的“查找”按钮时，系统会把数据库中所有符合条件的服务员的姓名自动填入到“员工姓名”下拉列表框内，同时把相应的服务员号填入到“指定员工号”下拉列表框内。

我们使用表 5-64～表 5-66 中的测试数据测试该按钮的功能。

表 5-64 选择员工号“查找”测试用例一

用例编号		临时顾客_选择员工号查找_1	功能模块	临时顾客	
编制人		司马云长	编制时间	2009-07-31	
相关用例		无			
功能特征		查找成功			
测试目的		查找到所有服务员的姓名			
预置条件		驱动数据：表 3-1、表 5-35、表 5-36、表 5-37、表 5-38、表 5-39			
参考信息		需求说明书中相关说明			
测试数据		姓名=空			
操作步骤	操作描述	数据	期望结果	实际结果	测试状态
1	输入数据后单击“查找”按钮	姓名=空	所有符合条件的服务员的姓名自动填入到“员工姓名”下拉列表框内，同时把相应的服务员号填入到“指定员工号”下拉列表框内		

表 5-65　选择员工号“查找”测试用例二

用例编号		临时顾客_选择员工号查找_2		功能模块	临时顾客	
编制人		司马云长		编制时间	2009-07-31	
相关用例		无				
功能特征		查找失败				
测试目的		输入不存在会员的姓或姓名，查找失败				
预置条件		驱动数据：表 3-1、表 5-35、表 5-36、表 5-37、表 5-38、表 5-39				
参考信息		需求说明书中相关说明				
测试数据		姓名=李娜				
操作步骤	操作描述	数据	期望结果		实际结果	测试状态
1	输入数据后单击“查找”按钮	姓名=李娜	该会员好像是新会员，请先添加再服务			

表 5-66　选择员工号“查找”测试用例三

用例编号		临时顾客_选择员工号查找_3		功能模块	临时顾客	
编制人		司马云长		编制时间	2009-07-31	
相关用例		无				
功能特征		查找成功				
测试目的		姓或姓名输入正确，查找成功				
预置条件		驱动数据：表 3-1、表 5-35、表 5-36、表 5-37、表 5-38、表 5-39				
参考信息		需求说明书中相关说明				
测试数据		姓名=王或王刚				
操作步骤	操作描述	数据	期望结果		实际结果	测试状态
1	输入数据后单击“查找”按钮	姓名=王或王刚	该服务员的姓名自动填入到“员工姓名”下拉列表框内，同时把相应的服务员号填入到“指定员工号”下拉列表框内			

②“选择员工号”的“详情”按钮。单击“选择员工号”的“详情”按钮时，会在右下角的空白区域显示该服务员的详细信息。

我们使用表 5-67～表 5-69 中的测试数据测试该按钮的功能。

表 5-67　选择员工号“详情”测试用例一

用例编号		临时顾客_选择员工号详情_1		功能模块	临时顾客	
编制人		司马云长		编制时间	2009-07-31	
相关用例		无				
功能特征		详情显示失败				
测试目的		没有输入员工号，服务员详情显示失败				
预置条件		驱动数据：表 3-1、表 5-35、表 5-36、表 5-37、表 5-38、表 5-39				
参考信息		需求说明书中相关说明				
测试数据		指定会员号=空				
操作步骤	操作描述	数据	期望结果		实际结果	测试状态
1	输入数据后单击“详情”按钮	指定员工号=空	请输入员工号			

表 5-68　选择员工号“详情”测试用例二

用例编号		临时顾客_选择员工号详情_2	功能模块	临时顾客	
编制人		司马云长	编制时间	2009-07-31	
相关用例		无			
功能特征		详情显示失败			
测试目的		没有该服务员，服务员情显示失败			
预置条件		驱动数据：表 3-1、表 5-35、表 5-36、表 5-37、表 5-38、表 5-39			
参考信息		需求说明书中相关说明			
测试数据		指定会员号=FW			
操作步骤	操作描述	数据	期望结果	实际结果	测试状态
1	输入数据后单击“详情”按钮	指定员工号=FW	该服务员好像是新服务员，请先添加再服务		

表 5-69　选择员工号“详情”测试用例三

用例编号		临时顾客_选择员工号详情_3	功能模块	临时顾客	
编制人		司马云长	编制时间	2009-07-31	
相关用例		无			
功能特征		详情显示成功			
测试目的		显示该服务员的详细信息			
预置条件		驱动数据：表 3-1、表 5-35、表 5-36、表 5-37、表 5-38、表 5-39			
参考信息		需求说明书中相关说明			
测试数据		指定员工号=FW001			
操作步骤	操作描述	数据	期望结果	实际结果	测试状态
1	输入数据后单击“详情”按钮	指定员工号=FW001	右半部分空白区域显示该服务员的详细信息。		

③“服务项目”按钮。服务类别选择“aa2”，单击“服务项目”按钮在窗体的右半部分空白区域显示该类服务之服务项目的详细信息。

④“登记工作记录”按钮。单击“登记工作记录”按钮，在用户对随后的问题一一确认后，系统将自动登记该笔工作记录。

我们依次使用表 5-70～表 5-72 中的测试数据测试该按钮的功能。

表 5-70　“登记工作记录”按钮测试用例一

用例编号	临时顾客_登记工作记录_1	功能模块	临时顾客
编制人	司马云长	编制时间	2009-07-31
相关用例	无		
功能特征	登记工作量失败		
测试目的	没有输入员工号，登记工作量失败		
预置条件	驱动数据：表 3-1、表 5-35、表 5-36、表 5-37、表 5-38、表 5-39		
参考信息	需求说明书中相关说明		

续表

测试数据		员工姓名=任意数据、指定员工号=空			
操作步骤	操作描述	数据	期望结果	实际结果	测试状态
1	输入数据后单击“登记工作记录”按钮	员工姓名=任意数据、指定员工号=空	请输入服务员号		

表 5-71 “登记工作记录”按钮测试用例二

用例编号		临时顾客_登记工作记录_2	功能模块	临时顾客	
编制人		司马云长	编制时间	2009-07-31	
相关用例		无			
功能特征		登记工作量失败			
测试目的		输入了不存在的员工号，登记工作量失败			
预置条件		驱动数据：表 3-1、表 5-35、表 5-36、表 5-37、表 5-38、表 5-39			
参考信息		需求说明书中相关说明			
测试数据		员工姓名=任意数据、指定员工号=FW007			
操作步骤	操作描述	数据	期望结果	实际结果	测试状态
1	输入数据后单击“登记工作记录”按钮	员工姓名=任意数据、指定员工号=FW007	该服务员好像是新服务员，请先添加再服务		

表 5-72 “登记工作记录”按钮测试用例三

用例编号		临时顾客_登记工作记录_3	功能模块	临时顾客	
编制人		司马云长	编制时间	2009-07-31	
相关用例		无			
功能特征		登记工作量成功			
测试目的		员工号输入正确，登记工作量成功			
预置条件		驱动数据：表 3-1、表 5-35、表 5-36、表 5-37、表 5-38、表 5-39			
参考信息		需求说明书中相关说明			
测试数据		选定服务类别=aa1、选定员工号=FW001			
操作步骤	操作描述	数据	期望结果	实际结果	测试状态
1	输入数据后单击“登记工作记录”按钮	选定服务类别=aa 2、选指定员工号=FW001	本笔工作记录已正确登记		

⑤“退出”按钮的功能跟窗口“关闭”按钮的功能相同，都是结束本功能模块运行。

（三）测试步骤

1. 设置驱动数据

（1）测试会员顾客模块。

① 测试选择会员号“查找”按钮的功能。

使用表 5-40～表 5-42 中的测试数据测试该按钮的功能；

② 测试选择会员号“详情”按钮的功能。使用表 5-43～表 5-45 中的测试数据测试该按钮的功能；

③ 测试选择会员卡号“查找”按钮的功能。使用表 5-46～表 5-48 中的测试数据测试该按钮的功能；

④ 测试选择会员卡号“详情”按钮。使用表 5-49～表 5-51 中的测试数据测试该按钮的功能；

⑤ 测试选择员工号“查找”按钮。使用表 5-52～表 5-54 中的测试数据测试该按钮的功能；

⑥ 测试选择员工号“详情”按钮。使用表 5-55～表 5-57 中的测试数据测试该按钮的功能；

⑦ 测试“登记工作量”按钮。依次使用表 5-58～表 5-63 中的测试数据测试该按钮的功能；

（2）测试“退出”按钮和窗口的“关闭”按钮。

2. 测试临时顾客模块

（1）测试选择员工号“查找”按钮。使用表 5-64～表 5-66 中的测试数据测试该按钮的功能；

（2）测试选择员工号“详情”按钮。使用表 5-67～表 5-69 中的测试数据测试该按钮的功能；

（3）测试选择服务类别“服务项目”按钮。

（4）测试“登记工作记录”按钮。依次使用表 5-70～表 5-72 中的测试数据测试该按钮的功能。

（5）测试“退出”按钮和窗口的“关闭”按钮。

三、知识准备

测试执行过程中的三个阶段：

① 初测期：测试主要功能和关键的执行路径，排除主要故障。

② 细测期：依据测试计划和测试大纲测试用例；逐一测试程序的功能、特性、性能、用户界面、兼容性、可用性等；预期可发现大量不同性质、不同严重程度的错误和问题。

③ 回归测试期：系统已达到稳定，在一轮测试中发现的错误已十分有限；复查已知错误的纠正情况，确认未引发任何新的错误时，终结回归测试。

四、任务实现

（1）先使用测试工具清空所有表中的数据，然后使用表 3-1 中序号为 1 的数据添加超级管理员。添加成功后将自动进入超级管理员界面。设置如表 5-35～表 5-39 所示驱动数据。

（2）进入超级管理员界面后选择“登工作记录”命令，打开“工作记录登记”界面，如图 5-4 所示。

（3）在“工作记录登记”界面，选择“会员顾客”命令，如图 5-5 所示。

① 测试选择会员号“查找”按钮。使用表 5-40～表 5-42 中的数据测试该按钮，并把实际的结果跟期望的结果做对比，对于不相同者，在“实际结果”和“测试状态”栏中分别注明；对于相同者，只在“测试状态”栏中注明“通过”即可；

② 测试选择会员号“详情”按钮。使用表 5-43～表 5-45 中的数据测试该按钮，并把实际的结果跟期望的结果做对比，对于不相同者，在“实际结果”和“测试状态”栏中分别注明；

对于相同者，只在“测试状态”栏中注明“通过”即可；

③ 测试选择会员卡号“查找”按钮。使用表 5-46～表 5-48 中的数据测试该按钮，并把实际的结果跟期望的结果做对比，对于不相同者，在“实际结果”和“测试状态”栏中分别注明；对于相同者，只在“测试状态”栏中注明“通过”即可；

④ 测试选择会员卡号“详情”按钮。使用表 5-49～表 5-51 中的数据测试该按钮，并把实际的结果跟期望的结果做对比，对于不相同者，在“实际结果”和“测试状态”栏中分别注明；对于相同者，只在“测试状态”栏中注明“通过”即可；

⑤ 测试选择员工号“查找”按钮。使用表 5-52～表 5-54 中的数据测试该按钮，并把实际的结果跟期望的结果做对比，对于不相同者，在“实际结果”和“测试状态”栏中分别注明；对于相同者，只在“测试状态”栏中注明“通过”即可；

⑥ 测试选择员工号“详情”按钮。使用表 5-55～表 5-57 中的数据测试该按钮，并把实际的结果跟期望的结果做对比，对于不相同者，在“实际结果”和“测试状态”栏中分别注明；对于相同者，只在“测试状态”栏中注明“通过”即可；

⑦ 测试“登记工作量”按钮。依次使用表 5-58～表 5-63 中的数据测试该按钮，并把实际的结果跟期望的结果做对比，对于不相同者，在“实际结果”和“测试状态”栏中分别注明；对于相同者，只在“测试状态”栏中注明“通过”即可；

⑧ 测试“退出”按钮的功能。单击“退出”按钮，应该能结束本功能模块运行。

⑨ 对测试结论给出评价。

序　　号	测 试 内 容	测 试 结 论
1	选择会员号“查找”按钮	
2	选择会员号“详情”按钮	
3	选择会员卡号“查找”按钮	
4	选择会员卡号“详情”按钮	
5	选择员工号“查找”按钮	
6	选择员工号“详情”按钮	
7	“登记工作量”按钮	
8	“退出”按钮的功能	
模块测试结论及建议		

（4）在“工作记录登记”界面，选择“临时顾客”命令，如图 5-6 所示。

① 测试选择员工号“查找”按钮。使用表 5-64～表 5-66 中的数据测试该按钮，并把实际的结果跟期望的结果做对比，对于不相同者，在“实际结果”和“测试状态”栏中分别注明；对于相同者，只在“测试状态”栏中注明“通过”即可；

② 测试选择员工号“详情”按钮。使用表 5-67～表 5-69 中的数据测试该按钮，并把实际的结果跟期望的结果做对比，对于不相同者，在“实际结果”和“测试状态”栏中分别注明；对于相同者，只在“测试状态”栏中注明“通过”即可；

③ 测试选择服务类别“服务项目”按钮。服务类别选择“aa2”，单击“服务项目”按钮可在窗体的右半部分空白区域显示该类服务之服务项目的详细信息；

④ 测试“登记工作记录”按钮。依次使用表 5-70～表 5-72 中的数据测试该按钮，并把实际的结果跟期望的结果做对比，对于不相同者，在“实际结果”和“测试状态”栏中分别注明；对于相同者，只在“测试状态”栏中注明“通过”即可；

⑤ 测试“退出”按钮。单击“退出”按钮，应该能结束本功能模块运行。

⑥ 对测试结论给出评价。

序　号	测 试 内 容	测 试 结 论
1	选择员工号“查找”按钮	
2	选择员工号“详情”按钮	
3	选择服务类别“服务项目”按钮	
4	“登记工作记录”按钮	
5	“退出”按钮	
模块测试结论及建议		

五、相关知识

边界值分析法是一种很实用的黑盒测试用例设计方法，它具有很强的发现程序错误能力。与前面提到的等价类划分法不同，它的测试用例来自等价类的边界。无数的测试实践表明，在设计测试用例时，一定要对边界附近的处理十分重视。大量的故障往往发生在输入定义域或输出值域的边界上，而不是在其内部。为检验边界附近的处理专门设计测试用例，通常都会取得很好的测试效果。

六、学习反思

（一）深入思考

1. 关于驱动数据一的设计

我们可以使用超级管理员的身份登录，进而对登记工作记录模块测试，也可以使用普通管理员和普通操作员的身份登录进行测试。但是，当我们使用普通操作员的身份登录时，会给驱动数据的设置带来困难，因为普通操作员除登记工作记录外没有其他权限。

2. 表 5-37 中驱动数据的设计

会员卡 aa1 的使用次数只有两次是因为在测试会员顾客的“登记工作量”按钮时，我们不仅要测试正常的登记，还要测试会员卡使用次数剩下一次时的登记情况，为此，两个测试需要 aa1 的使用次数刚好为 2。

3. 表 5-63 测试用例的设计

表 5-62 设计的测试用例已经登记本笔工作记录，表 5-63 为什么还要设计登记本笔工作记

录的测试用例呢？在这里就用到了边界值分析法，我们要考虑当会员卡使用次数剩下 1 次时，是不是也能使用并且会不会给出提示信息告诉我们本卡次数已经用完。

4. 关于测试会员顾客“登记工作量”按钮测试用例中的操作描述

在操作描述中我们是选定的数据，那可不可以输入数据呢，输入数据之后测试的结果又会是怎样呢，请动手设计测试用例亲自试一试。

5. 关于测试策略

在本任务中，尽管同时测试两个模块，但这里的情况显然与本单元的任务一的情况不同：登记工作记录的两个模块（会员顾客、临时顾客）间不存在逻辑关系。实际这两个模块均可以单独测试，但考虑到它们需要的驱动数据大部分相同，为了提高测试工作的整体效率，把它们放到一起测试。

（二）自己动手

（1）使用上面提供的测试用例和测试步骤实际对本模块进行测试。

（2）使用自己设计的合适测试用例及合理测试步骤测试会员顾客“登记工作量”按钮，要求在操作描述中是输入数据而不是选定数据。

（3）使用自己设计的合适测试用例及合理测试步骤完成对本模块的测试。

七、能力评价

序号	评价内容	评价结果			
		优秀	良好	通过	加油
		能灵活运用	能掌握 80% 以上	能掌握 60% 以上	其他
1	能说出测试执行过程中的三个阶段能				
2	能依据“登记工作记录”模块的主要功能设计合适的测试用例及合理的测试步骤				
3	能使用自己设计的测试用例，按照自己设计的测试步骤，实际完成对“登记工作记录”模块的测试				

任务三　测试超级用户模块

一、任务描述

司马云长接下来要测试超级用户模块，其界面如图 5-7 所示。该模块包括工作量查询模块、综合信息查询模块、核算工作量模块以及数据库维护模块。工作量查询模块的功能是查询服务员在指定时间段期间所提供的所有服务，并以表格的形式呈现给操作者，该模块的界面如图 5-8 所示。综合信息查询模块包含了会员信息查询、员工信息查询以、卡类别及卡信息查询等三项功能，该模块的界面如图 5-9 所示。核算工作量模块的功能是核算所有服务员自上次核算以来的所有未核算的工作量权重之和，并把核算的结果显示在窗体下半部分的表格里，该模块的界面如图 5-10 所示。数据库维护模块的功能是可以自动完成数据库中冗余数据的清理，该模块的界面如图 5-11 所示。

图 5-7　超级用户界面

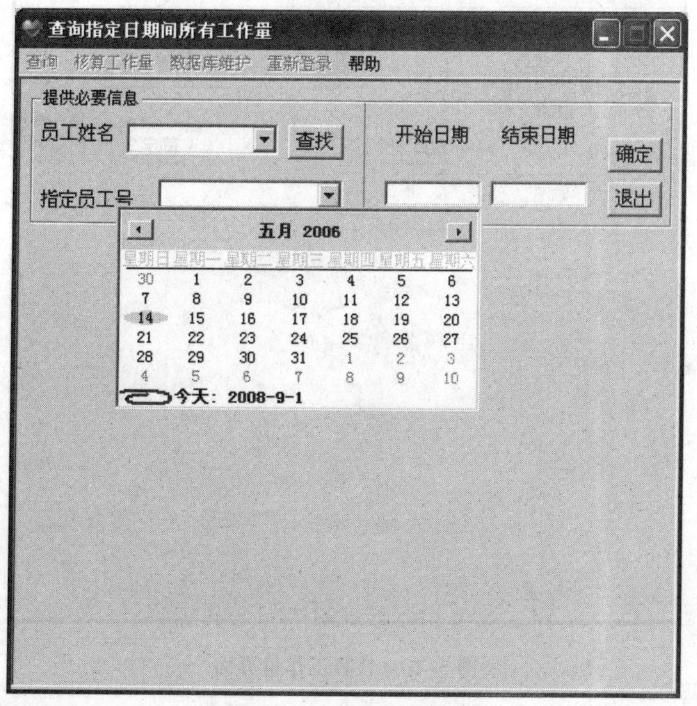

图 5-8　工作量查询界面

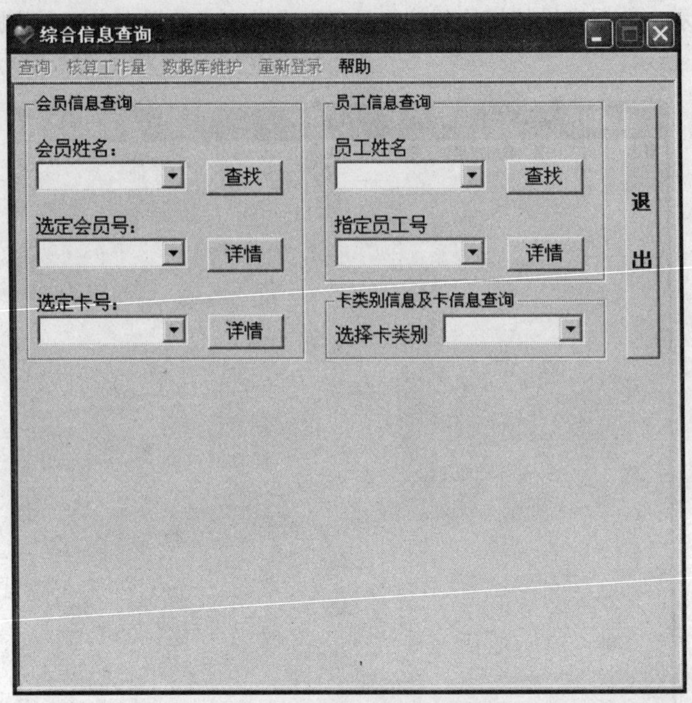

图 5-9　综合信息查询界面

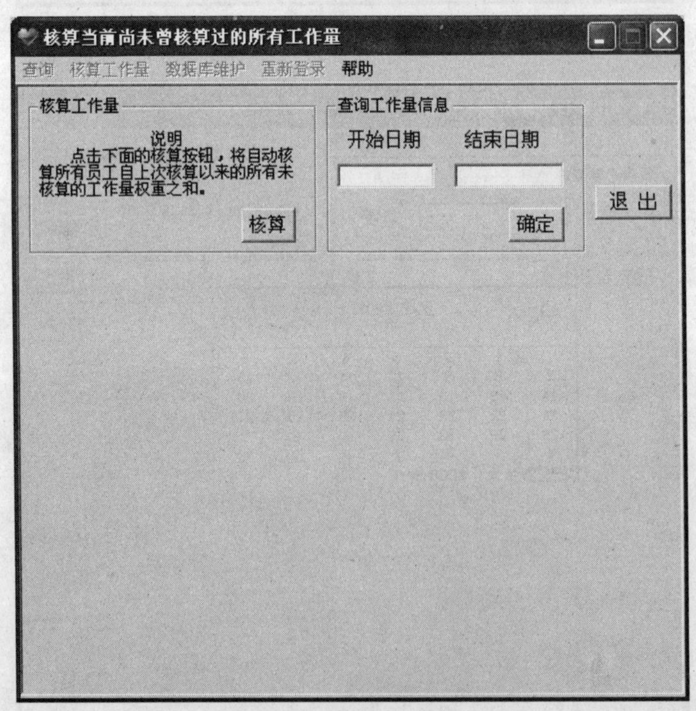

图 5-10　核算工作量界面

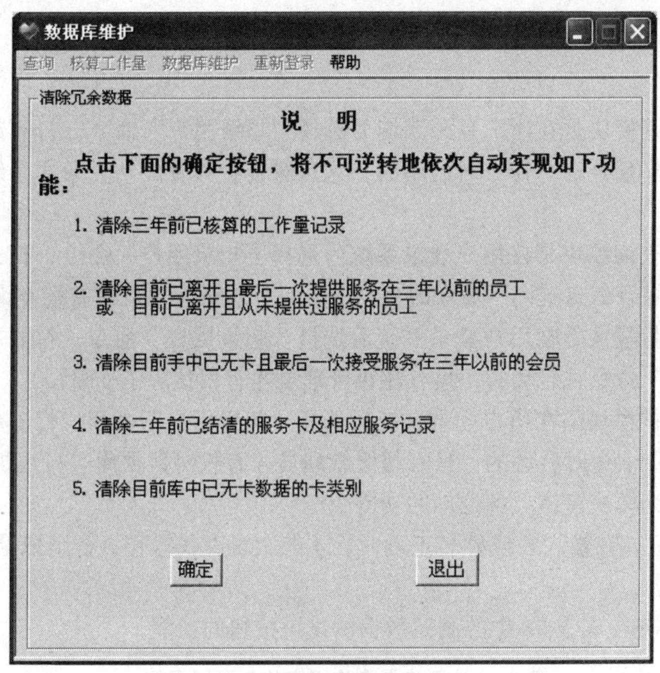

图 5-11　数据库维护界面

二、任务分析

（一）驱动数据

为了测试超级用户模块，司马云长测试小组已设置如表 3-1 中序号为 1 的数据以及表 5-35～表 5-39 和表 5-73～表 5-75 所示驱动数据，这些数据都是由超级管理员添加的。另外需要设置系统的当前日期为：20100521。

表 5-73　驱动数据

数据库表	服务员表			使用工具	本 系 统
序　　号	工 作 号	姓　　名	加入日期	身份证号、离开日期、固定电话、小灵通、手机和住址字段暂不设置	
1	FW002	张衡	20060518		

表 5-74　驱动数据

操　　作	登记为非会员服务的工作记录		使用工具	本 系 统
序　　号	员工姓名	指定员工号	服务类别	
1	王刚	FW001	aa2	
2	张衡	FW002	aa2	

表 5-75　驱动数据

操　　作	登记为会员服务的工作记录		使用工具	本 系 统
序　　号	指定会员号	卡　　号	指定员工号	
1	HY001	C001	FW001	

提示：测试超级用户模块，千万要注意，开始前一定按要求设置系统的当前日期，否则将

得不出正确结果。

（二）测试内容

（1）工作量查询模块是在用户登录系统后选择“超级用户”命令，打开超级用户界面并选择“查询”→“工作量查询”命令时启动的，这意味着：只有成功登录本系统的超级管理员才有权查询工作量。

（2）综合信息查询模块是在用户登录系统后选择“超级用户”命令，打开超级用户界面并选择“查询”→“综合信息查询”命令时启动的，只有超级管理员才有权查询综合信息。

（3）核算工作量模块是在用户登录系统后选择“超级用户”命令，打开超级拥护界面后，选择“核算工作量”命令时启动的，只有超级管理员才有权核算工作量。

（4）数据库维护模块是在用户登录系统后选择“超级用户”命令，打开超级拥护界面后，选择“数据库维护”命令时启动的，只有超级管理员才有权对数据库进行维护。

（5）工作量查询模块窗体上各控件的功能：

①“查找”按钮。在输入姓或姓名正确时，才能实现查找操作，否则依情况给出不同提示，并允许重新输入数据。

我们使用表 5–76～表 5–78 中的测试数据测试该按钮的功能。

表 5-76　工作量查询“查找”测试用例一

用例编号		工作量查询_查找_1		功能模块	工作量查询
编制人		司马云长		编制时间	2009–07–31
相关用例		无			
功能特征		查找成功			
测试目的		“员工姓名”栏下拉列表框内什么也不输入时，查找成功			
预置条件		驱动数据			
参考信息		需求说明书中相关说明			
测试数据		姓名=空			
操作步骤	操作描述	数据	期望结果	实际结果	测试状态
1	输入数据后单击“查找”按钮	员工姓名=空	所有符合条件的服务员的姓名自动填入到“员工姓名”下拉列表框内，同时把相应的服务员号填入到“指定员工号”下拉列表框内		

表 5-77　工作量查询“查找”测试用例二

用例编号	工作量查询_查找_2	功能模块	工作量查询
编制人	司马云长	编制时间	2009–07–31
相关用例	无		
功能特征	查找成功		
测试目的	姓或姓名输入正确时，查找成功		
预置条件	驱动数据		
参考信息	需求说明书中相关说明		

续表

测试数据		姓名=王或王刚			
操作步骤	操作描述	数据	期望结果	实际结果	测试状态
1	输入数据后单击“查找”按钮	员工姓名=王或王刚	找到该服务员，同时把相应的员工号填入到“员工号”下拉列表框内		

表 5-78　工作量查询“查找”测试用例三

用例编号		工作量查询_查找_2	功能模块	工作量查询	
编制人		司马云长	编制时间	2009-07-31	
相关用例		无			
功能特征		查找失败			
测试目的		姓名输入不正确时，查找失败			
预置条件		驱动数据			
参考信息		需求说明书中相关说明			
测试数据		姓名=张佳			
操作步骤	操作描述	数据	期望结果	实际结果	测试状态
1	输入数据后单击“查找”按钮	员工姓名=张佳	该服务员不存在		

②“确定”按钮。查询指定服务员在指定时间段期间所提供的所有服务。

我们使用表 5-79～表 5-82 中的测试数据测试该按钮的功能。

表 5-79　工作量查询“确定”测试用例一

用例编号		工作量查询_确定_1	功能模块	工作量查询	
编制人		司马云长	编制时间	2009-07-31	
相关用例		无			
功能特征		查询失败			
测试目的		提供的信息不正确，查询失败			
预置条件		无			
参考信息		需求说明书中相关说明			
测试数据		员工姓名=空、指定员工号=空、开始日期=空、结束日期=空			
操作步骤	操作描述	数据	期望结果	实际结果	测试状态
1	输入数据后单击“确定”按钮	员工姓名=空、指定员工号=空、开始日期=空、结束日期=空	找不到相关工作量，请检查您提供的信息是否正确		

表 5-80　工作量查询“确定”测试用例二

用例编号	工作量查询_确定_2	功能模块	工作量查询
编制人	司马云长	编制时间	2009-07-31
相关用例	无		

续表

功能特征		查询失败			
测试目的		提供的信息不正确，查询失败			
预置条件		无			
参考信息		需求说明书中相关说明			
测试数据		员工姓名=空、指定员工号=FW001、开始日期=空、结束日期=空			
操作步骤	操作描述	数据	期望结果	实际结果	测试状态
1	输入数据后单击“确定”按钮	员工姓名=空、 指定员工号=FW001、 开始日期=空、 结束日期=空	找不到相关工作量，请检查您提供的信息是否正确		

表 5-81　工作量查询“确定”测试用例三

用例编号	工作量查询_确定_3	功能模块	工作量查询
编制人	司马云长	编制时间	2009-07-31
相关用例	无		
功能特征	查询失败		
测试目的	提供的信息不正确，查询失败		
预置条件	无		
参考信息	需求说明书中相关说明		
测试数据	员工姓名=空、指定员工号=FW001、开始日期选择 20100501、结束日期=空		

续表

操作步骤	操作描述	数据	期望结果	实际结果	测试状态
1	输入数据后单击“确定”按钮	员工姓名=空、 指定员工号=FW001、 开始日期选择 20100501、 结束日期=空	找不到相关工作量，请检查您提供的信息是否正确		

表 5-82　工作量查询“确定”测试用例四

用例编号	工作量查询_确定_4	功能模块	工作量查询
编制人	司马云长	编制时间	2009-07-31
相关用例	无		
功能特征	查询成功		
测试目的	提供的信息正确，查询成功		
预置条件	驱动数据		
参考信息	需求说明书中相关说明		
测试数据	员工姓名=空、指定员工号=FW001、开始日期选择 20100501、结束日期选择 20100531		

续表

操作步骤	操作描述	数据	期望结果	实际结果	测试状态
1	输入数据后单击“确定”按钮	员工姓名=空、 指定员工号=FW001、 开始日期选择 20100501、 结束日期选择 20100531	找到该服务员在这段期间内所提供的所有服务（共两笔），并以表格形式呈现		

③“退出”按钮。“退出”按钮的功能跟窗口“关闭”按钮的功能相同都是结束本功能模块运行。

（6）综合信息查询模块窗体上各控件的功能。

①“会员姓名”的“查找”按钮。查询包括会员信息及其曾所持卡的信息。

我们使用表 5-83～表 5-85 中的测试数据测试该按钮的功能。

表 5-83　综合信息查询会员姓名“查找”测试用例一

用例编号	综合信息查询_会员姓名查找_1	功能模块	综合信息查询		
编制人	司马云长	编制时间	2009-07-31		
相关用例	无				
功能特征	查找成功				
测试目的	员工姓名栏内什么也不输入时，查找成功				
预置条件	驱动数据				
参考信息	需求说明书中相关说明				
测试数据	会员姓名=空				
操作步骤	操作描述	数据	期望结果	实际结果	测试状态
1	输入数据后单击“查找”按钮	会员姓名=空	所有符合条件的会员的姓名自动填入到“会员姓名”下拉列表框内，同时把相应的会员号填入到“选定会员号”下拉列表框内，其曾所持卡信息填入到“选定卡号”下拉列表框内		

表 5-84　综合信息查询会员姓名“查找”测试用例二

用例编号	综合信息查询_会员姓名查找_2	功能模块	综合信息查询		
编制人	司马云长	编制时间	2009-07-31		
相关用例	无				
功能特征	查找成功				
测试目的	会员姓或姓名输入正确，查找成功				
预置条件	驱动数据				
参考信息	需求说明书中相关说明				
测试数据	会员姓名=刘或刘佳				
操作步骤	操作描述	数据	期望结果	实际结果	测试状态
1	输入数据后单击“查找”按钮	会员姓名=刘或刘佳	找到该会员，同时把相应的会员号填入到“选定会员号”下拉列表框内，其曾所持卡信息填入到“选定卡号”下拉列表框内		

表 5-85　综合信息查询会员姓名“查找”测试用例三

用例编号		综合信息查询_会员姓名查找_3		功能模块	综合信息查询	
编制人		司马云长		编制时间	2009-07-31	
相关用例		无				
功能特征		查找失败				
测试目的		会员姓名输入不正确，查找失败				
预置条件		驱动数据				
参考信息		需求说明书中相关说明				
测试数据		会员姓名=张三				
操作步骤	操作描述	数据	期望结果		实际结果	测试状态
1	输入数据后单击“查找”按钮	会员姓名=张三	该会员不存在			

②“选定会员号”的“详情”按钮。选择具体的会员号显示该号会员的详细情况。我们使用表 5-86 和表 5-87 中的测试数据测试该按钮的功能。

表 5-86　综合信息查询选定会员“详情”测试用例一

用例编号		综合信息查询_选定会员详情_1		功能模块	综合信息查询	
编制人		司马云长		编制时间	2009-07-31	
相关用例		无				
功能特征		详情失败				
测试目的		选定会员为空，会员详情显示失败				
预置条件		无				
参考信息		需求说明书中相关说明				
测试数据		选定会员号=空				
操作步骤	操作描述	数据	期望结果		实际结果	测试状态
1	输入不存在的会员名，单击“查找”按钮					
2	选择数据后单击“详情”按钮	选定会员号=空	请选定会员号			

表 5-87　综合信息查询选定会员号“详情”测试用例二

用例编号	综合信息查询_选定会员号详情_2	功能模块	综合信息查询
编制人	司马云长	编制时间	2009-07-31
相关用例	无		
功能特征	详情成功		
测试目的	选定正确的会员号，会员详情显示成功		
预置条件	驱动数据		
参考信息	需求说明书中相关说明		
测试数据	选定会员号=HY001		

续表

操作步骤	操作描述	数据	期望结果	实际结果	测试状态
1	输入会员名=刘佳，单击“查找”按钮				
2	选择数据后单击“详情”按钮	选定会员号=HY001	显示该号会员的详细情况		

③“选定卡号”的“详情”按钮。选择会员卡号显示该号会员卡的详细情况。我们使用表5-88和表5-89中的测试数据测试该按钮的功能。

表5-88　综合信息查询选定卡号“详情”测试用例一

用例编号		综合信息查询_选定卡号详情_1	功能模块	综合信息查询	
编制人		司马云长	编制时间	2009-07-31	
相关用例		无			
功能特征		详情失败			
测试目的		选定卡号为空，卡号详情显示失败			
预置条件		驱动数据			
参考信息		需求说明书中相关说明			
测试数据		选定卡号=空			
操作步骤	操作描述	数据	期望结果	实际结果	测试状态
1	输入会员名=张译，单击“查找”按钮				
2	选定数据后单击“详情”按钮	选定卡号=空	请选定卡号		

表5-89　综合信息查询选定卡号“详情”测试用例二

用例编号		综合信息查询_选定卡号详情_2	功能模块	综合信息查询	
编制人		司马云长	编制时间	2009-07-31	
相关用例		无			
功能特征		详情成功			
测试目的		选定卡号，显示该卡号详情			
预置条件		驱动数据			
参考信息		需求说明书中相关说明			
测试数据		选定卡号=C001			
操作步骤	操作描述	数据	期望结果	实际结果	测试状态
1	输入会员名=刘佳，单击“查找”按钮				
2	选定数据后单击“详情”按钮	选定卡号=C001	显示该卡号详情包括消费记录		

④"员工姓名"的"查找"按钮。单击该按钮，系统将把数据库中所有符合条件的服务员的姓名自动填入到"员工姓名"下拉列表框内，同时把相应的指定员工号填入到"指定员工号"下拉列表框内。我们使用表 5-90～表 5-92 中的测试数据测试该按钮的功能。

表 5-90　综合信息查询员工姓名"查找"测试用例一

用例编号		综合信息查询_员工姓名查找_1		功能模块	综合信息查询
编制人		司马云长		编制时间	2009-07-31
相关用例		无			
功能特征		查找成功			
测试目的		员工姓名栏内什么也不输入时，查找成功			
预置条件		驱动数据			
参考信息		需求说明书中相关说明			
测试数据		员工姓名=空			
操作步骤	操作描述	数据	期望结果	实际结果	测试状态
1	输入数据后单击"查找"按钮	员工姓名=空	所有符合条件的服务员的姓名自动填入到"员工姓名"下拉列表框内，同时把相应的服务员填入到"指定员工号"下拉列表框内		

表 5-91　综合信息查询员工姓名"查找"测试用例二

用例编号		综合信息查询_员工姓名查找_2		功能模块	综合信息查询
编制人		司马云长		编制时间	2009-07-31
相关用例		无			
功能特征		查找成功			
测试目的		员工姓或姓名输入正确时，查找成功			
预置条件		驱动数据			
参考信息		需求说明书中相关说明			
测试数据		员工姓名=王或王刚			
操作步骤	操作描述	数据	期望结果	实际结果	测试状态
1	输入数据后单击"查找"按钮	员工姓名=王或王刚	找到该服务员，同时把相应的服务员填入到"指定员工号"栏内		

表 5-92　综合信息查询员工姓名"查找"测试用例三

用例编号	综合信息查询_员工姓名查找_2	功能模块	综合信息查询
编制人	司马云长	编制时间	2009-07-31
相关用例	无		
功能特征	查找失败		
测试目的	员工姓名输入不正确时，查找失败		
预置条件	驱动数据		
参考信息	需求说明书中相关说明		

续表

测试数据		员工姓名=李丽			
操作步骤	操作描述	数据	期望结果	实际结果	测试状态
1	输入数据后单击“查找”按钮	员工姓名=李丽	该服务员不存在		

⑤“指定员工号”的“详情”按钮。单击“详情”按钮将显示服务员的详细信息。我们使用表5-93～表5-95中的测试数据测试该按钮的功能。

表5-93　综合信息查询指定员工号“详情”测试用例一

用例编号		综合信息查询_指定员工号详情_1		功能模块	综合信息查询
编制人		司马云长		编制时间	2009-07-31
相关用例		无			
功能特征		提取详情失败			
测试目的		指定员工号栏内什么也不输入时，提取详情失败			
预置条件		驱动数据			
参考信息		需求说明书中相关说明			
测试数据		指定员工号=空			
操作步骤	操作描述	数据	期望结果	实际结果	测试状态
1	输入数据后单击“详情”按钮	指定员工号=空	请输入服务员号		

表5-94　综合信息查询指定员工号“详情”测试用例二

用例编号		综合信息查询_指定员工号详情_2		功能模块	综合信息查询
编制人		司马云长		编制时间	2009-07-31
相关用例		无			
功能特征		详情失败			
测试目的		指定员工号输入不正确时，详情失败			
预置条件		驱动数据			
参考信息		需求说明书中相关说明			
测试数据		指定员工号=FW008			
操作步骤	操作描述	数据	期望结果	实际结果	测试状态
1	输入数据后单击“详情”按钮	指定员工号=FW008	该服务员不存在！		

表5-95　综合信息查询指定员工号“详情”测试用例三

用例编号	综合信息查询_指定员工号详情_3	功能模块	综合信息查询
编制人	司马云长	编制时间	2009-07-31
相关用例	无		

续表

功能特征		详情成功			
测试目的		找到该服务员的详细信息，详情成功			
预置条件		驱动数据			
参考信息		需求说明书中相关说明			
测试数据		指定员工号=FW001			
操作步骤	操作描述	数据	期望结果	实际结果	测试状态
1	输入数据后按“详情”按钮	指定员工号=FW001	显示该服务员的详细信息		

⑥ 卡类别信息及卡信息查询。可以查询所选卡类别的相关信息及该类别的所有未售出卡的信息。

a 在“选择卡类别”组合框中选择“aa1”，显示提示信息“该类别下已没有新卡!”并显示该卡的相关信息，如图 5-12 所示。

b 在“选择卡类别”组合框中选择“aa2”，显示该卡的相关信息及该类别的所有未售出卡的信息，如图 5-13 所示。

c“退出”按钮。“退出”按钮的功能跟窗口“关闭”按钮的功能相同都是结束本功能模块运行。

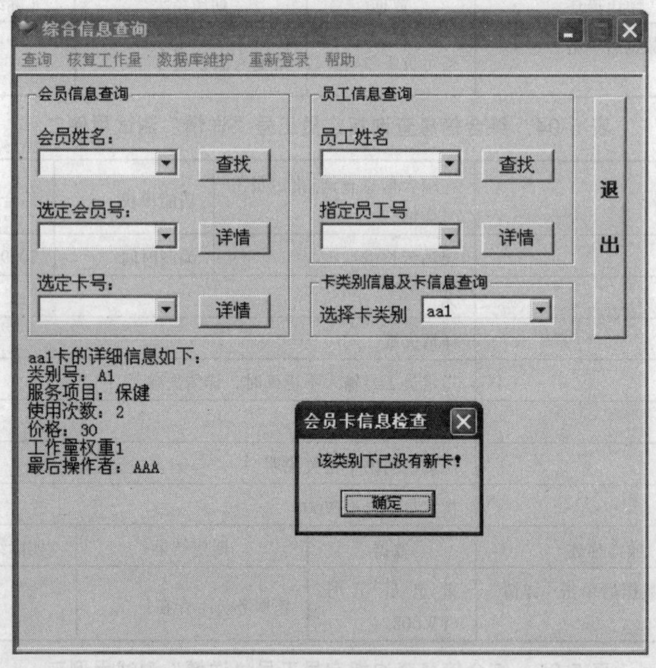

图 5-12 会员卡信息查询一

（7）核算工作量模块窗体上各控件的功能。

①“核算”按钮。

a、单击“核算”按钮，将自动核算所有服务员自上次核算以来的所有未核算的工作量权重之和，并把核算的结果显示在窗体下半部分的表格里，如图 5-14 所示。

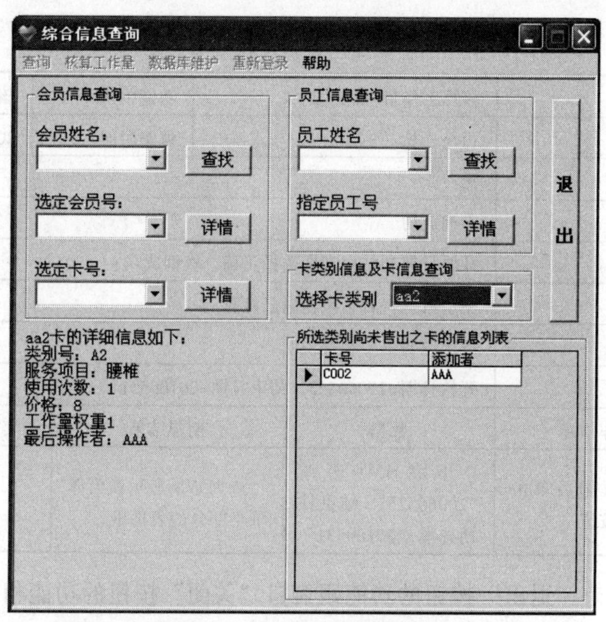

图 5-13　会员卡信息查询二

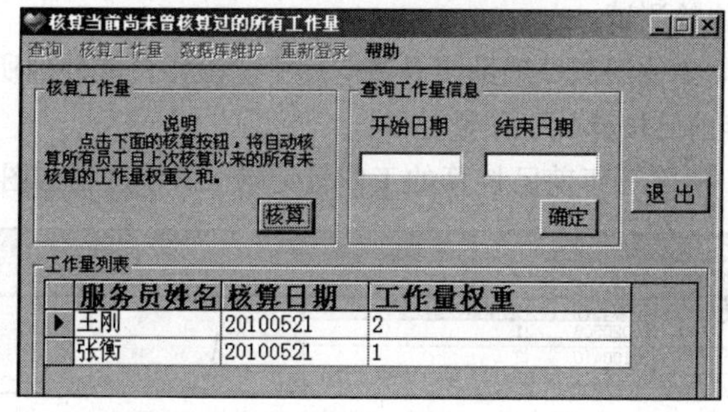

图 5-14

b、再次单击“核算”按钮，显示提示信息“找不到相关工作记录”。

②“确定”按钮。按用户给定的时间段查询工作量，并把查询结果显示在窗体下半部分的表格里。我们使用表 5-96 和表 5-97 中的测试数据测试该按钮的功能。

表 5-96　核算工作量“确定”测试用例一

用例编号	核算工作量_确定_1		功能模块	核算工作量	
编制人	司马云长		编制时间	2009-07-31	
相关用例	无				
功能特征	查询失败				
测试目的	不指定开始日期和结束日期，查找不成功				
预置条件	驱动数据、若干工作量已核算				
参考信息	需求说明书中相关说明				
测试数据	开始日期=空、结束日期=空				
操作步骤	操作描述	数据	期望结果	实际结果	测试状态
1	不指定日期单击“确定”按钮	开始日期=空、结束日期=空	找不到相关工作量，请检查您提供的信息是否正确		

表 5-97　核算工作量“确定”测试用例二

用例编号		核算工作量_确定_2	功能模块		核算工作量
编制人		司马云长	编制时间		2009-07-31
相关用例		无			
功能特征		查询成功			
测试目的		开始日期和结束日期选择正确，查询成功。			
预置条件		驱动数据、若干工作量已核算			
参考信息		需求说明书中相关说明			
测试数据		开始日期=20060523、结束日期=20100531			
操作步骤	操作描述	数据	期望结果	实际结果	测试状态
1	选择数据后单击“确定”按钮	开始日期选择“20060523”、结束日期选择“20100531”	查询结果显示在窗体下半部分的表格里		

③“退出”按钮。“退出”按钮的功能跟窗口“关闭”按钮的功能相同都是结束本功能模块运行。

（8）数据库维护模块的测试。

为了测试该模块，需要使用测试辅助工具清空库中除操作员表外的所有数据。

① 测试“清除三年前已核算的工作量记录”。

单击“确定”按钮，清除三年前已核算的工作量记录。操作过程如图 5-15 和图 5-16 所示。

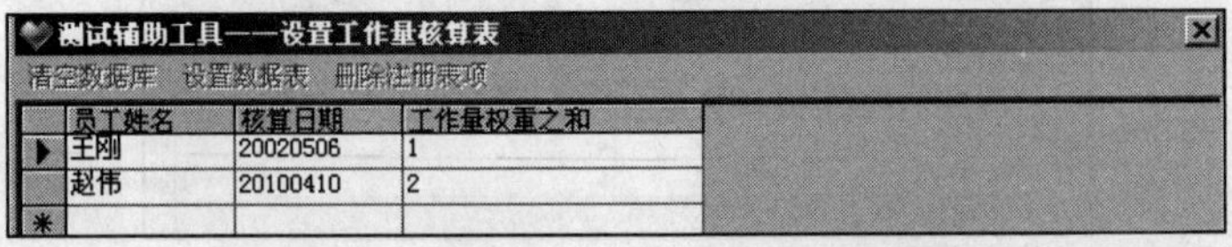

测试辅助工具——设置工作量核算表

清空数据库　设置数据表　删除注册表项

员工姓名	核算日期	工作量权重之和
王刚	20020506	1
赵伟	20100410	2

图 5-15　测试前工作量核算表中的数据

测试辅助工具——设置工作量核算表

清空数据库　设置数据表　删除注册表项

员工姓名	核算日期	工作量权重之和
赵伟	20100410	2

图 5-16　测试后工作量核算表中的数据

② 测试“清除目前已离开且最后一次提供服务在三年以前的员工或目前已离开且从未提供过服务的员工”。

单击“确定”按钮，清除目前已离开且最后一次提供服务在三年以前的员工或目前已离开且从未提供过服务的员工。操作过程如图 5-17～图 5-19 所示。

测试辅助工具——设置服务员表

清空数据库　设置数据表　删除注册表项

工作号	姓名	身份证号	加入时间	离开时间	固定电话	小灵通	手机	住址	级别	标志	操作者
FW003	李娜		20100104							1	AAA
FW001	刘佳		20060508	20090521						0	AAA
FW002	张译		20060508	20060510						0	AAA

图 5-17　测试前服务员表中的数据（0：已离开；1：在职）

卡号	工作号	服务日期	标志	操作者
C001	FW001	20070321	1	AAA
A2	FW003	2010421	1	AAA

图 5-18　服务记录表中的数据（0：未核算；1：已核算）

测试辅助工具——设置服务员表

清空数据库　设置数据表　删除注册表项

工作号	姓名	身份证号	加入时间	离	固定电	小灵通	手机	住址	级别	标志	操作者
FW003	李娜		20100104							1	AAA

图 5-19　测试后服务员表中的数据

③ 测试“清除目前手中已无卡且最后一次接受服务在三年以前的会员”。

单击“确定”按钮，清除目前手中已无卡且最后一次接受服务在三年以前的会员。操作过程如图 5-20～图 5-23 所示。

测试辅助工具——设置会员表

清空数据库　设置数据表　删除注册表项

顾客号	姓名	固定电话	小灵通	手机	标志	操作者
HY001	王刚				1	AAA
HY002	赵伟				1	AAA
HY003	李燕				1	AAA

图 5-20　测试前会员表中的数据

测试辅助工具——设置会员卡信息表

清空数据库　设置数据表　删除注册表项

卡号	类别号	售出日期	买卡顾客号	尚能使用次数	标志	结算日期	操作者
C001	A1	20060403	HY001	1	1		AAA
C002	A2	20050505	HY002	1	0	20060522	AAA

图 5-21　会员卡信息表中的数据

测试辅助工具——设置服务记录表

清空数据库　设置数据表　删除注册表项

卡号	工作号	服务日期	标志	操作者
C002	FW001	20060521	0	AAA
C001	FW002	20100520	0	AAA

图 5-22　服务记录表中的数据（0：未核算；1：已核算）

测试辅助工具——设置会员表

清空数据库　设置数据表　删除注册表项

顾客号	姓名	固定电话	小灵通	手机	标志	操作者
HY001	王刚				1	AAA

图 5-23　测试后会员表中的数据

④ 测试“清除三年前已结清的服务卡及相应服务记录”。

单击“确定”按钮，清除三年前已结清的服务卡及相应服务记录。操作过程如图 5-24～图 5-27 所示。

测试辅助工具——设置会员卡信息表

清空数据库　设置数据表　删除注册表项

卡号	类别号	售出日期	买卡顾客号	尚能使用次数	标志	结算日期	操作者
C001	A1	20091021	HY001	4	1		AAA
C002	A2	20060521	HY002	0	0	20060531	AAA
C003	A2	20061205	HY002	0	1		AAA

图 5-24　测试前会员卡信息表中的数据（0：已结算；1：未结算）

测试辅助工具——设置服务记录表

清空数据库　设置数据表　删除注册表项

卡号	工作号	服务日期	标志	操作者
C001	FW002	20100519	0	AAA
C002	FW003	20060521	1	AAA
C003	FW002	20061205	0	AAA

图 5-25　测试前服务记录表中的数据（0：未核算；1：已核算）

测试辅助工具——设置会员卡信息表

清空数据库　设置数据表　删除注册表项

卡号	类别号	售出日期	买卡顾客号	尚能使用次数	标志	结算日期	操作者
C001	A1	20091021	HY001	4	1		AAA
C003	A2	20061205	HY002	0	1		AAA

图 5-26　测试后会员卡信息表中的数据（0：已结算；1：未结算）

测试辅助工具——设置服务记录表

清空数据库　设置数据表　删除注册表项

卡号	工作号	服务日期	标志	操作者
C001	FW002	20100519	0	AAA
C003	FW002	20061205	0	AAA

图 5-27　测试后服务记录表中的数据（0：未核算；1：已核算）

⑤ 测试“清除目前库中已无卡数据的卡类别”。

单击“确定”按钮，清除目前库中已无卡数据的卡类别。操作过程如图 5-28～图 5-30 所示。

测试辅助工具——设置会员卡类别表

清空数据库　设置数据表　删除注册表项

类别号	类别名	服务项目	允许使用次数	价格	工作量权重	操作者
A1	aa1		5	80	1	AAA
A2	aa2		1	20	1	AAA
A3	aa3		3	55	1	AAA

图 5-28　测试前会员卡类别表中的数据

测试辅助工具——设置会员卡信息表

清空数据库　设置数据表　删除注册表项

卡号	类别号	售出日期	买卡顾客号	尚能使用次数	标志	结算日期	操作者
C001	A1	20091021	HY001	4	1		AAA
C002	A2	20060512	HY002	0	0	20061205	AAA

图 5-29　会员卡信息表中的数据（0：已结算；1：未结算）

测试辅助工具——设置会员卡类别表

清空数据库　设置数据表　删除注册表项

类别号	类别名	服务项目	允许使用次数	价格	工作量权重	操作者
A1	aa1		5	80	1	AAA

图 5-30　测试后会员卡类别表中的数据

⑥ 测试“退出”按钮。

“退出”按钮的功能跟窗口“关闭”按钮的功能相同都是结束本功能模块运行。

（三）测试步骤

（1）设置驱动数据。

（2）测试工作量查询模块。

① 测试“查找”按钮。使用表 5–76～表 5–78 中的测试数据测试该按钮的功能。

② 测试“确定”按钮的功能。使用表 5–79～表 5–82 中的测试数据测试该按钮的功能。

③ 测试“退出”按钮和窗口的“关闭”按钮。

（3）测试综合信息查询模块。

① 测试会员姓名“查找”按钮。使用表 5–83～表 5–85 中的测试数据测试该按钮的功能。

② 测试选定会员号“详情”按钮。使用表 5–86 和表 5–87 中的测试数据测试该按钮的功能。

③ 测试选定卡号“详情”按钮。使用表 5–88 和表 5–89 中的测试数据测试该按钮的功能。

④ 测试员工姓名“查找”按钮。使用表 5–90～表 5–92 中的测试数据测试该按钮的功能。

⑤ 测试指定员工号“详情”按钮。使用表 5–93～表 5–95 中的测试数据测试该按钮的功能。

⑥ 测试卡类别信息及卡信息查询。应可以查询所选卡类别的相关信息及该类别的所有未售出卡的信息。

⑦ 测试“退出”按钮。

（4）测试核算工作量模块。

① 测试“核算”按钮。

② 测试“确定”按钮。使用表 5–96、表 97 中的测试数据测试该按钮的功能。

③ 测试“退出”按钮。

（5）测试据库维护模块。

① 测试“清除三年前已核算的工作量记录”。

② 测试“清除目前已离开且最后一次提供服务在三年以前的员工或目前已离开且从未提供过服务的员工”。

③ 测试“清除目前手中已无卡且最后一次接受服务在三年以前的会员”。

④ 测试“清除三年前已结清的服务卡及相应服务记录”。

⑤ 测试“清除目前库中已无卡数据的卡类别”。

⑥ 测试“退出”按钮。

三、知识准备

测试执行过程完成阶段的主要工作：

（1）选择和保留测试大纲、测试用例、测试结果、测试工具。

（2）提交最终测试报告。

测试收尾工作的意义在于，产品如果升级、功能变更或维护，只要对保留下来的相关测试数据做相应调整，就能够进行新的测试。

四、任务实现

（1）首先设置系统的当前日期为：20100521。然后使用测试工具清空所有表中的数据，再后使用表 3–1 中序号为 1 的数据添加超级管理员。添加成功后将自动进入超级管理员界面。设置表 5–35～表 5–39 和表 5–73～表 5–75 所示驱动数据。

（2）进入超级管理员界面后选择“超级用户”命令，打开“超级用户”界面，如图 5–7 所示。

（3）在“超级用户”界面，选择“查询”→“工作量查询”命令，打开“工作量查询”界面，如图 5–8 所示。

① 测试“查找”按钮的功能。使用表 5-76～表 5-78 中的组数据测试该按钮，并把实际的结果跟期望的结果做对比，对于不相同者，在“实际结果”和“测试状态”栏中分别注明；对于相同者，只在“测试状态”栏中注明“通过”即可；

② 测试“确定”按钮的功能。使用表 5-79～表 5-82 中的组数据测试该按钮，并把实际的结果跟期望的结果做对比，对于不相同者，在“实际结果”和“测试状态”栏中分别注明；对于相同者，只在“测试状态”栏中注明“通过”即可；

③ 测试“退出”按钮的功能。单击“退出”按钮，结束本功能模块运行。

④ 对测试结论给出评价。

序　号	测 试 内 容	测 试 结 论
1	“查找”按钮	
2	“确定”按钮	
3	“退出”按钮	
模块测试结论及建议		

（4）在“超级用户”界面，选择“查询”→“综合信息查询”命令，打开“综合信息查询”界面，如图 5-9 所示。

① 测试会员姓名“查找”按钮。使用表 5-83～表 5-85 中的组数据测试该按钮，并把实际的结果跟期望的结果做对比，对于不相同者，在“实际结果”和“测试状态”栏中分别注明；对于相同者，只在“测试状态”栏中注明“通过”即可。

② 测试选定会员号“详情”按钮。使用表 5-86 和表 5-87 中的组数据测试该按钮，并把实际的结果跟期望的结果做对比，对于不相同者，在“实际结果”和“测试状态”栏中分别注明；对于相同者，只在“测试状态”栏中注明“通过”即可。

③ 测试选定卡号“详情”按钮。使用表 5-88 和表 5-89 中的组数据测试该按钮，并把实际的结果跟期望的结果做对比，对于不相同者，在“实际结果”和“测试状态”栏中分别注明；对于相同者，只在“测试状态”栏中注明“通过”即可。

④ 测试员工姓名“查找”按钮。使用表 5-90～表 5-92 中的组数据测试该按钮，并把实际的结果跟期望的结果做对比，对于不相同者，在“实际结果”和“测试状态”栏中分别注明；对于相同者，只在“测试状态”栏中注明“通过”即可。

⑤ 测试指定员工号“详情”按钮。使用表 5-93～表 5-95 中的组数据测试该按钮，并把实际的结果跟期望的结果做对比，对于不相同者，在“实际结果”和“测试状态”栏中分别注明；对于相同者，只在“测试状态”栏中注明“通过”即可。

⑥ 测试卡类别信息及卡信息查询。

a 在“选择卡类别”组合框中选择“aa1”，查看是否显示该卡的相关信息及该类别的所有未售出卡的信息；

b 在“选择卡类别”组合框中选择“aa2”，查看是否显示该卡的相关信息及该类别的所有未售出卡的信息。

⑦ 测试“退出”按钮的功能。单击“退出”按钮，应该能结束本功能模块运行。

⑧ 对测试结论给出评价。

序　号	测　试　内　容	测　试　结　论
1	会员姓名“查找”按钮	
2	选定会员号“详情”按钮	
3	选定卡号“详情”按钮	
4	员工姓名“查找”按钮	
5	指定员工号“详情”按钮	
6	卡类别信息及卡信息查询	
7	“退出”按钮	
模块测试结论及建议		

（5）在“超级用户”界面，选择“核算工作量”菜单，打开“核算工作量”界面，如图 5-10 所示。

① 测试“核算”按钮的功能。

a、单击“核算”按钮，查看是否将自动核算所有服务员自上次核算以来的所有未核算的工作量权重之和，并把刚核算的结果显示在窗体下半部分的表格里；

b、再次单击“核算”按钮，应该显示提示信息“找不到相关工作记录”。

② 测试“确定”按钮的功能。使用表 5-96 和表 5-97 中的组数据测试该按钮，并把实际的结果跟期望的结果做对比，对于不相同者，在“实际结果”和“测试状态”栏中分别注明；对于相同者，只在“测试状态”栏中注明“通过”即可。

③ 测试“退出”按钮的功能。单击“退出”按钮，应该能结束本功能模块运行。

④ 对测试结论给出评价。

序　号	测　试　内　容	测　试　结　论
1	“核算”按钮	
2	“确定”按钮	
3	“退出”按钮	
模块测试结论及建议		

（6）在“超级用户”界面，选择“数据库维护”命令，打开“数据库维护”界面，如图 5-11 所示。

① 测试“清除三年前已核算的工作量记录”。

a、打开测试辅助工具并清空库中除操作员表外的所有数据；

b、选择“设置数据表”→“工作量核算表”命令，打开核算工作量表，设置图 5-15 所示数据后，选择结束编辑。

c、在本系统的“数据库维护”界面单击“确定”按钮。

d、选择测试辅助工具“设置数据表”→“工作量核算表”命令，打开核算工作量表与图 5-16 所示数据对比，如果一致则表示清除了三年前已核算的工作量记录。

② 测试“清除目前已离开且最后一次提供服务在三年以前的员工或目前已离开且从未提供服务的员工”。

a、打开测试辅助工具，清空核算工作量表。

b、选择“设置数据表”→“服务员表”命令，打开服务员表，设置图 5-17 所示数据后，选择结束编辑。

c、选择“设置数据表”→“服务记录表”命令，打开服务记录表，设置图 5-18 所示数据后，选择结束编辑。

d、在本系统的“数据库维护”界面单击“确定”按钮。

e、选择测试辅助工具“设置数据表”→“服务员表”命令，打开服务员表与图 5-19 所示数据对比，如果一致则表示清除了目前已离开且最后一次提供服务在三年以前的员工或目前已离开且从未提供服务的员工。

③ 测试“清除目前手中已无卡且最后一次接受服务在三年以前的会员”。

a、打开测试辅助工具，清空服务员表和服务记录表。

b、选择“设置数据表”→“会员表”命令，打开会员表，设置图 5-20 所示数据后，选择结束编辑。

c、选择“设置数据表”→“会员卡信息表”命令，打开会员卡类别表，设置图 5-21 所示数据后，选择结束编辑。

d、选择“设置数据表”→“服务记录表”命令，打开服务记录表，设置图 5-22 所示数据后，选择结束编辑。

e、在本系统的“数据库维护”界面单击“确定”按钮。

f、选择测试辅助工具“设置数据表”→“会员表”命令，打开会员表与图 5-23 所示数据对比，若一致则表示清楚目前手中已无卡且最后一次接受服务在三年以前的会员。

④ 测试“清除三年前已结清的服务卡及相应的服务记录”。

a、打开测试辅助工具，清空会员表、会员卡信息表和服务记录表。

b、选择“设置数据表”→“会员卡信息表”命令，打开会员卡信息表，设置图 5-24 所示数据后，选择结束编辑。

c、选择“设置数据表”→“服务记录表”命令，打开服务记录表，设置图 5-25 所示数据后，选择结束编辑。

d、在本系统的“数据库维护”界面单击“确定”按钮。

e、选择测试辅助工具“设置数据表”→“会员卡信息表”命令，打开会员卡信息表与图 5-26 所示数据对比，一致则表示清除三年前已结清的服务卡。

f、选择测试辅助工具“设置数据表”→“服务员记录”命令，打开会员表查与图 5-27 所示数据对比，一致则表示清除三年前已结清相应的服务记录。

⑤ 测试“清除目前库中已无卡数据的卡类别”。

a、打开测试辅助工具，清空会员卡信息表和服务记录表。

b、选择“设置数据表”→“会员卡类别表”命令，打开会员卡类别表，设置图 5-28 所示数据后，选择结束编辑；

c、选择“设置数据表”→“会员卡信息表”命令，打开会员卡信息表，设置图 5-29 所示数据后，选择结束编辑；

d、在本系统的“数据库维护”界面单击“确定”按钮；

e、选择测试辅助工具“设置数据表”菜单下的“会员卡类别表”子菜单，打开会员卡类别表与图 5-30 所示数据对比，一致则表示清除目前库中已无卡数据的卡类别。

⑥ 测试“退出”按钮的功能。

点击“退出”按钮，应该能结束本功能模块运行。

⑦ 对测试结论给出评价。

序　号	测　试　内　容	测　试　结　论
1	“确定”按钮	
2	“退出”按钮	
模块测试结论及建议		

五、相关知识

测试用例不可能设计得天衣无缝，不可能完全满足软件需求的覆盖需求，测试执行过程中肯定会发现有些测试路径或数据在用例里没有体现，那么事后该将其补充到用例库里，以方便他人和后续版本的测试。那么究竟怎么做，才能尽量避免上述问题呢？我们不妨从软件研发周期的每个阶段就把这些问题考虑进去，以便在开始就力争将问题缩到最小，将其扼杀在萌芽阶段，以防后期阶段出现问题时造成损失。

软件测试执行结束后，测试活动还没有结束。测试结果分析是必不可少的重要环节，测试结果的分析对下一轮测试工作的开展有很大的借鉴意义。前面的“测试准备工作”中，建议测试人员走读缺陷跟踪库，查阅其他测试人员发现的软件缺陷。测试结束后，也应该分析自己发现的软件缺陷，对发现的缺陷分类，你会发现自己提交的问题只有固定的几个类别；然后，再把一起完成测试执行工作的其他测试人员发现的问题也汇总起来。你会发现，你所提交问题的类别与他们有差异。这很正常，人的思维是有局限性的，在测试的过程中，每个测试人员都有自己思考问题的盲区和测试执行的盲区，有效地自我分析和分析其他测试人员，你会发现自己的盲区，有针对性地分析盲区，必定会在下一轮测试中避开盲区。

六、学习反思

（一）深入思考

1. 关于驱动数据表 3-1 中序号为 1 数据的设计

超级用户模块只有超级管理员才有权限启用，所以测试超级用户模块只能使用超级管理员的身份登录，而不能使用普通管理员和普通操作员的身份登录，否则将无法测试。

2. 关于系统当前日期设置

由于这里要测试的模块的处理结果都与当时发生该笔业务时的日期有关，而系统又默认使用系统的当前日期，这就使得在测试本模块时，系统日期的设置尤为重要。这一点必须引起特别注意！

3. 关于数据库维护模块的测试

在测试“清除目前已离开且最后一次提供服务在三年以前的员工或目前已离开且从未提供过服务的员工”时，需要依据服务记录表中的数据来确定服务员表中有哪些数据是应该清除的；在测试“清除目前手中已无卡且最后一次接受服务在三年以前的会员”时，需要依据会员卡类别表中的数据和服务记录表中的数据来确定会员表中有哪些数据是应该清除的；在测试“清除目前库中已无卡数据的卡类别”时，需要依据会员卡信息表中的数据来确定会员卡类别表中有哪些数据是应该清除的。

实际上，需要使用数据库维护模块来清除的冗余数据，都是在日常工作过程中产生并积累下来的，要正常设置这些数据，几乎必须动用本系统中的所有模块。这是件很烦琐的事情，为此，这里采用了使用测试辅助工具直接更改数据库表的方法。尽管使用测试辅助工具直接更改数据库表，可以提高测试的工作效率，但却忽略了数据库中数据的完整性。如果这种完整性的缺失不影响测试的效果（例如本次测试），该方法是可以使用的，否则不能使用。

另外，由于该模块的执行结果在本系统中没有合适、简单的办法验证，所以在这里只好利用测试辅助工具直接浏览数据库表。

（二）自己动手

（1）使用上面提供的测试步骤实际对本模块进行测试。

（2）使用自己设计的驱动数据及合理测试步骤完成对本模块的测试。

七、能力评价

（1）能说出测试执行过程完成阶段的主要工作。

（2）能依据“超级用户”模块的主要功能设计合适的测试用例及合理的测试步骤。

（3）能使用自己设计的测试用例，按照自己设计的测试步骤，实际完成对“超级用户”模块的测试。

本 章 小 结

测试执行过程中，应该注意及时更新测试用例。往往在测试执行过程中，会发现遗漏了一些测试用例，这时候应该及时的补充；往往也会发现有些测试用例在具体的执行过程中根本无法操作，这时候应该删除这部分用例；也会发现若干个冗余的测试用例完全可以由某一个测试用例替代，那么删除冗余的测试用例。

总之，测试执行的过程中及时地更新测试用例是很好的习惯。不要打算在测试执行结束后，统一更新测试用例，如果这样，往往会遗漏很多本应该更新的测试用例。

测试的目的是找出最多的错误，在设计测试用例时，要着重考虑那些易于发现程序错误的方法策略与具体数据。

第六单元　系统的集成测试

任务一　分析和讨论集成测试计划

各个模块在单元测试结束后都能达到设计要求，南宫玄德决定对其进行集成，使整个软件成为一个整体并进行相应的测试，依据软件需求说明书和软件测试的要求，南宫玄德作为本项目的技术负责人编制了软件集成测试计划。

一、次数会员卡服务管理系统软件测试计划

（一）引言

制定集成测试计划的目的：本单元主要描述次数会员卡服务管理系统的集成测试，其中包括如何进行集成测试活动、如何控制集成测试活动、集成测试活动的流程以及集成测试活动的工作安排。

（二）任务概述

1．功能概述

次数会员卡服务管理系统，是一款针对服务行业之个体小单位（比如：保健理疗等）的次数会员卡服务管理（每类会员卡只有使用次数的限制，而没有时间限制），并以次数会员卡的销售、消费过程为主线写的一个单机版信息处理系统。主要功能如下：

（1）操作员管理：包括添加、删除、更改级别等；在本系统中，操作员分为两类，即：管理员和普通操作员。根据实际权限的不同，这两类操作员又被分成了三个级别，即：超级管理员、普通管理员和普通操作员，不同级别的操作员享有不同的操作权限。

（2）服务员管理：包括添加、删除、修改等功能。这里的服务员是指能为顾客提供服务的人员（以下同）。

（3）会员卡管理：包括会员卡类别管理、会员卡添加、会员卡销售、退卡等功能。

（4）会员管理：包括添加、删除、修改等功能；为了方便给不在册的（临时）顾客提供服务，本系统既支持为会员服务又支持为非会员服务。

（5）超级用户：该部分是专为“超级管理员”提供的，包括：服务服务员作量核算、低层信息查询、数据库维护等。

（6）登记服务员工作记录：包括登记为会员提供的服务和为非会员（不在册的临时顾客）提供的服务之工作量。

2．条件与限制

本软件是服务行业之个体小单位次数会员卡服务管理系统，它是单机版的信息处理系统，

不能应用于网络环境。

（三）测试计划

1．测试项目

本测试为次数会员卡服务管理系统的集成测试，是建立在开发组程序员开发完毕，程序员程序的测试以及开发组单元测试完成的基础之上，按照实际工作流程进行模块的集成。测试项目及顺序具体如下：

（1）添加超级管理员模块。在实际工作中，系统从添加超级管理员模块开始运行，因此集成测试从此模块开始。此模块登录界面如图 6-1 所示。

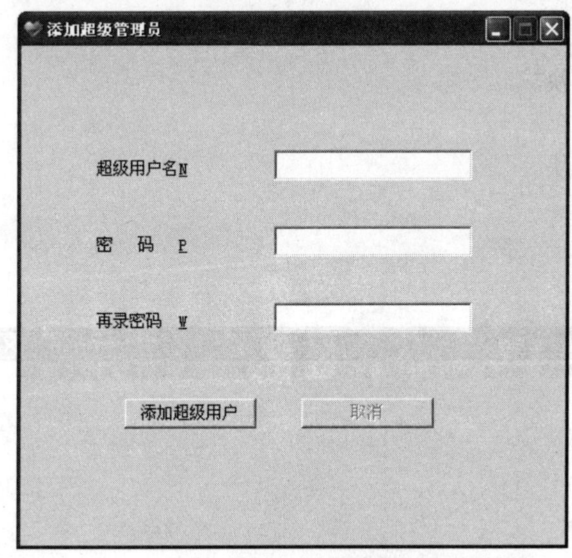

图 6-1 添加超级管理员窗口

测试能否正确添加超级管理员；并在超级管理员添加成功后，自动转入超级管理员模块。该模块只在系统第一次成功运行时启动，在以后的所有运行中，该模块都不被启动。

（2）登录模块。用户登录模块界面如图 6-2 所示。

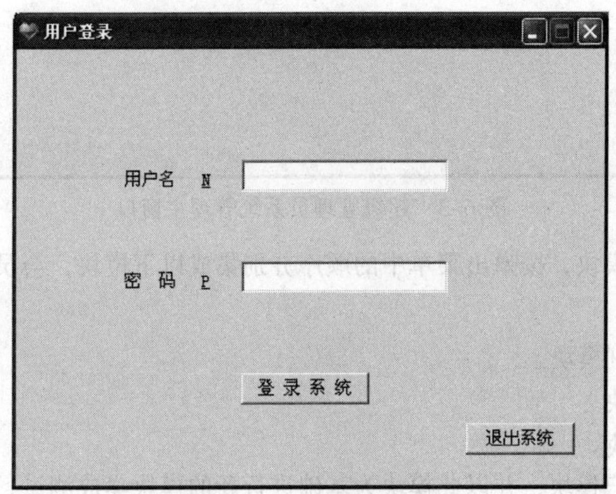

图 6-2 用户登录窗口

该模块是系统的大门，测试是否能根据用户的身份决定呈现不同界面：超级管理员界面、普通管理员界面或普通操作员界面。

（3）系统管理模块

按工作流程的顺序每次集成一个模块，测试能否正确集成以下 10 个模块，每集成一个模块的同时立即进行数据测试，排除组装过程中可能引进的错误，如果测试发现错误，立即进行修改，修改后进行回归测试。系统管理模块界面如图 6-3 所示。

- 操作员管理模块。
- 服务员管理模块。
- 会员卡管理模块。
- 会员管理模块。
- 超级用户功能模块。
- 修改密码模块。
- 登记工作记录模块。
- 再登录模块。
- 退出系统模块。
- 帮助模块。

图 6-3　超级管理员系统管理主窗口

（4）集成会员卡模块，按弹出菜单中的顺序分别集成以下模块，会员卡菜单窗口如图 6-4 所示。

- 设置会员卡类别模块。
- 添加会员卡模块。
- 销售会员卡模块。

（5）集成超级用户模块，并以此模块为基础进行新的模块集成测试，按顺序每次集成一个模块，测试能否正确实现进入以下模块，超级用户窗口如图 6-5 所示。

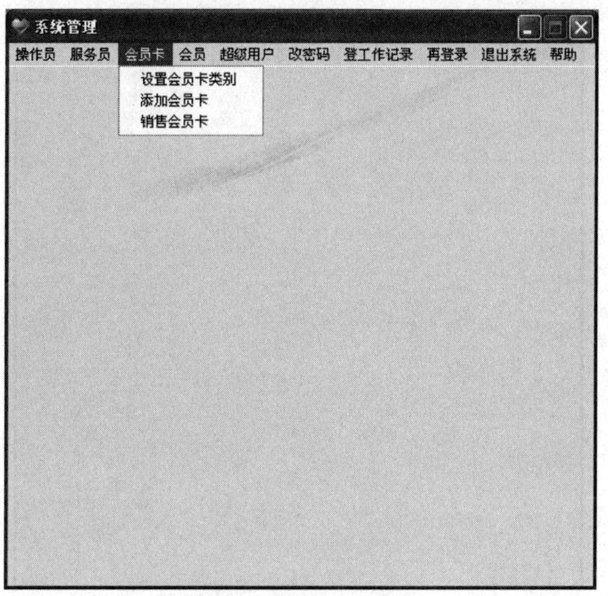

图 6-4　会员卡菜单项

图 6-5　超级用户窗口

- 查询模块。
- 核算工作量模块。
- 数据库维护模块。
- 重新登录模块。
- 帮助模块。

（6）集成工作记录登记模块，并以此模块为基础进行新的模块集成测试，按顺序每次集成一个模块，测试能否正确实现进入以下模块，工作记录登记窗口如图 6-6 所示。

图 6-6　工作记录登记窗口

- 会员顾客管理模块。
- 临时顾客管理模块。
- 修改密码模块。
- 重新登录模块。
- 退出系统模块。
- 帮助模块。

（7）集成普通管理员模块，并以此模块为基础进行新的模块集成测试，按工作流程顺序每次集成一个模块，测试能否正确实现进入以下 9 个模块的窗口，如图 6-7 所示。

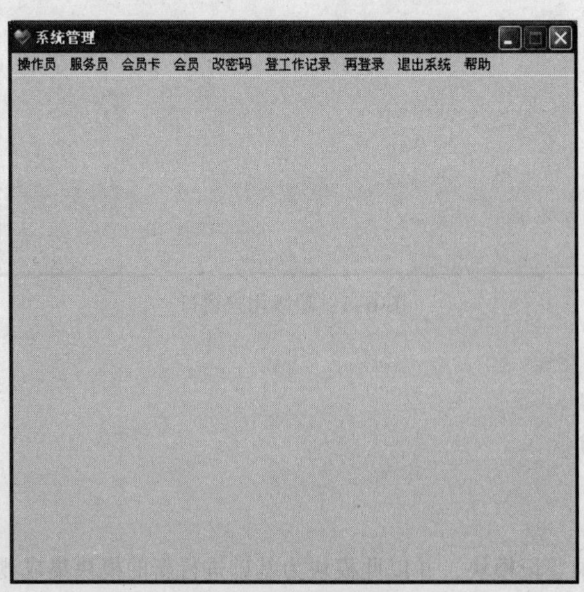

图 6-7　系统管理窗口

- 操作员管理模块。
- 服务员管理模块。
- 会员卡管理模块。
- 会员管理模块。
- 修改密码模块。
- 登记工作记录模块。
- 再登录模块。
- 退出系统模块。
- 帮助模块。

这 9 个模块实际在超级管理员模块中都已进行了数据的测试，因此只需测试能正确进入以上 9 个模块的窗口就能说明模块是正确的，如果测试发现错误，立即进行修改，修改后进行回归测试。

（8）集成普通操作员模块，此模块实际就是登工作记录模块，已在集成登工作记录模块时进行了测试，因此只需在登录时能进入登工作记录窗口即可。

至此系统的模块集成全部完成，集成测试结束。

2．被测试软件模块结构分析

本软件从上到下可分为四层，分别为

第一层：登录模块。

第二层：超级管理员模块、普通管理员模块、普通操作员模块。

第三层：会员卡管理模块、超级用户模块、登工作记录模块。

第四层：超级用户的查询模块。

（四）测试内容

1．测试数据

南宫玄德决定使用如下历史数据进行集成测试：

（1）操作员信息，如表 6-1 所示。

表 6-1　操作员数据

序　号	用 户 名	用户类别	密　码	添 加 者	密码修改
1	A	超级管理员	123		111
2	B	普通管理员	1234567890	A	222
3	C	普通操作员	1234567890	B	333

（2）服务员信息，如表 6-2 所示。

表 6-2　服务员数据

序　号	工 作 号	姓　名	加入时间	操 作 者
1	001	F1	20040428	A
2	002	F2	20040428	A
3	003	F3	20040428	B
4	004	F4	20040428	B

（3）会员信息，如表 6–3 所示。

表 6-3　会员数据

序　号	会员号	姓　名	加入时间	操作者
1	001	H1	20040428	A
2	002	H2	20040428	B
3	003	H3	20040428	B
4	004	H4	20040428	B

（4）会员卡类别信息，如表 6–4 所示。

表 6-4　会员卡类别数据

序　号	类别号	类别名	使用次数	价　格	工作量权重	操作者
1	01	L1	5	50	1	A
2	02	L2	5	50	1	A
3	03	L3	10	100	2	B
4	04	L4	10	100	2	B

（5）会员卡信息，如表 6–5 所示。

表 6-5　会员卡数据

序　号	会员卡号	卡类别	添加方式	操作者
1	01001	L1	成批	A
2	01002	L1	成批	A
3	01003	L1	成批	A
4	01004	L1	成批	A
5	02005	L2	单个	B
6	02006	L2	单个	B
7	03007	L3	成批	B
8	03008	L3	成批	B
9	03009	L3	成批	B
10	03010	L3	成批	B

（6）日常工作产生的数据如下：

2004 年 4 月 28 日。

① 卖出了 6 张会员卡，会员卡数据如表 6–6 所示。

表 6-6　卖出会员卡数据

序　号	会员姓名	卡类别	数　量	操作者
1	H1	L1	1	B
2	H1	L2	1	B
3	H2	L2	1	A

续表

4	H2	L3	1	A
5	H3	L1	1	A
6	H3	L3	1	A

② 服务员提供的服务，服务数据如表 6-7 所示。

表 6-7　服务员提供的服务数据

序　　号	会员姓名	卡号/卡类别	服 务 员	操 作 者
1	H1	01001	F1	B
2	无	L4	F1	B
3	H2	02006	F2	C
4	无	L3	F3	C
5	无	L1	F4	C
6	H3	03008	F4	C

2004 年 12 月 31 日。

老板（超级管理员）核算了工作量并查询自 2004 年 4 月 28 日以来的所有工作量。

2005 年 5 月 1 日。

① 退掉了一张卡，退卡数据如表 6-8 所示。

表 6-8　会员退卡数据

序　　号	会员姓名	卡　　号	数　　量	操 作 者
1	H3	03008	1	A

② 删除已离开的会员，已离开的会员信息如表 6-9 所示。

表 6-9　已离开的会员信息

序　　号	工 作 号	姓　　名	离职时间	操 作 者
1	004	H4	20050501	A

③ 删除已辞职的服务员，已辞职服务员信息如表 6-10 所示。

表 6-10　已辞职服务员信息

序　　号	工 作 号	姓　　名	离职时间	操 作 者
1	004	F4	20050501	A

2008 年 3 月 15 日。

① 服务员提供的服务，服务员提供的服务数据如表 6-11 所示。

表 6-11　服务员提供的服务数据

序　　号	会员姓名	卡号/卡类别	服 务 员	操 作 者
1	H1	02005	F1	B

续表

2	无	L1	F1	B
3	H2	03007	F2	C
4	无	L3	F3	C
5	无	L2	F3	C
6	H3	01002	F3	C

2008 年 12 月 31 日。

老板（超级管理员）核算了工作量、查询自 2004 年 4 月 28 日以来的所有工作量、并维护数据库。

2009 年 1 月 2 日。

老板（超级管理员）查询了以下几种情况：

① 001 号员工 F1 在 20040428 到 20090102 的工作量；

② 003 号会员 H3 的个人情况；

③ 003 号会员 H3 所持卡 01002 的消费情况；

④ 001 号员工 F1 的个人情况；

⑤ L3 类别会员卡的情况。

2. 测试用例

（1）添加超级用户模块，本模块测试用例如表 6-12 所示。

表 6-12　集成测试用例一

用例编号		集成测试_1	功能模块	添加超级管理员、操作员模块	
编制人		南宫玄德	编制时间	2009-08-31	
相关用例		无			
功能特征		添加超级管理员和普通操作员			
测试目的		集成测试添加超级管理员和操作员模块			
预置条件		无			
参考信息		需求说明书中相关说明			
测试数据		表 6-1 中数据			
操作步骤	操作描述	数据	期望结果	实际结果	测试状态
1	输入数据后单击“添加超级用户”按钮	用户名=a，密码=123，再录密码=123	进入超级管理员窗口		
2	选择“操作员”命令	表 6-1 中序号为 2、3 的数据	正确添加普通管理员和普通操作员		

（2）登录模块，本模块测试用例如表 6-13 所示。

表 6-13　集成测试用例二

用例编号	集成测试_2	功能模块	登录模块
编制人	南宫玄德	编制时间	2009-08-31

续表

相关用例		集成测试_1			
功能特征		进入超级管理员、普通管理员窗口			
测试目的		测试登录模块及与其关联的两个模块的集成			
预置条件		无			
参考信息		需求说明书中相关说明			
测试数据		用户名=a，密码=123，用户类别=超级管理员 用户名=b，密码=1234567890，用户类别=普通管理员 用户名=c，密码=1234567890，用户类别=普通操作员			
操作步骤	操作描述	数据	期望结果	实际结果	测试状态
1	输入数据后按“登录系统”按钮	用户名=a 密码=123	进入超级管理员窗口		
2	输入数据后按“登录系统”按钮	用户名=b 密码=1234567890	进入普通管理员窗口		
3	输入数据后按“登录系统”按钮	用户名=c 密码=1234567890	“没有可用的卡类别信息!”，按“确定”自动退出系统		

（3）超级管理员模块，本模块测试用例如表 6-14 所示。

表 6-14　集成测试用例三

用例编号		集成测试_3	功能模块	超级管理员模块	
编制人		南宫玄德	编制时间	2009-08-31	
相关用例		集成测试_2			
功能特征		按照操作进入相对应的窗口			
测试目的		测试超级用户的 10 个功能模块的集成			
预置条件		用测试数据登录系统			
参考信息		需求说明书中相关说明			
测试数据		用户名=a，密码=123			
操作步骤	操作描述	数据	期望结果	实际结果	测试状态
1	选择“操作员”命令		进入操作员窗口		
2	选择“服务员”命令		进入服务员窗口		
3	选择“会员卡”命令		打开会员卡子菜单		
4	选择“会员”命令		进入会员管理窗口		
5	选择“超级用户”命令		进入超级用户管理窗口		
6	选择“改密码”命令	旧密码=123 新密码=111	进入密码修改管理窗口		
7	选择“帮助”命令		进入帮助窗口		
8	选择“再登录”命令	用户名=a 密码=111	重新进入登录窗口		

续表

9	选择“登工作记录”命令		提示：“没有可用的卡类别信息！”单击“确定”按钮自动退出系统		
10	选择“退出系统”命令		退出系统		

（4）服务员管理模块，本模块测试用例如表6-15和表6-16所示。

表6-15　集成测试用例四之一

用例编号	集成测试_4_1	功能模块	服务员管理模块
编制人	南宫玄德	编制时间	2009-08-31
相关用例	集成测试_2、集成测试_3		
功能特征	实现服务员工作号、服务员姓名等信息的输入		
测试目的	测试服务员管理功能模块集成		
预置条件	将计算机系统时间设置为2004年4月28号，用超级管理员（添加F1、F2时）或普通管理员（添加F3、F4时）登录系统并进入服务员模块		
参考信息	需求说明书中相关说明		
测试数据	表6-2中数据		

操作步骤	操作描述	数据	期望结果	实际结果	测试状态
1	单击“添加”按钮添加相应数据	表6-2中数据	能正确添加服务员信息，使用测试辅助工具检查服务员表中数据如图6-8所示		

工作号	姓名	身份证号	加入时间	离开时间	手机	住址	级别	标志	操作者
001	f1		20040428					1	A
002	f2		20040428					1	A
003	f3		20040428					1	B
004	f4		20040428					1	B

图6-8　添加服务员后服务员表中数据

表6-16　集成测试用例四之二

用例编号	集成测试_4_2	功能模块	服务员管理模块
编制人	南宫玄德	编制时间	2009-08-31
相关用例	集成测试_2，集成测试_3、集成测试_4_1 、集成测试_5_1、集成测试_6_1、集成测试_7_1、集成测试_8_1、集成测试_6_2、集成测试_5_2		
功能特征	实现服务员的删除		
测试目的	能删除已辞职服务员的信息		
预置条件	将计算机系统时间设置为2005年5月1号，用超级管理员登录系统并进入服务员管理模块		
参考信息	需求说明书中相关说明		
测试数据	表6-10中数据		

续表

操作步骤	操作描述	数据	期望结果	实际结果	测试状态
1	进入服务员模块单击用“删除”按钮删除相应数据	表 6-10 中数据	能使被删除服务员的标志为“0”，使用测试辅助工具检查服务员表中数据如图 6-9 所示		

工作号	姓名	身份证号	加入时间	离开时间	固定电话	小灵通	手机	住址	级别	标志	操作者
001	f1		20040428							1	A
002	f2		20040428							1	A
003	f3		20040428							1	B
004	f4		20040428	20050501						0	A

图 6-9 删除辞职服务员 f4 后服务员表中数据

（5）会员模块，本模块测试用例如表 6-17 和表 6-18 所示。

表 6-17 集成测试用例五之一

用例编号	集成测试_5_1	功能模块	会员模块		
编制人	南宫玄德	编制时间	2009-08-31		
相关用例	集成测试_2，集成测试_3、集成测试_4_1				
功能特征	能实现会员号、会员姓名的添加				
测试目的	测试会员功能模块的集成				
预置条件	将计算机系统时间设置为 2004 年 4 月 28 号，用超级管理员（添加 H1 时）或普通管理员（添加 H2、H3、H4 时）登录系统并进入会员模块				
参考信息	需求说明书中相关说明				
测试数据	表 6-3 中数据				
操作步骤	操作描述	数据	期望结果	实际结果	测试状态
1	单击“添加”按钮添加相应数据	表 6-3 中数据	能正确添加会员信息，使用测试辅助工具检查会员表中数据如图 6-10 所示		

顾客号	姓名	固定电话	小灵通	手机	标志	操作者
001	h1				1	A
002	h2				1	B
003	h3				1	B
004	h4				1	B

图 6-10 添加会员后会员表中数据

表 6-18 集成测试用例五之二

用例编号	集成测试_5_2	功能模块	会员模块
编制人	南宫玄德	编制时间	2009-08-31
相关用例	集成测试_2、集成测试_3、集成测试_4_1 、集成测试_5_1、集成测试_6_1、集成测试_7_1、集成测试_8_1、集成测试_6_2		
功能特征	能实现会员离开操作		
测试目的	会员离开后能删除		
预置条件	将计算机系统时间设置为 2005 年 5 月 1 号，用超级管理员登录系统并进入会员模块		

续表

参考信息	需求说明书中相关说明				
测试数据	表 6-9 中数据				
操作步骤	操作描述	数据	期望结果	实际结果	测试状态
1	进入会员模块，单击“删除”按钮删除相应数据	表 6-9 中数据	能使被删除会员的标志为“0”，使用测试辅助工具检查服务员表中数据如图 6-11 所示		

顾客号	姓名	固定电话	小灵通	手机	标志	操作者
001	h1				1	A
002	h2				1	B
003	h3				1	B
004	h4				0	A
????????	????????				1	

图 6-11　删除会员后会员表中数据（2005 年 05 月 01 日）

（6）会员卡模块，本模块测试用例如表 6-19 和表 6-20 所示。

表 6-19　集成测试用例六之一

用例编号	集成测试_6_1		功能模块	会员卡模块	
编制人	南宫玄德		编制时间	2009-08-31	
相关用例	集成测试_2、集成测试_4_1 、集成测试_5_1				
功能特征	能实现会员卡类别添加、会员卡添加、会员卡销售功能				
测试目的	测试会员卡管理的三个功能模块的集成				
预置条件	将计算机系统时间设置为 2004 年 4 月 28 号，用超级管理员或普通管理员登录系统并进入相应模块				
参考信息	需求说明书中相关说明				
测试数据	表 6-4 ~ 表 6-6 中数据				
操作步骤	操作描述	数据	期望结果	实际结果	测试状态
1	选择“设置会员卡类别”命令	表 6-4 中数据 添加 L1、L2 时用超级管理员登录；添加 L3、L4 时用普通管理员登录	能正确增加会员卡类别，使用测试辅助工具检查会员卡类别表中数据如图 6-12 所示		
2	选择“添加会员卡”命令	表 6-5 中数据 添加 L1 类卡时用超级管理员登录；添加 L2、L3 类卡时用普通管理员登录	能正确增加会员卡，使用测试辅助工具检查会员信息表中数据如图 6-13 所示		
3	选择“销售会员卡”命令	表 6-6 中数据 给 H1 售卡时用普通管理员登录；给 H2、H3 售卡时用超级管理员登录	能正确销售会员卡，使用测试辅助工具检查会员信息表中如图 6-14 所示		

类别号	类别名	服务项目	允许使用次数	价格	工作量权重	操作者
01	L1		5	50	1	A
02	L2		5	50	1	A
03	L3		10	100	2	B
04	L4		10	100	2	B

图 6-12　添加会员卡类别后会员卡类别表中数据

卡号	类别号	售出日期	买卡顾客号	尚能使用次数	标志	结算日期	操作者
01001	01		New_Cord	5	1		A
01002	01		New_Cord	5	1		A
01003	01		New_Cord	5	1		A
01004	01		New_Cord	5	1		A
02005	02		New_Cord	5	1		B
02006	02		New_Cord	5	1		B
03007	03		New_Cord	10	1		B
03008	03		New_Cord	10	1		B
03009	03		New_Cord	10	1		B
03010	03		New_Cord	10	1		B

图 6-13　添加会员卡后会员卡信息表中数据

卡号	类别号	售出日期	买卡顾客号	尚能使用次数	标志	结算日期	操作者
01001	01	20040428	001	5	1		B
01002	01	20040428	003	5	1		A
01003	01		New_Cord	5	1		A
01004	01		New_Cord	5	1		A
02005	02	20040428	001	5	1		B
02006	02	20040428	002	5	1		A
03007	03	20040428	002	10	1		A
03008	03	20040428	003	10	1		A
03009	03		New_Cord	10	1		B
03010	03		New_Cord	10	1		B

图 6-14　销售会员卡后会员卡信息表中数据（2004 年 04 月 28 日）

表 6-20　集成测试用例六之二

用例编号	集成测试_6_2	功能模块	会员卡模块		
编制人	南宫玄德	编制时间	2009-08-31		
相关用例	集成测试_2、集成测试_3、集成测试_4_1 、集成测试_5_1、集成测试_6_1、集成测试_7_1、集成测试_8_1				
功能特征	实现会员退卡				
测试目的	会员能正确退卡				
预置条件	将计算机系统时间设置为 2005 年 5 月 1 号，用超级管理员登录系统并进入销售会员卡模块				
参考信息	需求说明书中相关说明				
测试数据	表 6-8 中数据				
操作步骤	操作描述	数据	期望结果	实际结果	测试状态
1	进入会员卡模块选择“销售会员卡”命令	表 6-8 中数据	能正确退卡，使用测试辅助工具检查会员卡信息表中如图 6-15 所示		

卡号	类别号	售出日期	买卡顾客号	尚能使用次数	标志	结算日期	操作者
01001	01	20040428	001	4	1		B
01002	01	20040428	003	5	1		A
01003	01		New_Cord	5	1		A
01004	01		New_Cord	5	1		A
02005	02	20040428	001	5	1		B
02006	02	20040428	002	4	1		A
03007	03	20040428	002	10	1		A
03008	03	20040428	003	9	0	20050501	A
03009	03		New_Cord	10	1		B
03010	03		New_Cord	10	1		B
04	04	20040428	????????	1	1		B
03	03	20040428	????????	1	1		C
01	01	20040428	????????	1	1		C

图 6-15　会员退卡后会员卡信息表中数据（2005 年 05 月 01 日）

（7）登记工作记录模块，本模块测试用例如表 6-21 和表 6-22 所示。

表 6-21　集成测试用例七之一

<table>
<tr><td colspan="2">用例编号</td><td>集成测试_7_1</td><td>功能模块</td><td colspan="2">登记工作记录模块</td></tr>
<tr><td colspan="2">编制人</td><td>南宫玄德</td><td>编制时间</td><td colspan="2">2009-08-31</td></tr>
<tr><td colspan="2">相关用例</td><td colspan="4">集成测试_2、集成测试_3、集成测试_4_1、集成测试_5_1、集成测试_6_1</td></tr>
<tr><td colspan="2">功能特征</td><td colspan="4">能正确登记会员顾客和临时顾客的服务记录</td></tr>
<tr><td colspan="2">测试目的</td><td colspan="4">测试登记会员顾客和临时顾客的工作记录</td></tr>
<tr><td colspan="2">预置条件</td><td colspan="4">将计算机系统时间设置为 2004 年 4 月 28 号，分别用普通管理员（登前两笔）或普通操作员（登后四笔）登录系统并进入登记工作记录模块</td></tr>
<tr><td colspan="2">参考信息</td><td colspan="4">需求说明书中相关说明</td></tr>
<tr><td colspan="2">测试数据</td><td colspan="4">用户名=B，密码=1234567890；用户名=C，密码=1234567890；表 6-7 中数据</td></tr>
<tr><td>操作步骤</td><td>操作描述</td><td>数据</td><td>期望结果</td><td>实际结果</td><td>测试状态</td></tr>
<tr><td>1</td><td>选择“会员顾客”命令</td><td>表 6-7 中会员数据（登录系统的用户应与表中的操作者一致）</td><td>能正确登记会员服务记录，使用测试辅助工具检查服务记录表中数据如图 6-16 所示、会员卡信息表中数据如图 6-17 所示</td><td></td><td></td></tr>
<tr><td>2</td><td>选择“临时顾客”命令</td><td>表 6-7 中非会员数据（登录系统的用户应与表中的操作者一致）</td><td>能正确登记临时顾客服务记录。使用测试辅助工具检查服务记录表中数据如图 6-18 所示、会员卡信息表中数据如图 6-19 所示</td><td></td><td></td></tr>
<tr><td>3</td><td>选择“改密码”命令</td><td>旧密码=1234567890
新密码=222/333
（B 和 C 的密码均改）</td><td>进入修改密码窗口</td><td></td><td></td></tr>
<tr><td>4</td><td>选择“帮助”命令</td><td></td><td>进入帮助窗口</td><td></td><td></td></tr>
<tr><td>5</td><td>选择“再登录”命令</td><td></td><td>重新进入登录窗口</td><td></td><td></td></tr>
<tr><td>6</td><td>选择“退出系统”命令</td><td></td><td>退出系统</td><td></td><td></td></tr>
</table>

卡号	工作号	服务日期	标志	操作者
01001	001	20040428	0	B
02006	002	20040428	0	C
03008	004	20040428	0	C

图 6-16　会员顾客工作量登记后服务记录表中的数据（2004 年 04 月 28 日）

卡号	类别号	售出日期	买卡顾客号	尚能使用次数	标志	结算日期	操作者
01001	01	20040428	001	4	1		B
01002	01	20040428	003	5	1		A
01003	01		New_Cord	5	1		A
01004	01		New_Cord	5	1		A
02005	02	20040428	001	5	1		B
02006	02	20040428	002	4	1		A
03007	03	20040428	002	10	1		A
03008	03	20040428	003	9	1		A
03009	03		New_Cord	10	1		B
03010	03		New_Cord	10	1		B

图 6-17　会员顾客工作量登记后会员卡信息表中的数据（2004 年 04 月 28 日）

卡号	工作号	服务日期	标志	操作者
01001	001	20040428	0	B
02006	002	20040428	0	C
03008	004	20040428	0	C
04	001	20040428	0	B
03	003	20040428	0	C
01	004	20040428	0	C

图 6-18　临时顾客工作量登记后服务记录表中的数据（2004 年 04 月 28 日）

卡号	类别号	售出日期	买卡顾客号	尚能使用次数	标志	结算日期	操作者
01001	01	20040428	001	4	1		B
01002	01	20040428	003	5	1		A
01003	01		New_Cord	5	1		A
01004	01		New_Cord	5	1		A
02005	02	20040428	001	5	1		B
02006	02	20040428	002	4	1		A
03007	03	20040428	002	10	1		A
03008	03	20040428	003	9	1		A
03009	03		New_Cord	10	1		B
03010	03		New_Cord	10	1		B
04	04	20040428	????????	1	1		B
03	03	20040428	????????	1	1		C
01	01	20040428	????????	1	1		C

图 6-19　临时顾客工作量登记后会员卡信息表中的数据（2004 年 04 月 28 日）

表 6-22　集成测试用例七之二

用例编号	集成测试_7_2		功能模块		登记工作记录模块
编制人	南宫玄德		编制时间		2009-08-31
相关用例	集成测试_2、集成测试_3、集成测试_4_1 、集成测试_5_1、集成测试_6_1、集成测试_7_1、集成测试_8_1、集成测试_6_2、集成测试_5_2、集成测试_4_2、				
功能特征	登记会员顾客和临时顾客的服务记录				
测试目的	能正确登记会员顾客和临时顾客的服务记录				
预置条件	将计算机系统时间设置为 2008 年 3 月 15 号，用普通管理员或普通操作员登录系统并进入登记工作记录模块				
参考信息	需求说明书中相关说明				
测试数据	用户名=B，密码=222；用户名=C，密码=333；表 6-11 中数据				
操作步骤	操作描述	数据	期望结果	实际结果	测试状态
1	选择“会员顾客”命令	表 6-11 中会员数据（登录系统的用户应与表中的操作者一致）	能正确登记会员顾客服务记录。使用测试辅助工具检查服务记录表中数据如图 6-20 所示、会员卡信息表中数据如图 6-21 所示		
2	选择“临时顾客”命令	表 6-11 中非会员数据（登录系统的用户应与表中的操作者一致）	能正确登记临时顾客服务记录。完成上述操作后，使用测试辅助工具检查服务记录表中数据如图 6-22 所示、会员卡信息表中数据如图 6-23 所示		

卡号	工作号	服务日期	标志	操作者
01001	001	20040428	1	B
02006	002	20040428	1	C
03008	004	20040428	1	C
04	001	20040428	1	B
03	003	20040428	1	C
01	004	20040428	1	C
02005	001	20080315	0	B
03007	002	20080315	0	C
01002	003	20080315	0	C

图 6-20　会员顾客工作量登记后服务记录表中的数据（2008 年 03 月 15 日）

卡号	类别号	售出日期	买卡顾客号	尚能使用次数	标志	结算日期	操作者
01001	01	20040428	001	4	1		B
01002	01	20040428	003	4	1		A
01003	01		New_Cord	5	1		A
01004	01		New_Cord	5	1		A
02005	02	20040428	001	4	1		B
02006	02	20040428	002	4	1		A
03007	03	20040428	002	9	1		A
03008	03	20040428	003	9	0	20050501	A
03009	03		New_Cord	10	1		B
03010	03		New_Cord	10	1		B
04	04	20040428	????????	1	1		B
03	03	20040428	????????	1	1		C
01	01	20040428	????????	1	1		C

图 6-21　会员顾客工作量登记后会员卡信息表中的数据（2008 年 03 月 15 日）

卡号	工作号	服务日期	标志	操作者
01001	001	20040428	1	B
02006	002	20040428	1	C
03008	004	20040428	1	C
04	001	20040428	1	B
03	003	20040428	1	C
01	004	20040428	1	C
02005	001	20080315	0	B
03007	002	20080315	0	C
01002	003	20080315	0	C
01	001	20080315	0	B
03	003	20080315	0	C
02	003	20080315	0	C

图 6-22　临时顾客工作量登记后服务记录表中的数据（2008 年 03 月 15 日）

卡号	类别号	售出日期	买卡顾客号	尚能使用次数	标志	结算日期	操作者
01001	01	20040428	001	4	1		B
01002	01	20040428	003	4	1		A
01003	01		New_Cord	5	1		A
01004	01		New_Cord	5	1		A
02005	02	20040428	001	4	1		B
02006	02	20040428	002	4	1		A
03007	03	20040428	002	9	1		A
03008	03	20040428	003	9	0	20050501	A
03009	03		New_Cord	10	1		B
03010	03		New_Cord	10	1		B
04	04	20040428	????????	1	1		B
03	03	20040428	????????	1	1		C
01	01	20040428	????????	1	1		C
02	02	20080315	????????	1	1		C

图 6-23　临时顾客工作量登记后会员卡信息表中的数据（2008 年 03 月 15 日）

（8）超级用户模块，本模块测试用例如表 6-23 和表 6-24 所示。

表 6-23　集成测试用例八之一

用例编号	集成测试_8_1	功能模块	超级用户模块
编制人	南宫玄德	编制时间	2009-08-31
相关用例	集成测试_2、集成测试_3、集成测试_4_1、集成测试_5_1、集成测试_6_1、集成测试_7_1		
功能特征	正确进行工作量核算		
测试目的	测试超级用户的核算工作量模块		
预置条件	将计算机系统时间设置为 2004 年 12 月 31 号，以超级管理员身份登录系统：用户名=A，密码=111		
参考信息	需求说明书中相关说明		
测试数据	无		

续表

操作步骤	操作描述	数据	期望结果	实际结果	测试状态
1	选择“核算工作量”命令，在弹出的窗口中单击“核算”按钮		能正确进入工作量核算窗口并进行核算，使用测试辅助工具检查服务记录表中数据如图 6-24 所示，核算后工作量核算表中数据如图 6-25 所示		
2	在查询工作量信息中选择查询时间，单击“确定”按钮	开始日期=20040428 结束日期=20041231	在工作量列表中正确显示图 6-25 的数据		

卡号	工作号	服务日期	标志	操作者
01001	001	20040428	1	B
02006	002	20040428	1	C
03008	004	20040428	1	C
04	001	20040428	1	B
03	003	20040428	1	C
01	004	20040428	1	C

图 6-24　工作量核算后服务记录表中的数据（2004 年 12 月 31 日）

员工姓名	核算日期	工作量权重之和
f1	20041231	3
f2	20041231	1
f3	20041231	2
f4	20041231	3

图 6-25　工作量核算后工作量核算表中的数据（2004 年 12 月 31 日）

表 6-24　集成测试用例八之二

<table>
<tr><td>用例编号</td><td colspan="2">集成测试_8_2</td><td>功能模块</td><td colspan="2">超级用户模块</td></tr>
<tr><td>编制人</td><td colspan="2">南宫玄德</td><td>编制时间</td><td colspan="2">2009-08-31</td></tr>
<tr><td>相关用例</td><td colspan="5">集成测试_2、集成测试_3、集成测试_4_1、集成测试_5_1、集成测试_6_1、集成测试_7_1、集成测试_8_1、集成测试_6_2、集成测试_5_2、集成测试_4_2、集成测试_7_2</td></tr>
<tr><td>功能特征</td><td colspan="5">正确进行核算、核算后工作量查询、数据库维护、重新登录</td></tr>
<tr><td>测试目的</td><td colspan="5">集成测试超级用户中的核算工作量之查询工作量信息、数据库维护等 5 个功能模块</td></tr>
<tr><td>预置条件</td><td colspan="5">将计算机系统时间设置为 2008 年 12 月 31 号，以超级管理员身份登录系统：用户名=A，密码=111</td></tr>
<tr><td>参考信息</td><td colspan="5">需求说明书中相关说明</td></tr>
<tr><td>测试数据</td><td colspan="5">无</td></tr>
<tr><td>操作步骤</td><td>操作描述</td><td>数据</td><td>期望结果</td><td>实际结果</td><td>测试状态</td></tr>
<tr><td>1</td><td>选择“查询”命令</td><td></td><td>下拉出工作量查询和综合信息查询子菜单如图 6-26 所示</td><td></td><td></td></tr>
<tr><td>2</td><td>选择“核算工作量”命令，在弹出的窗口中单击“核算”按钮</td><td></td><td>能正确进入工作量核算窗口并进行核算，核算结果如图 6-27 所示，使用测试辅助工具检查服务记录表中数据如图 6-28 所示，核算后工作量核算表中数据如图 6-29 所示</td><td></td><td></td></tr>
</table>

续表

3	选择“核算工作量”命令，在弹出的窗口中使用“查询工作量信息”功能查询工作量	开始日期=20050101 结束日期=20051231	系统应提示“找不到相关工作记录”	
		开始日期=20080101 结束日期=20081231	系统给出如图 6-27 所示数据。	
		开始日期=20040428 结束日期=20081231	系统给出如图 6-29 所示数据。	
4	选择“数据库维护”命令，在弹出的窗口中单击“确定”按钮		进入数据库维护窗口并正确删除冗余数据，使用测试辅助工具检查各数据表中数据，结果分别如图 6-30～图 6-34 所示	
5	选择“帮助”命令		进入帮助窗口	
6	选择“重新登录”命令	用户名=a 密码=111	重新进入登录窗口，输入登录数据后正确登录超级用户窗口	

图 6-26　超级用户查询菜单

服务员姓名	核算日期	工作量权重
f1	20081231	2
f2	20081231	2
f3	20081231	4

图 6-27　工作量核算结果(2008 年 12 月 31 日)

卡号	工作号	服务日期	标志	操作者
01001	001	20040428	1	B
02006	002	20040428	1	C
03008	004	20040428	1	C
04	001	20040428	1	B
03	003	20040428	1	C
01	004	20040428	1	C
02005	001	20080315	1	B
03007	002	20080315	1	C
01002	003	20080315	1	C
01	001	20080315	1	B
03	003	20080315	1	C
02	003	20080315	1	C

图 6-28　工作量核算后服务记录表中的数据(2008 年 12 月 31 日)

员工姓名	核算日期	工作量权重之和
f1	20041231	3
f2	20041231	1
f3	20041231	2
f4	20041231	3
f1	20081231	2
f2	20081231	2
f3	20081231	4

图 6-29　工作量核算后工作量核算表中的数据(2008 年 12 月 31 日)

员工姓名	核算日期	工作量权重之和
f1	20081231	2
f2	20081231	2
f3	20081231	4

图 6-30　数据库维护后工作量核算表中数据(维护前见图 6-29)

工作号	姓名	身份证号	加入时间	离开时间	固定电话	小灵通	手机	住址	级别	标志	操作者
001	f1		20040428							1	A
002	f2		20040428							1	A
003	f3		20040428							1	B

图 6-31　数据库维护后服务员表中数据(维护前见图 6-8)

顾客号	姓名	固定电话	小灵通	手机	标志	操作者
001	h1				1	A
002	h2				1	B
003	h3				1	B
????????	????????				1	

图 6-32 数据库维护后会员表中数据（维护前见图 6-11）

卡号	类别号	售出日期	买卡顾客号	尚能使用次数	标志	结算日期	操作者
01001	01	20040428	001	4	1		B
01002	01	20040428	003	4	1		A
01003	01		New_Cord	5	1		A
01004	01		New_Cord	5	1		A
02005	02	20040428	001	4	1		B
02006	02	20040428	002	4	1		A
03007	03	20040428	002	9	1		A
03009	03		New_Cord	10	1		B
03010	03		New_Cord	10	1		B

图 6-33 数据库维护后会员卡信息表中数据（维护前见图 6-23）

类别号	类别名	服务项目	允许使用次数	价格	工作量权重	操作者
01	L1		5	50	1	A
02	L2		5	50	1	A
03	L3		10	100	2	B

图 6-34 数据库维护后会员卡类别表中数据（维护前见图 6-12）

（9）超级用户的查询菜单，本模块测试用例如表 6-25 所示。

表 6-25 集成测试用例九

用例编号		集成测试_9	功能模块	超级用户模块	
编制人		南宫玄德	编制时间	2009-08-31	
相关用例		集成测试_2、集成测试_3、集成测试_4_1、集成测试_5_1、集成测试_6_1、集成测试_7_1、集成测试_8_1、集成测试_6_2、集成测试_5_2、集成测试_4_2、集成测试_7_2、集成测试_8_2			
功能特征		能进行工作量和综合信息的查询			
测试目的		集成超级用户的查询功能			
预置条件		将计算机系统时间设置为 2009 年 1 月 2 号，以超级管理员身份登录系统：用户名=A，密码=111			
参考信息		需求说明书中相关说明			
测试数据		无			
操作步骤	操作描述	数据	期望结果	实际结果	测试状态
1	选择“工作量查询”命令，按提示输入查询信息	员工姓名=f1 指定员工号=001 开始日期=20040428 结束日期=20090102	进入工作量查询窗口并能正确以表格形式呈现查询信息，如图 6-35 所示		
2	选择“综合信息查询”命令，在“会员姓名”下拉列表框中输入数据	会员姓名=h3 选定会员号=003	进入综合信息查询窗口并能正确呈现选定会员的查询信息，如图 6-36 所示		
		会员姓名=h3 选定会员号=003 选定卡号=01002	正确呈现选定卡号的查询信息，如图 6-37 所示		
3	在“员工姓名”下拉列表框中输入数据	员工姓名=f1 指定员工号=001	正确呈现选定员工的查询信息，如图 6-38 所示		

续表

操作步骤	操作描述	数据	期望结果	实际结果	测试状态
4	在“选择卡类别”下拉列表框中选择数据	卡类别=L3	正确呈现选定卡类别的查询信息如图 6-39 所示		

服务对象	服务日期	服务类别
h1	20040428	L1
h1	20080315	L2
????????	20040428	L4
????????	20080315	L1

图 6-35　工作量查询

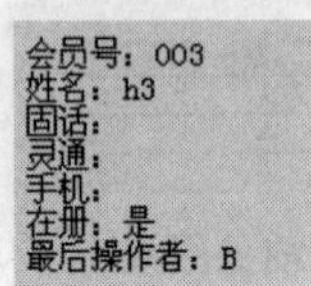

图 6-36　综合信息查询之会员信息

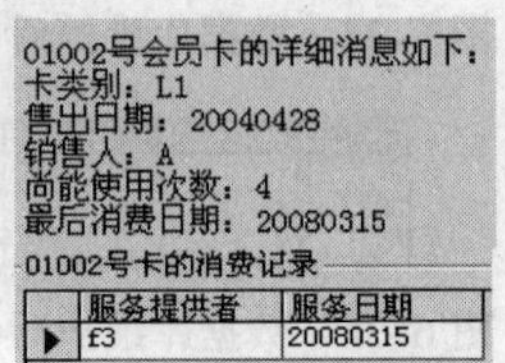

图 6-37　综合信息查询之会员卡信息

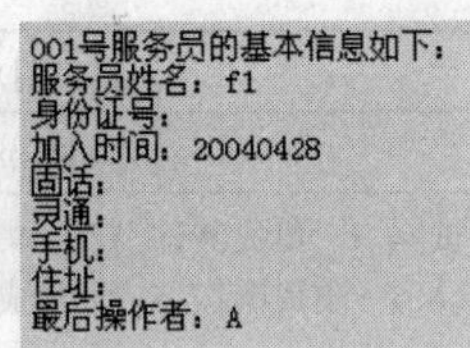

图 6-38　综合信息查询之服务员信息

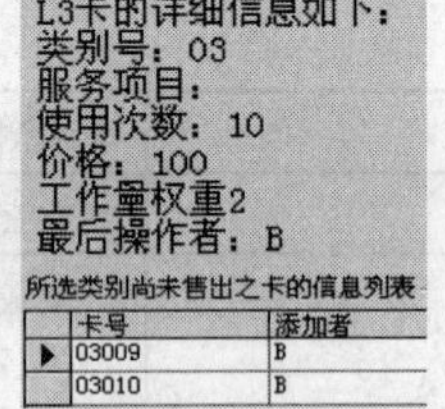

图 6-39　综合信息查询之会员卡类别及会员卡

（10）普通管理员窗口，本模块测试用例如表 6-26 所示。

表 6-26　集成测试用例十

用例编号	集成测试_10		功能模块		普通管理员模块
编制人	南宫玄德		编制时间		2009-08-31
相关用例	集成测试_2、集成测试_3、集成测试_4_1、集成测试_5_1、集成测试_6_1、集成测试_7_1、集成测试_8_1、集成测试_6_2、集成测试_5_2、集成测试_4_2、集成测试_7_2、集成测试_8_2、集成测试_9				
功能特征	正确进入普通管理员中 9 个模块的窗口				
测试目的	测试普通管理员的操作员、服务员等 9 个功能模块的集成				
预置条件	用测试数据登录系统				
参考信息	需求说明书中相关说明				
测试数据	用户名=b，密码=222				
操作步骤	操作描述	数据	期望结果	实际结果	测试状态
1	选择“操作员”命令		进入操作员窗口		
2	选择“服务员”命令		进入服务员窗口		
3	选择“会员卡”命令		进入会员卡管理窗口		
4	选择“会员”命令		进入会员理窗口		

续表

操作步骤	操作描述	数据	期望结果	实际结果	测试状态
5	选择“改密码”命令		进入密码修改管理窗口		
6	选择“登工作记录”命令		进入登记工作记录窗口		
7	选择“再登录”命令		重新进入登录窗口		
8	选择“帮助”命令		进入帮助窗口		
9	选择“退出系统”命令		退出系统		

（11）普通操作员窗口，本模块测试用例如表 6-27 所示。

表 6-27 集成测试用例十一

用例编号		集成测试_11	功能模块	普通操作员模块	
编制人		南宫玄德	编制时间	2009-08-31	
相关用例		集成测试_1、集成测试_3、集成测试_4_1、集成测试_5_1、集成测试_6_1、集成测试_7_1、集成测试_7_2、集成测试_7_3			
功能特征		正确以普通操作员登录并进入其中 6 个模块的窗口			
测试目的		测试普通操作员的登录和会员顾客、临时顾客等 6 个功能模块的集成			
预置条件		用测试数据登录系统			
参考信息		需求说明书中相关说明			
测试数据		用户名=c，密码=222			
操作步骤	操作描述	数据	期望结果	实际结果	测试状态
1	输入数据后单击“登录系统”按钮	用户名=C 密码=222	进入普通操作员窗口		
2	选择“会员顾客”命令		进入会员顾客管理窗口		
3	选择“临时顾客”命令		进入临时顾客管理窗口		
4	选择“改密码”命令	旧密码=222 新密码=333	进入修改密码窗口		
5	选择“再登录”命令		进入登录窗口		
6	选择“帮助”命令		进入帮助窗口		
7	选择“退出系统”命令		退出系统		

2. 测试步骤

（1）设置驱动数据；

（2）集成并测试“添加超级用户模块”的功能；

（3）集成并测试“登录模块”的功能；

（4）集成并测试“超级管理员模块”的功能；

（5）集成并测试“服务员模块”的功能；

（6）集成并测试“会员模块”的功能；

（7）集成并测试“会员卡模块”的功能；

（8）集成并测试“超级用户模块”的功能；

（9）集成并测试“登工作量模块”的功能

（10）集成并测试“查询模块”的功能；

（11）集成并测试“普通管理员模块”的功能；

（12）集成并测试“普通操作员模块”的功能。

表 6-28　进度分配表

任务	时间
制定测试计划	2 天/人
设计测试用例	5 天/人
执行测试任务	10 天 /人

3．测试进度

为保证不影响整个软件测试的进度，本测试应严格在规定的时间内完成。进度分配如表 6-28 所示。

4．测试资料

整个测试过程中需要提交以下文档：

（1）测试计划。

（2）测试用例。

（3）测试报告。

（五）对测试结论给出评价。

序　号	测　试　内　容	测　试　结　论
1	“添加超级用户”的功能	
2	“登录模块”的功能	
3	“超级管理员模块”的功能	
4	“会员卡模块”的功能	
5	“超级用户模块”的功能	
6	“登工作量模块”的功能	
7	“查询模块”的功能	
8	“普通管理员模块”的功能	
9	“普通操作员模块”的功能	
集成测试结论及建议		

二、相关知识

集成测试是在单元测试基础上进行的一种有序测试。这种测试需要将所有模块按照设计要求，逐步装配成高层的功能模块，并进行测试，直到整个软件成为一个整体。集成测试的目的是检验软件单元之间的接口关系，并把经过测试的单元组成符合设计要求的软件。检查集成测试验证程序和概要设计说明是否一致，是发现和改正模块接口错误的重要阶段。

选择什么方式把模块组装起来形成一个可运行的系统，直接影响到模块测试用例的形式、所用测试工具的类型、模块编号的次序和测试的次序、以及生成测试用例的费用和调试的费用。通常，把模块组装成为系统的方式有两种方式。

1. 一次性集成方式

一次性集成方式是一种非增殖式集成方式，也叫做整体拼装。使用这种方式，首先对每个模块分别进行模块测试，然后再把所有模块组装在一起进行测试，最终得到要求的软件系统。

由于程序中不可避免地存在涉及模块间接口、全局数据结构等方面的问题，所以一次试运行成功的可能性并不很大。

2. 增殖式集成方式

增殖式集成方式又称渐增式集成方式。首先对每个模块进行测试，然后将这些模块逐步组装成较大的系统，在组装的过程中边连接边测试，以发现连接过程中产生的问题。最后通过增殖逐步组装成为要求的软件系统。

（1）自顶向下的增殖方式：将模块按系统程序结构，沿控制层次自顶向下进行集成，测试步骤如图 6-40 所示。由于这种增殖方式在测试过程中较早地验证了主要的控制和判断点。在一个功能划分合理的程序结构中，判断常出现在较高的层次，较早就能遇到。如果主要控制有问题，尽早发现它能够减少以后的返工。

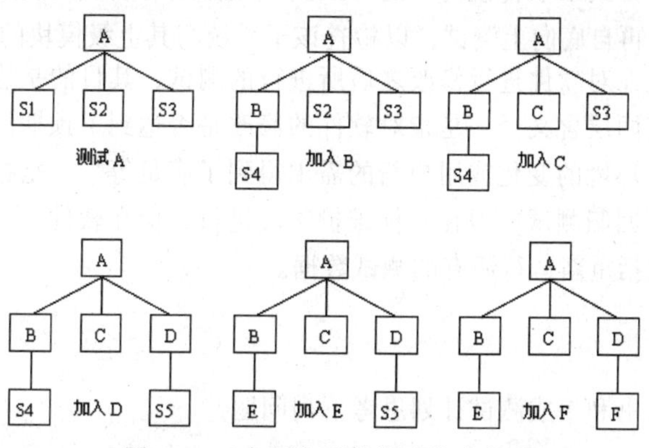

图 6-40 自顶向下的增殖集成方式

（2）自底向上的增殖方式：从程序结构的最底层模块开始组装和测试，测试步骤如图 6-41 所示。因为模块是自底向上进行组装，对于一个给定层次的模块，它的子模块（包括子模块的所有下属模块）已经组装并测试完成，所以不再需要桩模块。在模块的测试过程中需要从子模块得到的信息可以直接运行子模块得到。

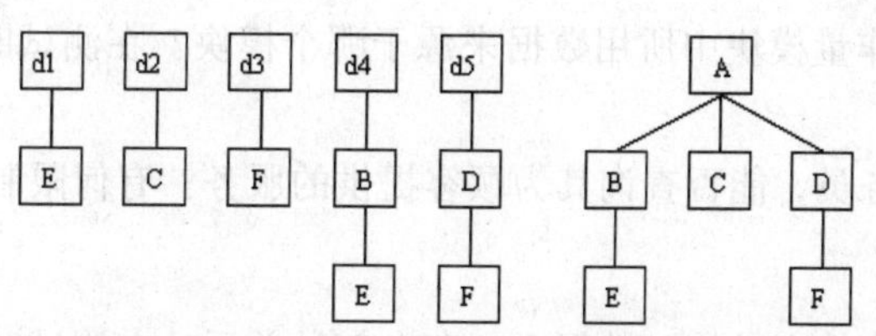

图 6-41 自底向上的增殖集成方式

（3）混合增殖式测试：自顶向下增殖的方式和自底向上增殖的方式各有优缺点。自顶向下增殖方式的缺点是需要建立桩模块。要使桩模块能够模拟实际子模块的功能将是十分困难的。同时涉及复杂算法和真正输入/输出的模块一般在底层，它们是最容易出问题的模块，到组装和测试的后期才遇到这些模块，一旦发现问题，导致过多的回归测试。而自顶向下增殖方式的优点是能够较早地发现在主要控制方面的问题。自底向上增殖方式的缺点是“程序一直未能做为一个实体存在，直到最后一个模块加上去后才形成一个实体”。就是说，在自底向上组装和测试的过程中，对主要的控制直到最后才接触到。但这种方式的优点是不需要桩模块，建立驱动模块一般比建立桩模块容易，同时由于涉及到复杂算法和真正输入 / 输出的模块最先得到组装和测试，可以把最容易出问题的部分在早期解决。此外自底向上增殖的方式可以实施多个模块的并行测试。

有鉴于此，通常是把以上两种方式结合起来进行组装和测试。

- 衍变的自顶向下的增殖测试：它的基本思想是强化对输入 / 输出模块和引入新算法模块的测试，并自底向上组装成为功能相当完整且相对独立的子系统，然后由主模块开始自顶向下进行增殖测试。
- 自底向上-自顶向下的增殖测试：它首先对含读操作的子系统自底向上直至根结点模块进行组装和测试，然后对含写操作的子系统做自顶向下的组装与测试。
- 回归测试：这种方式采取自顶向下的方式测试被修改的模块及其子模块，然后将这一部分视为子系统，再自底向上测试，以检查该子系统与其上级模块的接口是否适配。

所谓回归测试就是在对软件进行修改之后所进行的测试，其目的是检验对软件的修改是否正确。修改的正确性有两层含义，一是指对软件的修改是否达到了预期的目的，如缺陷得到了改正、软件适应了运行环境的变化或用户新的需求得到了满足等。二是指对软件的修改没有影响到软件其他的功能。回归测试一般在软件维护阶段进行，但在软件开发和测试阶段也经常会用到。回归测试通常包括重新运行原有的测试数据。

三、分组讨论

结合软件需求说明书和集成测试计划思考下列问题

（一）登录模块的测试

（1）根据使用权限的不同，本系统的操作员等级可以分为哪三类？测试时怎样保证正确登录？

（2）能用重复的用户名登录吗？

（二）超级管理员模块

（1）查询和核算工作量模块中所用数据来源于哪个模块？在测试时怎样知道传来的数据是正确的？

（2）已经辞职的服务员，能否查询其为顾客提供的服务？有何限制，如何测试其正确性？

（三）会员卡模块

（1）会员、会员卡模块在结构、数据之间存在何种关系？在测试时应该注意什么？

（2）在系统中会不会出现添加 4 张会员卡却售出 5 张会员卡的情况？测试怎样实现？为什么？

（3）当系统删除会员卡类别后，还能添加此类别的会员卡吗？怎样进行测试？

（4）系统不能给非会员顾客售卡，测试时该如何考虑数据？

（四）登工作记录

系统对非会员顾客的服务是怎样处理的？怎样测试是否会影响核算工作量的结果？

四、能力评价

序号	评价内容	评价结果			
		优秀	良好	通过	加油
		能灵活运用	能掌握 80%以上	能掌握 60%以上	其他
1	能说出集成测试计划包含的主要内容				
2	能说出该系统各模块间的逻辑关系				
3	能说出集成测试在软件测试中所处的位置				
4	能说出集成测试用例在测试中的作用				
5	能说出软件的模块结构，及自己负责测试模块功能和正确结果				

任务二　完成集成测试

一、任务描述

南宫玄德详细分析集成测试计划后，带领小组成员按照集成测试计划的步骤和要求，将软件的各个模块进行集成测试，在测试过程中，应注意按照测试用例中数据的产生时间更改计算机的系统时间。

二、任务实现

1. 使用测试辅助工具清空系统数据表中的所有内容

选择“测试辅助工具”→“清空数据库”分别选中左边窗口中操作员表等全部数据表，如图 6-42 所示。单击“=>”按钮把“左边窗口中的全部数据表”移到右边框中列表单击“单击这里清空右边框中所列数据表”按钮，清空数据库表中的全部数据，同时自动返回启动界面，并关闭该工具。

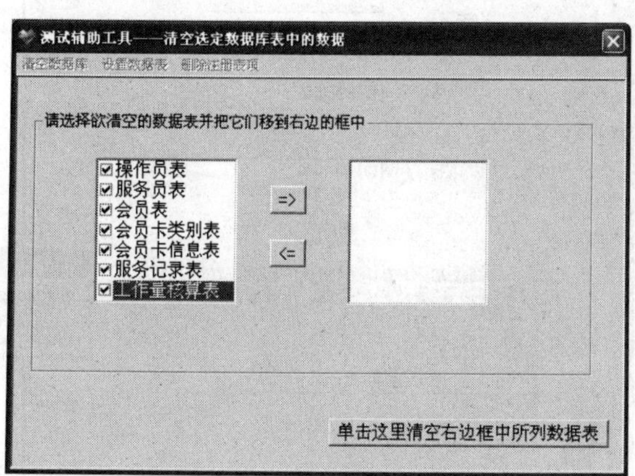

图 6-42　清空数据库中的所有内容

2. 集成测试添加超级管理员模块

启动本系统，自动进入“添加超级管理员”模块，在窗口中输入集成测试用例“集成测试_1”操作步骤 1 中的数据，单击“添加超级用户”按钮，出现如图 6-43 所示“超级用户添加”对话框，单击框里的“确定”按钮，添加超级用户成功，程序将自动进入“超级管理员”模块；

在“超级管理员”窗口选择“操作员”命令，此时应能正确进入“操作员”窗口并应该出现“记录集为空”的情况；在弹出的窗口中输入集成测试用例“集成测试_1”操作步骤 2 中相应数据，单击“添加”按钮，出现“新用户添加!”对话框，如图 6-44 所示。单击对话框里的“确定”按钮，成功添加普通管理员。采用相同的步骤，成功添加普通操作员。单击“结束”按钮，能正确返回“系统管理”窗口，选择“退出系统”命令，退出系统，按集成测试计划进行下一步的集成测试。

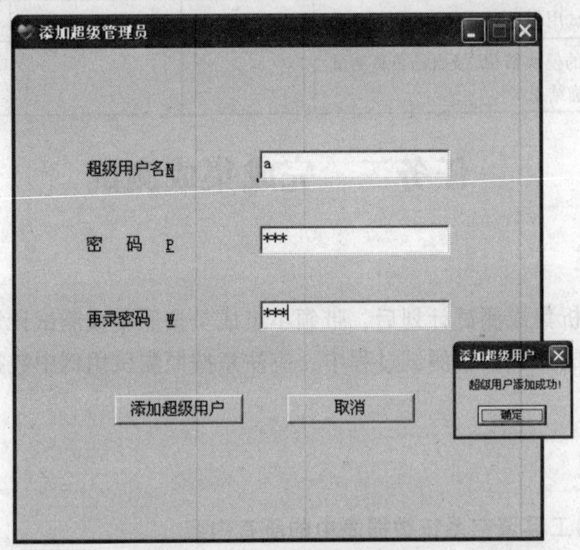

图 6-43　添加超级管理员

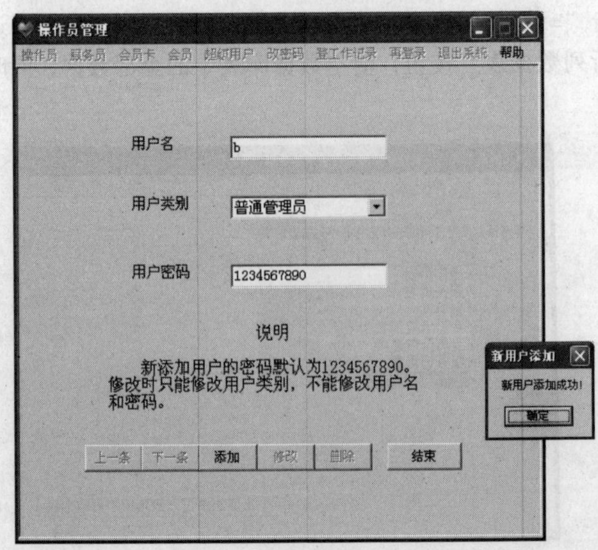

图 6-44　添加管理员

3. 集成测试登录模块

启动系统，在如图 6-45 所示登录窗口输入集成测试用例“集成测试_2”操作步骤为 1 的数据，单击“登录系统”按钮，应正确登录进入超级管理员模块。

重新启动本系统，在登录窗口依次使用集成测试用例“集成测试_2”操作步骤为 2 和 3 的登录数据进行测试，把实际的结果跟期望的结果做对比，对于不相同者，在“实际结果”和“测试状态”栏中分别注明；对于相同者，只在“测试状态”栏中注明“通过”即可。

4. 集成测试超级管理员模块

按照测试用例“集成测试_3”中的操作步骤集成超级管理员模块。重新启动本系统，使用测试用例“集成测试_2”操作步骤为 1 的数据登录进入超级管理员模块，按照测试用例“集成测试_3”中的操作步骤依次集成各个模块。

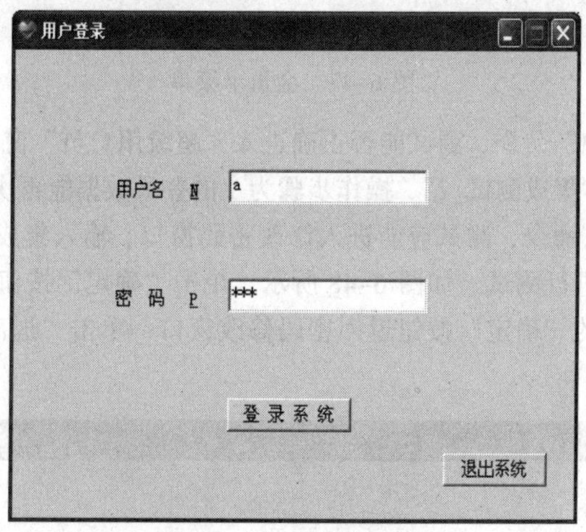

图 6-45　用户登录

（1）选择“操作员”命令，此时应能正确进入“操作员”窗口并应该出现如图 6-46 所示的说明；单击“下一条”或“上一条”按钮，依次出现集成测试用例“集成测试_2”中操作步骤为 3、2 的数据，单击“结束”按钮，能正确返回“系统管理”窗口。

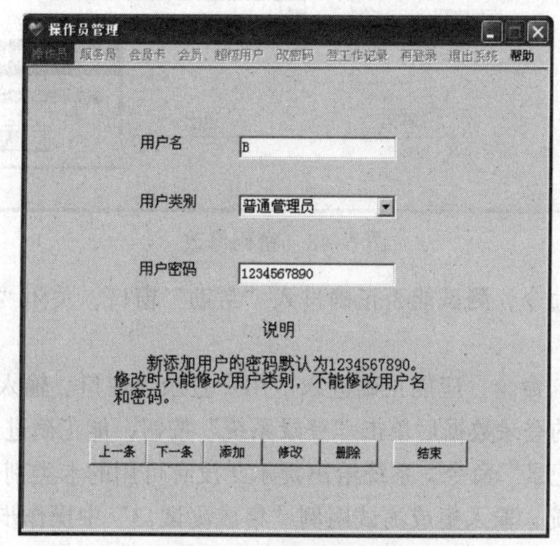

图 6-46　操作员管理

（2）选择“服务员”命令，此时应能正确进入“服务员”窗口并应该出现“记录集为空”的情况；单击“结束”按钮，能正确返回“系统管理”窗口。

（3）选择“会员卡”命令，应有3个下级菜单出现，如图6-47所示。

（4）选择“会员”命令，此时应正确进入“会员”窗口并应该出现“记录集为空”的情况，单击“结束”按钮，能正确返回“系统管理”窗口。

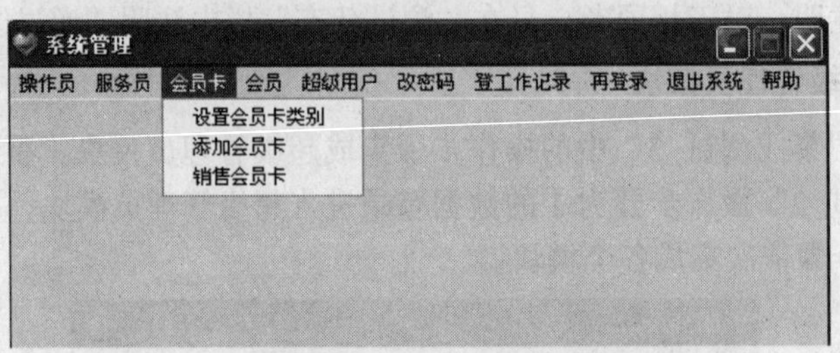

图6-47　会员卡菜单

（5）选择“超级用户”命令，测试能否正确进入“超级用户员”窗口。选择“重新登录”命令，输入集成测试用例“集成测试_2” 操作步骤为1的登录数据能再次进入超级管理员窗口。

（6）选择“改密码”命令，测试应能进入修改密码窗口，输入集成测试用例“集成测试_3”操作步骤为6中的数据进行测试，如图6-48所示，单击“确定”按钮弹出“新密码修改成功”的提示，单击对话框中的“确定”按钮返回密码修改窗口，单击“退出”按钮能正确返回“系统管理”窗口。

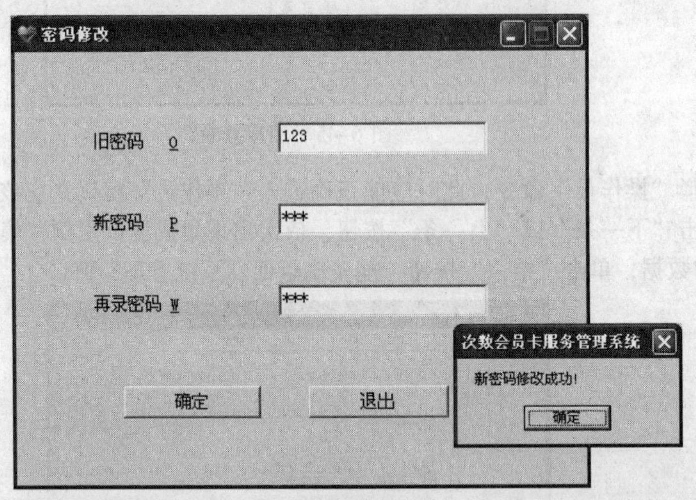

图6-48　密码修改

（7）选择“帮助”命令，测试能否正确进入“帮助”窗口，关闭“帮助”窗口，正确显示“系统管理”窗口。

（8）选择“再登录”命令，应能正确进入“用户登录”窗口。输入集成测试用例“集成测试_3”操作步骤为8中的登录数据后单击“登录系统”按钮，能正确进入超级管理员窗口。

（9）选择“登工作记录”命令，系统给出提示“没有可用的卡类别信息!”按“确定”自动退出系统；重新启动系统，输入集成测试用例“集成测试_3”中操作步骤为8的登录数据能正确进入超级管理员窗口。

(10) 选择“退出系统”命令，测试此时能正确退出系统，关闭打开的窗口和数据表。

5．集成测试服务员管理模块（一）

将计算机系统时间设置为 2004 年 4 月 28 号，按照测试用例“集成测试_4_1”中的操作步骤集成服务员管理模块。

重新启动本系统，以超级管理员“A”（测试用例“集成测试_3”中操作步骤为 8 的数据）登录进入超级管理员模块，选择“服务员”命令，在“服务员管理”窗口中单击“添加”按钮，输入集成测试用例“集成测试_4_1”中 F1、F2 的数据，如图 6-49 所示。单击“结束”按钮，能正确返回“系统管理”窗口。选择“再登录”命令，以普通管理员“B”登录系统，重复前面的步骤，输入集成测试用例“集成测试_4_1”中 F3、F4 的数据。

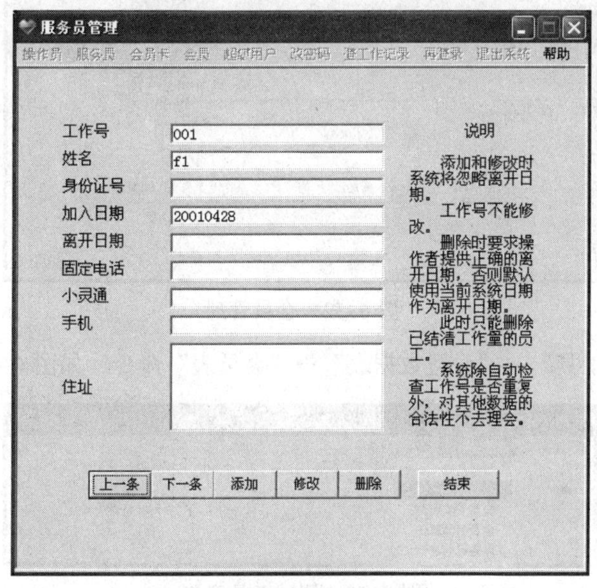

图 6-49　服务员管理

选择“测试辅助工具”→ “设置数据表”→“服务员表”命令，如图 6-50 所示。

服务员表中数据如图 6-51 所示，与期望结果图 6-8 一致，测试正确，可进行下一模块的集成。

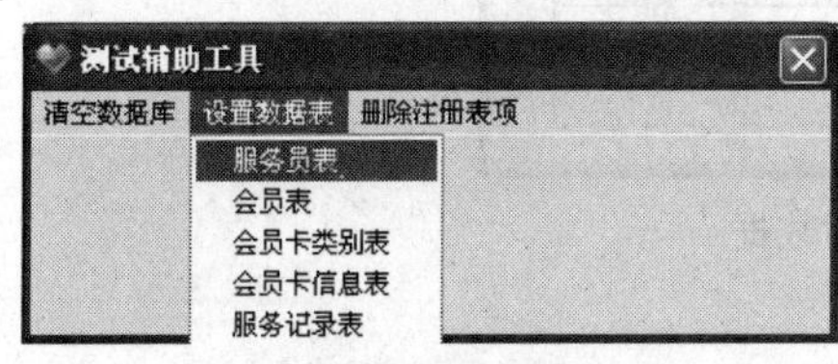

图 6-50　测试工具窗口

测试辅助工具——设置服务员表

清空数据库　设置数据表　删除注册表项

工作号	姓名	身份证号	加入时间	离开时间	手机	住址	级别	标志	操作者
001	f1		20040428					1	A
002	f2		20040428					1	A
003	f3		20040428					1	B
004	f4		20040428					1	B

图 6-51　测试正确服务员表中数据

6．集成测试会员管理模块（一）

按照测试用例“集成测试_5_1”中的操作步骤集成会员管理模块（计算机系统时间设置为 2004 年 4 月 28 号）

选择“再登录”命令，以超级管理员“A”登录系统，选择“会员”命令，在“会员管理”窗口中单击“添加”按钮，输入集成测试用例“集成测试_5_1”中 H1 的数据如图 6-52 所示。

单击“结束”按钮，能正确返回“系统管理”窗口。选择“再登录”命令，以普通管理员“B”登录系统，重复前面的步骤，输入集成测试用例“集成测试_5_1”中 H2、H3、H4 的数据。

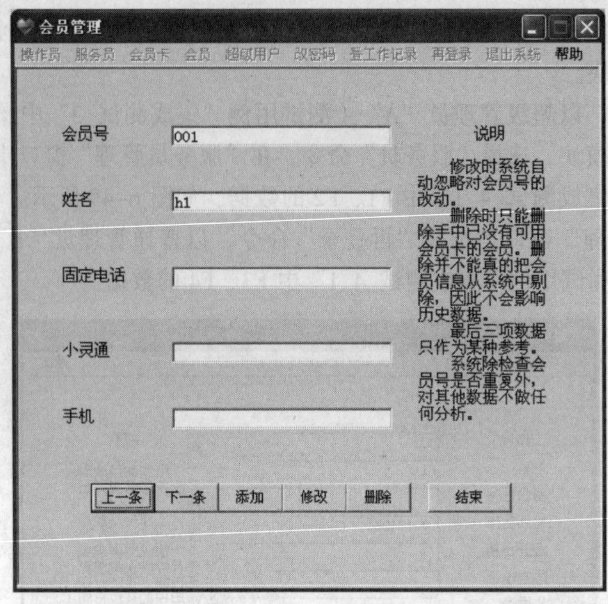

图 6-52　会员管理

选择“测试辅助工具”→“设置数据表”→“会员表”命令，如图 6-53 所示，

图 6-53　测试工具窗口

会员表中数据如图 6-54 所示，与期望结果图 6-10 致，测试正确，可进行下一模块的集成。

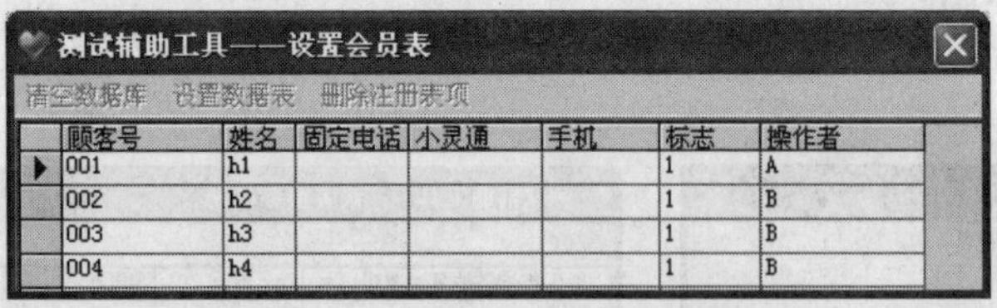

测试辅助工具——设置会员表

清空数据库　设置数据表　删除注册表项

顾客号	姓名	固定电话	小灵通	手机	标志	操作者
001	h1				1	A
002	h2				1	B
003	h3				1	B
004	h4				1	B

图 6-54　测试后会员表中的数据

7．集成测试设置会员卡模块（一）

按照测试用例“集成测试_6_1”中的操作步骤依次集成各个模块（计算机系统时间设置为 2004 年 4 月 28 号）。

（1）选择“再登录”命令，以超级管理员“A”登录系统，选择“会员卡”→“设置会员卡类别”命令，能正确进入“设置会员卡类别”窗口，单击“添加”按钮，输入集成测试用例“集成测试_6_1”中操作步骤为 1 的 L1、L2 数据，如图 6-55 所示。单击“结束”按钮，能正确返回“系统管理”窗口。选择“再登录”命令，以普通管理员“B”登录系统，重复前面的步骤，输入集成测试用例“集成测试_6_1”中 L3、L4 的数据。单击“结束”按钮，能正确返回“系统管理”窗口。

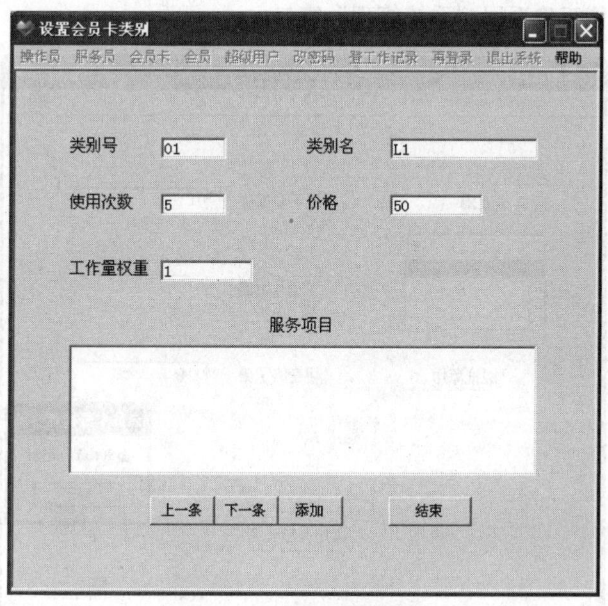

图 6-55　设置会员卡类别

选择“测试辅助工具”→“设置数据表”→“会员卡类别表”命令，如图 6-56 所示，

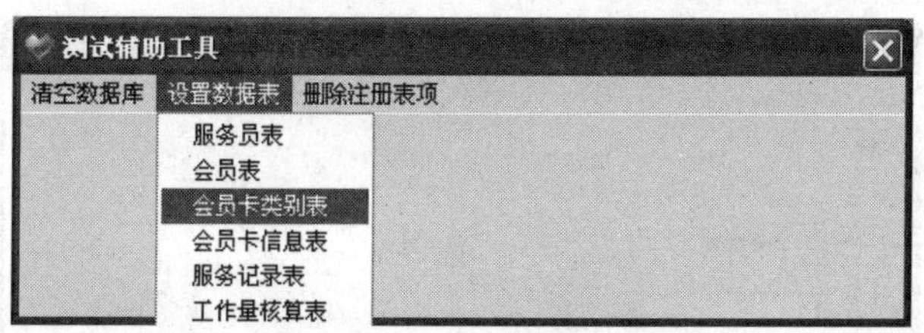

图 6-56　测试工具窗口

“会员卡类别表”中数据如图 6-57 所示，与期望结果图 6-12 一致，测试正确，可进行下一模块的集成。

测试辅助工具——设置会员卡类别表

清空数据库 设置数据表 删除注册表项

类别号	类别名	服务项目	允许使用次数	价格	工作量权重	操作者
01	L1		5	50	1	A
02	L2		5	50	1	A
03	L3		10	100	2	B
04	L4		10	100	2	B

图 6-57　测试后会员卡类别表中数据

（2）选择“再登录”命令，以超级管理员“A”登录系统，选择“会员卡”→“添加会员卡”命令，能正确进入“添加会员卡”窗口，按照集成测试用例“集成测试_6_1”操作步骤为 2 中 L1 类卡的数据，使用“成批添加”功能进行会员卡的添加，如图 6-58 所示。添加成功弹出“会员卡添加成功”提示信息。单击对话框中“确定”按钮，能正确返回“添加会员卡”窗口，单击“结束”按钮，能正确返回“系统管理”窗口。选择“再登录”命令，以普通管理员

“B”登录系统，重复前面的步骤，使用“单个添加”或“成批添加”功能输入集成测试用例“集成测试_6_1”操作步骤 2 中 L2、L3 类卡的数据。此时添加会员卡测试结束，如图 6-59 所示，单击“结束”按钮，能正确返回“系统管理”窗口。

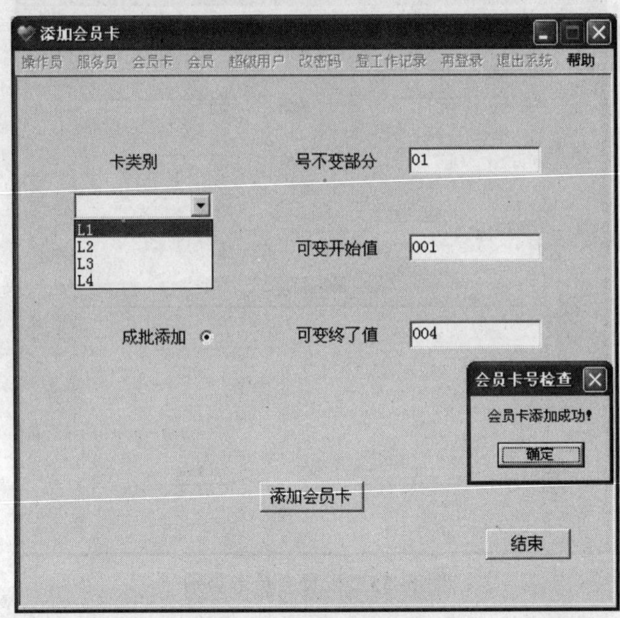

图 6-58 成批添加会员卡

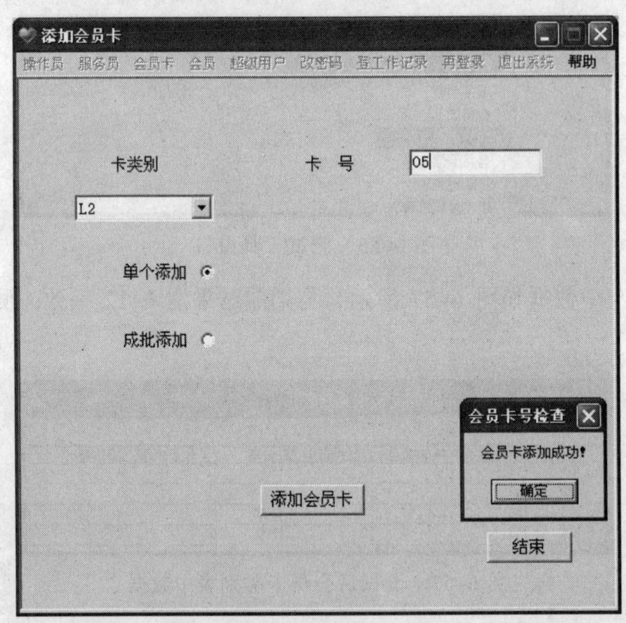

图 6-59 单个添加会员卡

选择“测试辅助工具”→“设置数据表”→“会员卡信息表”命令，如图 6-60 所示。

“会员卡信息表”中数据如图 6-61 所示，与期望结果图 6-13 致，测试正确，可进行下一模块的集成。

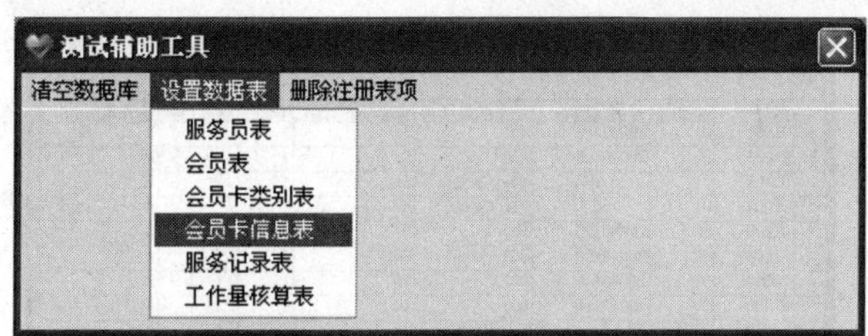

图 6-60　测试工具窗口

测试辅助工具——设置会员卡信息表

清空数据库　设置数据表　删除注册表项

卡号	类别号	售出日期	买卡顾客号	尚能使用次数	标志	结算日期	操作者
01001	01		New_Cord	5	1		A
01002	01		New_Cord	5	1		A
01003	01		New_Cord	5	1		A
01004	01		New_Cord	5	1		A
02005	02		New_Cord	5	1		B
02006	02		New_Cord	5	1		B
03007	03		New_Cord	10	1		B
03008	03		New_Cord	10	1		B
03009	03		New_Cord	10	1		B
03010	03		New_Cord	10	1		B

图 6-61　测试后会员卡信息表中数据

（3）选择“再登录”命令，以超级管理员“A”登录系统，选择“会员卡”→“销售会员卡”命令，此时能正确进入“销售会员卡”窗口，按照“集成测试_6_1”操作步骤 3 中的要求完成 H2、H3 售卡的操作，如图 6-62 所示，售卡成功后弹出“售卡成功”提示信息，单击对话框中“确定”按钮，正确返回“销售会员卡”窗口，单击窗口中的“结束”按钮，能正确返回“系统管理”窗口。选择“再登录”命令，以普通管理员“B”登录系统，重复前面的步骤，输入集成测试用例“集成测试_6_1”操作步骤 3 中 H1 售卡的售卡数据。

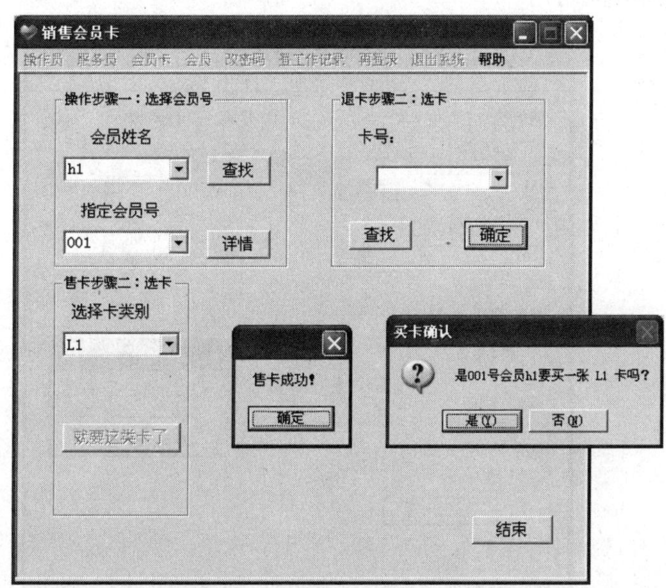

图 6-62　销售会员卡

选择“测试辅助工具”→“设置数据表”→“会员卡信息表”命令，打开“会员卡信息表”其中“会员卡信息表”中数据如图 6-63 所示，与期望结果图 6-14 一致，测试正确可进行下一模块的集成。

测试辅助工具——设置会员卡信息表

清空数据库　设置数据表　删除注册表项

卡号	类别号	售出日期	买卡顾客号	尚能使用次数	标志	结算日期	操作者
01001	01	20040428	001	5	1		B
01002	01	20040428	003	5	1		A
01003	01		New_Cord	5	1		A
01004	01		New_Cord	5	1		A
02005	02	20040428	001	5	1		B
02006	02	20040428	002	5	1		A
03007	03	20040428	002	10	1		A
03008	03	20040428	003	10	1		A
03009	03		New_Cord	10	1		B
03010	03		New_Cord	10	1		B

图 6-63　销售会员卡后会员卡信息表中数据

8. 集成测试登记工作记录模块（一）

按工作时间将计算机的系统时间设置为 2004 年 04 月 28 日。重新启动本系统，以普通管理员“B”登录系统，在“系统管理”窗口选择“登记工作记录”命令，进入“登记工作记录”窗口。按照测试用例“集成测试_7_1”中的操作步骤依次测试集成各个模块。

（1）选择“会员顾客”命令，测试此时应能正确进入“登记服务员服务工作记录”窗口，输入集成测试用例“集成测试_7_1”操作步骤 1 中操作者为“B”的会员姓名和员工姓名；单击“查找”按钮，应出现指定会员号和指定员工号数据，表明此时传到本模块的数据正确，单击“登记工作量”按钮，进行工作量登记，登记完成弹出“本笔工作记录已正确登记”提示信息，在弹出的对话框中，单击“确定”按钮，如图 6-64 所示能正确返回“登记服务员服务工作记录”窗口。单击“退出”按钮正确返回“登记工作记录”窗口，选择“重新登录”命令，以普通操作员“C”登录直接进入“登记工作记录”窗口。重复前面的步骤，输入集成测试用例“集成测试_7_1”操作步骤 1 中操作者为“C” 的数据。单击“退出”按钮，控制返回上一级窗口，使主菜单项均可用。

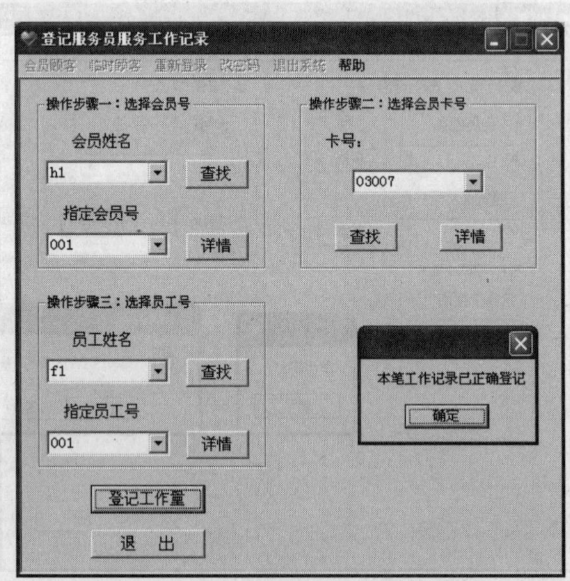

图 6-64　登记服务员服务工作记录

选择“测试辅助工具”→“设置数据表”→“服务记录表”和“会员卡信息表”命令，“服务记录表”中数据如图 6-65 所示，与期望结果图 6-16 一致；“会员卡信息表”中数据如图 6-66 所示，与期望结果图 6-17 一致。测试正确，可进行下一模块的集成。

测试辅助工具——设置服务记录表

清空数据库　设置数据表　删除注册表项

卡号	工作号	服务日期	标志	操作者
01001	001	20040428	0	B
02006	002	20040428	0	C
03008	004	20040428	0	C

图 6-65　会员顾客工作量登记测试后服务记录表中数据

测试辅助工具——设置会员卡信息表

清空数据库　设置数据表　删除注册表项

卡号	类别号	售出日期	买卡顾客号	尚能使用次数	标志	结算日期	操作者
01001	01	20040428	001	4	1		B
01002	01	20040428	003	5	1		A
01003	01		New_Cord	5	1		A
01004	01		New_Cord	5	1		A
02005	02	20040428	001	5	1		B
02006	02	20040428	002	4	1		A
03007	03	20040428	002	10	1		A
03008	03	20040428	003	9	1		A
03009	03		New_Cord	10	1		B
03010	03		New_Cord	10	1		B

图 6-66　会员顾客工作量登记测试后会员卡信息表中的数据

（2）选择“重新登录”命令，以普通管理员“B”登录系统，在“系统管理”窗口选择“登记工作记录”命令，进入“登记工作记录”窗口。选择“临时顾客”命令，此时应正确进入“登记临时服务工作记录”窗口，输入集成测试用例“集成测试_7_1”操作步骤 2 中操作者为“B”的员工姓名数据，单击“查找”按钮，应出现指定员工号数据，表明此时传到本模块的数据正确，选择测试用例中给出的服务类别，单击“登记工作量”按钮，进行临时顾客的工作量登记，登记完成弹出“本笔工作记录已正确登记”提示信息，单击弹出对话框中的“确定”按钮，能正确返回“登记临时服务工作记录”窗口，如图 6-67 所示。单击“退出”按钮正确返回“登记工作记录”窗口，选择“重新登录”命令，以普通操作员“C”登录直接进入“登记工作记录”窗口，重复前面的步骤，输入集成测试用例“集成测试_7_1”操作步骤 2 中操作者为“C” 的数据。单击“退出”按钮，控制返回上一级，使主菜单项均可用。

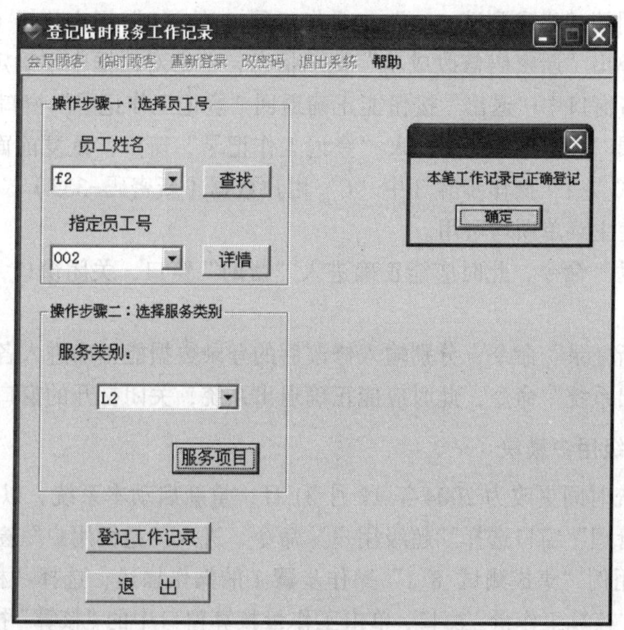

图 6-67　登记临时服务工作记录

选择“测试辅助工具”→“设置数据表”→“服务记录表”和“会员卡信息表”命令，“服务记录表”中数据如图 6-68 所示，与期望结果图 6-18 一致；“会员卡信息表”中数据如图 6-69 所示，与期望结果图 6-19 一致。测试正确，可进行下一模块的集成。

测试辅助工具——设置服务记录表

清空数据库　设置数据表　删除注册表项

卡号	工作号	服务日期	标志	操作者
01001	001	20040428	0	B
02006	002	20040428	0	C
03008	004	20040428	0	C
04	001	20040428	0	B
03	003	20040428	0	C
01	004	20040428	0	C

图 6-68　临时顾客工作量登记测试后服务记录表中数据

测试辅助工具——设置会员卡信息表

清空数据库　设置数据表　删除注册表项

卡号	类别号	售出日期	买卡顾客号	尚能使用次数	标志	结算日期	操作者
01001	01	20040428	001	4	1		B
01002	01	20040428	003	5	1		A
01003	01		New_Cord	5	1		A
01004	01		New_Cord	5	1		A
02005	02	20040428	001	5	1		B
02006	02	20040428	002	4	1		A
03007	03	20040428	002	10	1		A
03008	03	20040428	003	9	1		A
03009	03		New_Cord	10	1		B
03010	03		New_Cord	10	1		B
04	04	20040428	????????	1	1		B
03	03	20040428	????????	1	1		C
01	01	20040428	????????	1	1		C

图 6-69　临时顾客工作量登记测试后会员卡信息表中的数据

（3）选择“重新登录”命令，以普通管理员“B”登录系统，在“系统管理”窗口选择“登记工作记录”命令，进入“登记工作记录”窗口，选择“改密码”命令，应能进入修改密码窗口，输入集成测试用例“集成测试_7_1”中操作步骤 3 的“B”用户数据（新密码=222），单击“确定”按钮，弹出“新密码修改成功”提示信息，单击对话框中“确定”按钮，正确返回密码修改窗口，单击窗口中“退出”按钮能正确返回“登记工作记录”窗口。选择“重新登录”命令，以普通操作员“C”登录直接进入“登记工作记录”窗口，重复前面的步骤，输入集成测试用例“集成测试_7_1”操作步骤 3 中“C”用户数据（新密码=333），单击“退出”按钮，控制返回上一级，使主菜单项均可用。

（4）选择“帮助”命令，此时应能正确进入“帮助”窗口，关闭窗口，正确显示“登记工作记录”窗口。

（5）选择“重新登录”命令，分别输入修改后的登录数据能正确进入各级管理员窗口。

（6）选择“退出系统”命令，此时应能正确退出系统，关闭打开的窗口和数据表。

9．集成测试超级用户模块（一）

将计算机的系统时间更改为 2004 年 12 月 31 日，重新启动本系统，以超级管理员“A”登录系统。在“系统管理”窗口选择“超级用户”命令，进入“超级用户”窗口。

（1）按照测试用例“集成测试_8_1”操作步骤 1 的操作描述，选择“核算工作量”命令，此时应能正确进入“核算工作量”窗口，单击工作量核算窗口中的“核算”按钮，出现如图 6-70 的核算数据，与期望结果图 6-25 不一致。

（2）使用测试用例“集成测试_8_1”操作步骤 2 中的数据，选择开始日期和结束日期，单击“确定”按钮，工作量列表窗口中出现查询信息，如图 6-71 所示数据，与期望结果图 6-25 不一致，单击“退出”按钮，能正确返回“超级用户”窗口。

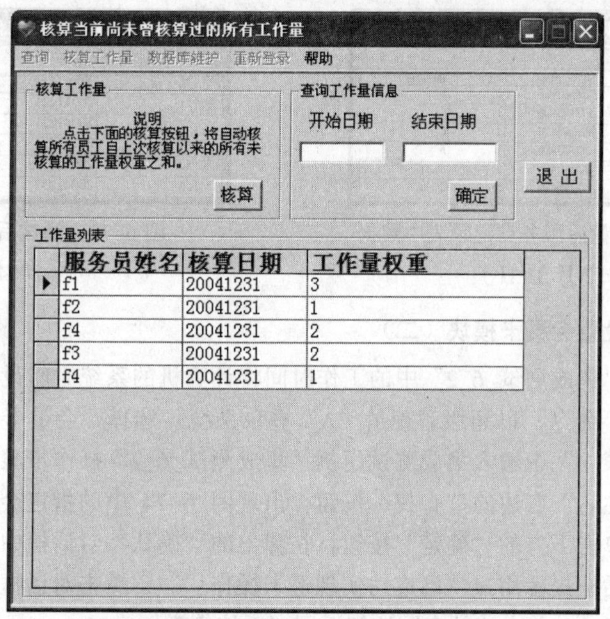

图 6-70 核算工作量（2004 年 12 月 31 日）

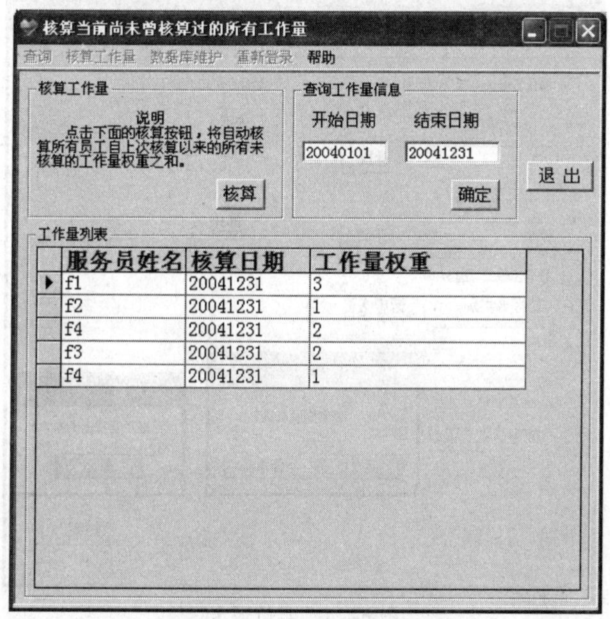

图 6-71 查询核算工作量

选择“测试辅助工具”→“设置数据表”→“服务记录表”命令，工作量核算后“服务记录表”中数据如图 6-72 所示，2004 年 12 月 31 日前数据标记在核算后全部置为“1”； 与期望结果图 6-24 一致，工作量核算后“工作量核算表”中数据如图 6-73 所示，与程序运行结果图 6-70 一致，但与期望结果图 6-25 不一致，集成测试发现程序错误，此时应将此问题和实际输出结果一起提交给系统实施组，请他们负责修改源程序中的错误，修改完成后，重新按照测试用例“集成测试_8_1”的数据和步骤进行测试，直到输出结果与期望结果图 6-25 一致，本模块测试才能结束。

测试辅助工具——设置服务记录表

清空数据库　设置数据表　删除注册表项

卡号	工作号	服务日期	标志	操作者
01001	001	20040428	1	B
02006	002	20040428	1	C
03008	004	20040428	1	C
04	001	20040428	1	B
03	003	20040428	1	C
01	004	20040428	1	C

图 6-72　核算工作量后服务员记录表中数据（2004 年 12 月 31 日）

测试辅助工具——设置工作量核算表

清空数据库　设置数据表　删除注册表项

员工姓名	核算日期	工作量权重之和
f1	20041231	3
f2	20041231	1
f4	20041231	2
f3	20041231	2
f4	20041231	1

图 6-73　测试后服务记录表中数据（2004 年 12 月 31 日）

10．集成测试设置会员卡模块（二）

按照测试用例“集成测试_6_2”中的工作时间将计算机的系统时间设置为 2005 年 5 月 1 日。选择“再登录”命令，以超级管理员“A”登录系统。选择“会员卡”→“销售会员卡”命令；在“操作步骤一”中输入集成测试用例“集成测试_6_2”操作步骤为 1 的退卡会员姓名数据，单击“会员姓名”右边的“查找”按钮，出现图 6-74 中的指定会员号，在退卡步骤二中选定所退卡号，单击下方的“确定”按钮，在弹出的“确认”对话框中单击“是”按钮，弹出“信息反馈”对话框提示用户“已成功实现退卡操作！”，单击对话框中“确定”按钮，返回“销售会员卡”窗口。单击“结束”按钮返回“系统管理”窗口。

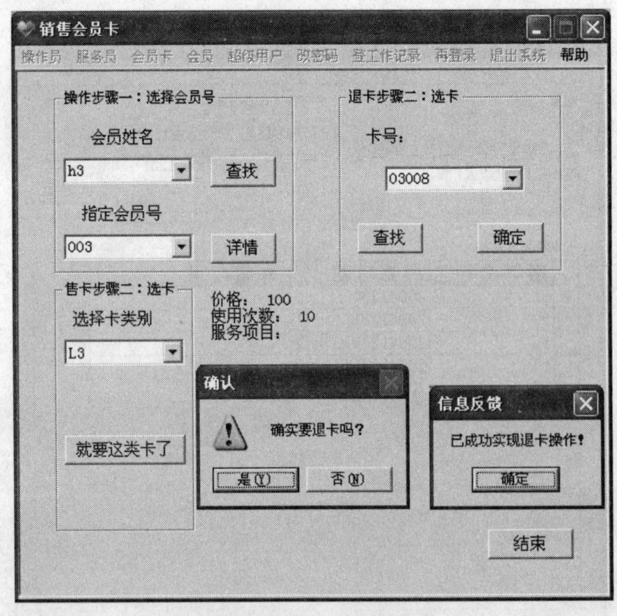

图 6-74　会员退卡

选择“测试辅助工具”→“设置数据表”→“会员卡信息表”命令。“会员卡信息表”中数据如图 6-75 所示，会员所退卡号记录的标志变为 0，与期望结果图 6-15 一致，测试正确，可进行下一模块的集成。

11．集成测试会员管理模块（二）（计算机的系统时间仍为 2005 年 5 月 1 日）

选择“会员”命令，在“会员管理”窗口中使用“上一条”。“下一条”按钮，找到测试用例“集成测试_5_2”中操作步骤 1 中的数据，如图 6-76 所示，单击“删除”按钮，删除选中数据；单击“结束”按钮返回“系统管理”窗口。

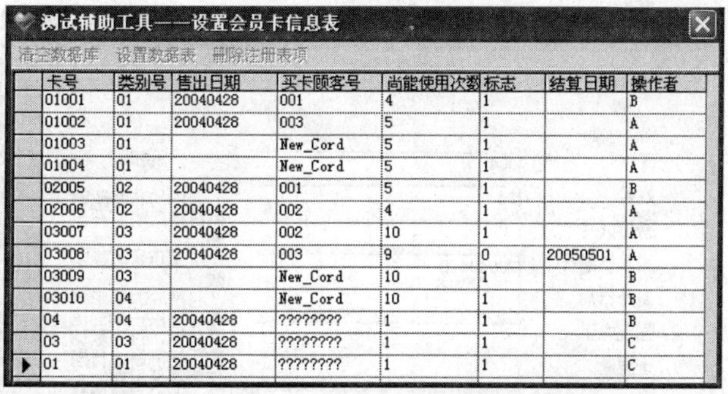

测试辅助工具——设置会员卡信息表

清空数据库　设置数据表　删除注册表项

卡号	类别号	售出日期	买卡顾客号	尚能使用次数	标志	结算日期	操作者
01001	01	20040428	001	4	1		B
01002	01	20040428	003	5	1		A
01003	01		New_Cord	5	1		A
01004	01		New_Cord	5	1		A
02005	02	20040428	001	5	1		B
02006	02	20040428	002	4	1		A
03007	03	20040428	002	10	1		A
03008	03	20040428	003	9	0	20050501	A
03009	03		New_Cord	10	1		B
03010	04		New_Cord	10	1		B
04	04	20040428	????????	1	1		B
03	03	20040428	????????	1	1		C
01	01	20040428	????????	1	1		C

图 6-75　会员退卡后会员卡信息表中数据

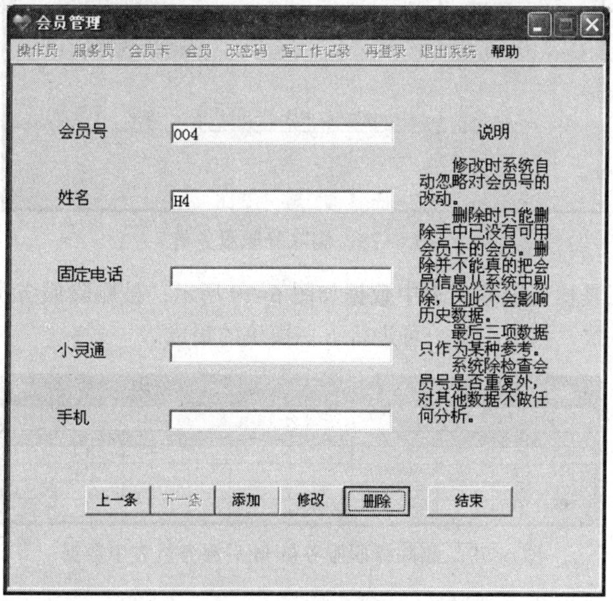

会员管理

操作员　服务员　会员卡　会员　改密码　查工作记录　再登录　退出系统　帮助

会员号　004

姓名　H4

固定电话

小灵通

手机

说明

修改时系统自动忽略对会员号的改动。

删除时只能删除手中已没有可用会员卡的会员。删除并不能真的把会员信息从系统中剔除，因此不会影响历史数据。

最后三项数据只作为某种参考。

系统除检查会员号是否重复外，对其他数据不做任何分析。

上一条　下一条　添加　修改　删除　结束

图 6-76　删除会员

使用测试辅助工具检查会员表中数据如图 6-77 所示，被删除会员 H4 的标志为“0”，与期望结果图 6-11 一致，测试正确，可进行下一模块的集成。

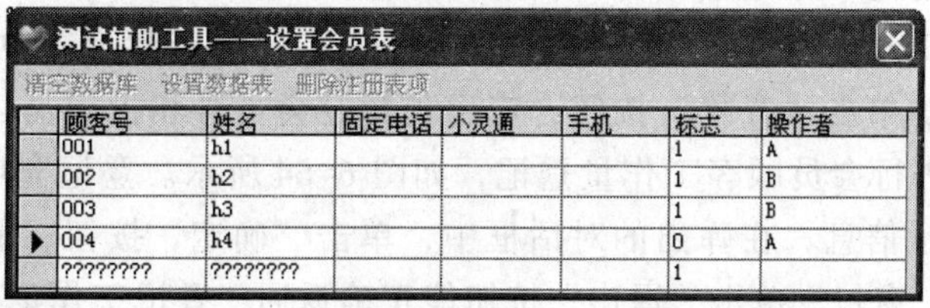

测试辅助工具——设置会员表

清空数据库　设置数据表　删除注册表项

顾客号	姓名	固定电话	小灵通	手机	标志	操作者
001	h1				1	A
002	h2				1	B
003	h3				1	B
004	h4				0	A
????????	????????				1	

图 6-77　删除会员后会员表中数据（2005 年 05 月 01 日）

12. 集成测试服务员管理模块（二）（计算机的系统时间仍为 2005 年 5 月 1 日）

在“系统管理”窗口中选择“服务员”命令，能正确进入“服务员管理”窗口，使用窗口中“上一条”、“下一条”按钮，找到集成测试用例“集成测试_4_2”中操作步骤为 1 的数据，如图 6-78 所示，单击“删除”按钮，删除选中数据；单击“结束”按钮返回“系统管理”窗口。

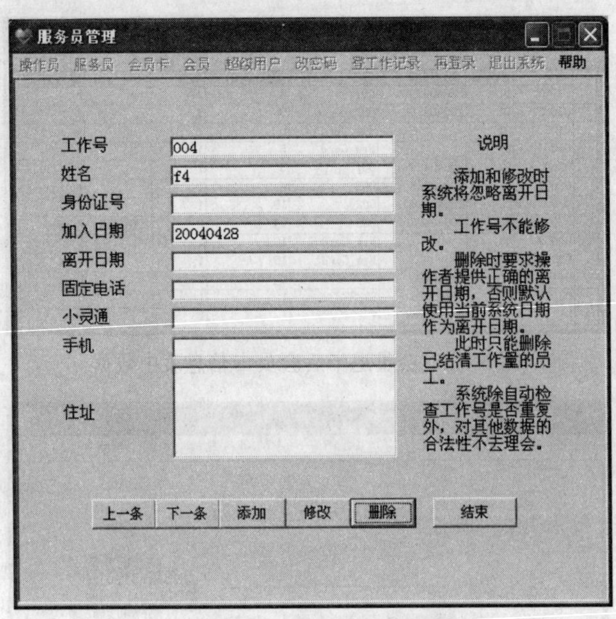

图 6-78　删除辞职服务员

使用测试辅助工具检查服务员表中数据如图 6-79 所示，被删除服务员 F4 的标志为“0”，与期望结果图 6-9 一致，测试正确，可进行下一模块的集成。

测试辅助工具——设置服务员表

清空数据库　设置数据表　删除注册表项

工作号	姓名	身份证号	加入时间	离开时间	固定电话	小灵通	手机	住址	级别	标志	操作者
001	f1		20040428							1	A
002	f2		20040428							1	A
003	f3		20040428							1	B
004	f4		20040428	20050501						0	A

图 6-79　删除辞职服务员 f4 后服务员表中数据

13. 集成测试登记工作记录模块（二）

将计算机的系统时间设置为 2008 年 03 月 15 日。

（1）重新启动系统，以普通管理员“B”登录，在“系统管理”窗口选择“登记工作记录”命令，进入“登记工作记录”窗口，选择“会员顾客”命令，正确进入“登记服务员服务工作记录”窗口，输入测试用例“集成测试_7_2”操作步骤为 1 中操作者为“B”的会员姓名和员工姓名；单击“查找”按钮，应出现指定会员号和指定员工号数据，单击“登记工作量”按钮，进行会员顾客工作量登记，如图 6-64 所示。登记完成弹出“本笔工作记录已正确登记”提示信息，在弹出的对话框中，单击“确定”按钮，能正确返回“登记服务员服务工作记录”窗口。单击“退出”按钮能正确返回“登记工作记录”窗口。选择“重新登录”命令，以普通操作员“C”登录系统，重复前面的步骤，输入集成测试用例“集成测试_7_2”操作步骤 1 中操作者为“C” 的数据。单击“退出”按钮，控制返回上一级，使主菜单项均可用。

选择“测试辅助工具”→“设置数据表”→“服务记录表”和“会员卡信息表”命令，“服务记录表”中数据如图 6-80 所示，与期望结果图 6-20 一致；“会员卡信息表”中数据如图 6-81 所示，与期望结果图 6-21 一致。测试正确，可进行下一模块的集成。

测试辅助工具——设置服务记录表

清空数据库　设置数据表　删除注册表项

卡号	工作号	服务日期	标志	操作者
01001	001	20040428	1	B
02006	002	20040428	1	C
03008	004	20040428	1	C
04	001	20040428	1	B
03	003	20040428	1	C
01	004	20040428	1	C
02005	001	20080315	0	B
03007	002	20080315	0	C
01002	003	20080315	0	C

图 6-80　会员顾客工作量登记测试后服务记录表中数据（2008 年 03 月 15 日）

测试辅助工具——设置会员卡信息表

清空数据库　设置数据表　删除注册表项

卡号	类别号	售出日期	买卡顾客号	尚能使用次数	标志	结算日期	操作者
01001	01	20040428	001	4	1		B
01002	01	20040428	003	4	1		A
01003	01		New_Cord	5	1		A
01004	01		New_Cord	5	1		A
02005	02	20040428	001	4	1		B
02006	02	20040428	002	4	1		A
03007	03	20040428	002	9	1		A
03008	03	20040428	003	9	0	20050501	A
03009	03		New_Cord	10	1		B
03010	03		New_Cord	10	1		B
04	04	20040428	????????	1	1		B
03	03	20040428	????????	1	1		C
01	01	20040428	????????	1	1		C

图 6-81　会员顾客工作量登记测试后会员卡信息表中的数据（2008 年 03 月 15 日）

（2）选择“再登录”命令，以普通管理员“B”登录系统，在“系统管理”窗口选择“登记工作记录”命令，进入“登记工作记录”窗口，选择“临时顾客”命令，正确进入“登记临时服务工作记录”窗口，输入集成测试用例“集成测试_7_2”操作步骤 2 中操作者为“B”的员工姓名数据，单击“查找”按钮，应出现指定员工号数据，选择服务类别，单击“登记工作量”按钮，进行临时顾客的工作量登记，登记完成弹出“本笔工作记录已正确登记”提示信息，单击对话框中的“确定”按钮，能正确返回“登记临时服务工作记录”窗口，单击“退出”按钮，能正确返回“登记工作记录”窗口，如图 6-67 所示。选择“重新登录”命令，以普通操作员“C”登录直接进入“登工作记录”窗口，重复前面的步骤，输入集成测试用例“集成测试_7_2”操作步骤 2 中操作者为“C”的数据。

选择“测试辅助工具”→“设置数据表”→“服务记录表” 和“会员卡信息表”命令，“服务记录表”中数据如图 6-82 所示，与期望结果图 6-22 一致；“会员卡信息表”中数据如图 6-83 所示，与期望结果图 6-23 一致。测试正确，可进行下一模块的集成。单击“退出”按钮，控制返回上一级，使主菜单项均可用。

测试辅助工具——设置服务记录表

清空数据库　设置数据表　删除注册表项

	卡号	工作号	服务日期	标志	操作者
	01001	001	20040428	1	B
	02006	002	20040428	1	C
	03008	004	20040428	1	C
	04	001	20040428	1	B
	03	003	20040428	1	C
	01	004	20040428	1	C
	02005	001	20080315	0	B
	03007	002	20080315	0	C
	01002	003	20080315	0	C
	01	001	20080315	0	B
	03	003	20080315	0	C
*	02	003	20080315	0	C

图 6-82　临时顾客工作量登记测试后服务记录表中数据（2008 年 03 月 15 日）

测试辅助工具——设置会员卡信息表

清空数据库　设置数据表　删除注册表项

卡号	类别号	售出日期	买卡顾客号	尚能使用次数	标志	结算日期	操作者
01001	01	20040428	001	4	1		B
01002	01	20040428	003	4	1		A
01003	01		New_Cord	5	1		A
01004	01		New_Cord	5	1		A
02005	02	20040428	001	4	1		B
02006	02	20040428	002	4	1		A
03007	03	20040428	002	9	1		A
03008	03	20040428	003	9	0	20050501	A
03009	03		New_Cord	10	1		B
03010	03		New_Cord	10	1		B
04	04	20040428	????????	1	1		B
03	03	20040428	????????	1	1		C
01	01	20040428	????????	1	1		C
02	02	20080315	????????	1	1		C

图 6-83　临时顾客工作量登记测试后会员卡信息表中的数据（2008 年 03 月 15 日）

14．集成测试超级用户模块（二）

将计算机系统时间设置为 2008 年 12 月 31 日，重新启动本系统，以超级管理员“A”登录系统，选择“超级用户”命令，进入“超级用户”窗口，按照测试用例“集成测试_8_2”中的操作步骤依次集成各个模块。

（1）在“超级用户”窗口选择“查询”命令，应出现“工作量查询”和“综合信息查询”2 个下级菜单，如图 6-84 所示。与期望结果图 6-26 一致，测试正确，可进行下一模块的集成。

图 6-84　超级用户查询菜单

（2）在“超级用户”窗口选择“核算工作量”命令，进入“核算工作量”窗口。

① 单击“核算工作量”框架中的“核算”按钮，出现如图 6-85 所示的核算数据。与期望结果图 6-27 一致，测试正确，可进行下一模块的集成。

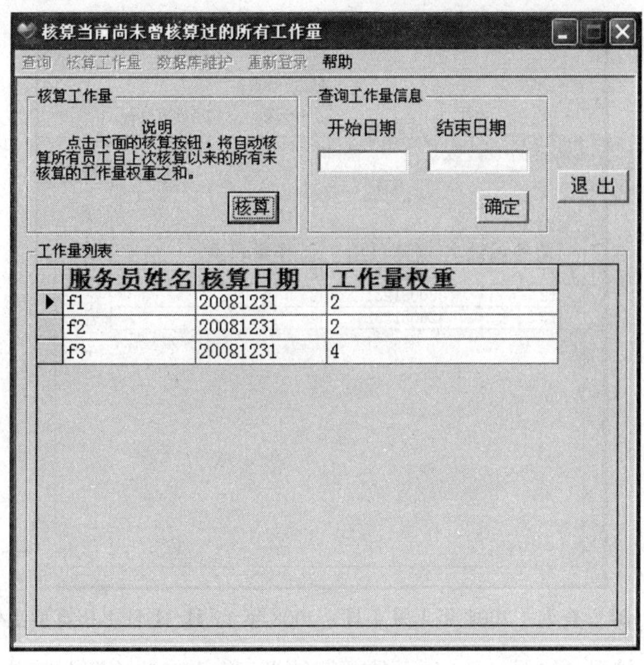

图 6-85　核算工作量（2008 年 12 月 31 日）

② 按照测试用例“集成测试_8_2”中的操作步骤 3 中的数据在“查询工作量信息”框架中依次分别选择开始日期和结束日期，单击“确定”按钮，工作量列表框架中出现正确的查询信息，分别如图 6-86 和图 6-87 所示，与测试用例“集成测试_8_2”中的操作步骤为 3 的期望结果一致，测试正确。

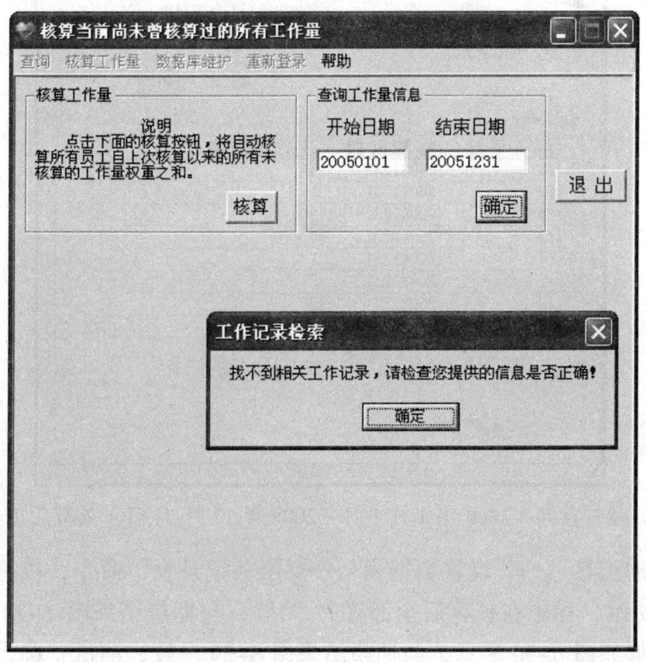

图 6-86　查询（2005 年 1 月 1 日 ~ 2005 年 12 月 31 日）核算后工作量

核算当前尚未曾核算过的所有工作量
查询 核算工作量 数据库维护 重新登录 帮助
核算工作量
说明
点击下面的核算按钮，将自动核算所有员工自上次核算以来的所有未核算的工作量权重之和。
核算
查询工作量信息
开始日期 结束日期
20080101 20081231
确定
退出
工作量列表
服务员姓名 核算日期 工作量权重
f1 20081231 2
f2 20081231 2
f3 20081231 4

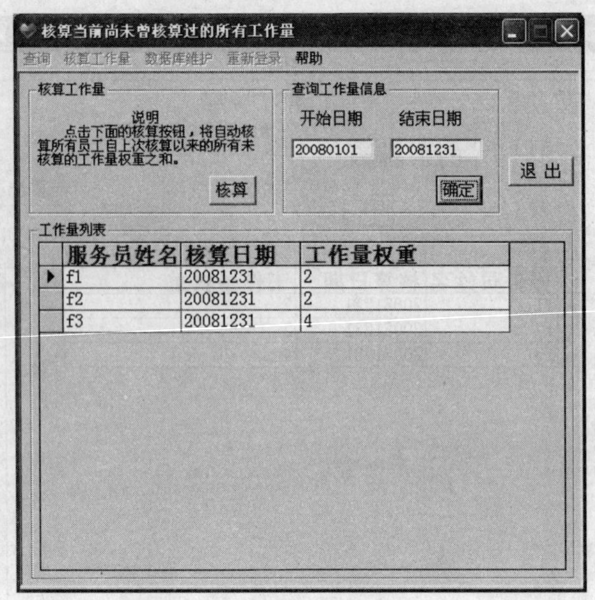

图 6-87　查询（2008 年 1 月 1 日 ~ 2008 年 12 月 31 日）核算后工作量

但图 6-88 所示结果，与图 6-29 所示的预期结果不一致。这实际与在使用“集成测试_8_1”测试系统时所发现的问题是同一个问题。在前面已经讲解过处理此问题的策略，这里不在赘述。

单击“退出”按钮，能正确返回“超级用户”窗口。

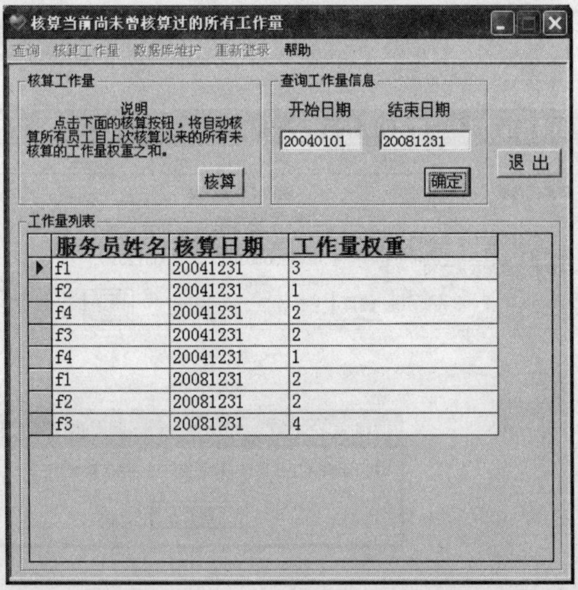

核算当前尚未曾核算过的所有工作量
查询 核算工作量 数据库维护 重新登录 帮助
核算工作量
说明
点击下面的核算按钮，将自动核算所有员工自上次核算以来的所有未核算的工作量权重之和。
核算
查询工作量信息
开始日期 结束日期
20040101 20081231
确定
退出
工作量列表
服务员姓名 核算日期 工作量权重
f1 20041231 3
f2 20041231 1
f4 20041231 2
f3 20041231 2
f4 20041231 1
f1 20081231 2
f2 20081231 2
f3 20081231 4

图 6-88　查询（2004 年 1 月 1 日 ~ 2008 年 12 月 31 日）核算后工作量

选择“测试辅助工具”→“设置数据表”→“服务记录表”命令，核算后“服务记录表”中数据如图 6-89 所示，标志在核算后全部置为“1”，与期望结果图 6-28 一致。核算后“工作量核算表”中数据如图 6-90 所示，与期望结果图 6-29 一致，测试正确，可进行下一模块的集成。

测试辅助工具——设置服务记录表

清空数据库　设置数据表　删除注册表项

卡号	工作号	服务日期	标志	操作者
01001	001	20040428	1	B
02006	002	20040428	1	C
03008	004	20040428	1	C
04	001	20040428	1	B
03	003	20040428	1	C
01	004	20040428	1	C
02005	001	20080315	1	B
03007	002	20080315	1	C
01002	003	20080315	1	C
01	001	20080315	1	B
03	003	20080315	1	C
02	003	20080315	1	C

图 6-89　核算工作量后服务记录表中数据（2008 月 12 月 31 日）

测试辅助工具——设置工作量核算表

清空数据库　设置数据表　删除注册表项

员工姓名	核算日期	工作量权重之和
f1	20041231	3
f2	20041231	1
f3	20041231	2
f4	20041231	3
f1	20081231	2
f2	20081231	2
f3	20081231	4

图 6-90　测试后核算工作量表中数据（2008 年 12 月 31 日）

（3）在“超级用户”窗口选择“数据库维护”命令，此时应能正确进入如图 6-91 所示的“数据库维护”窗口，单击窗口中“确定”按钮，系统将在后台消除“说明”中列出的冗余数据，数据清除后，系统弹出“对话反馈”消息框，提示“所有清除工作均已完成”，单击对话框中“确定”按钮，能返回数据库维护窗口，单击“退出”按钮能正确返回“超级用户”窗口。

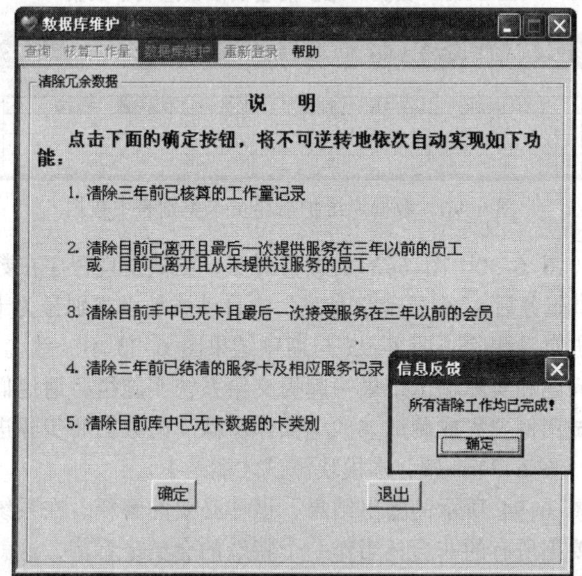

图 6-91　数据库维护

“数据库维护”功能分别对“服务员表”、“会员表”、“会员卡类别表”、“会员卡信息表”和“工作量核算表”5 个数据表进行了冗余数据维护，选择“测试辅助工具”→“设置数据表”命令，分别查看“服务员表”、“会员表”、“会员卡类别表”、“会员卡信息表”和“工作量核算表”，结果分别如图 6-92～图 6-96 所示。

测试辅助工具——设置工作量核算表

清空数据库　设置数据表　删除注册表项

员工姓名	核算日期	工作量权重之和
f1	20081231	2
f2	20081231	2
f3	20081231	4

图 6-92　数据库维护后工作量核算表中数据

测试辅助工具——设置服务员表

清空数据库　设置数据表　删除注册表项

工作号	姓名	身份证号	加入时间	离开时间	手机	标志	操作者
001	F1		20040428			1	A
002	F2		20040428			1	A
003	F3		20040428			1	A

图 6-93　数据库维护后服务员表中数据

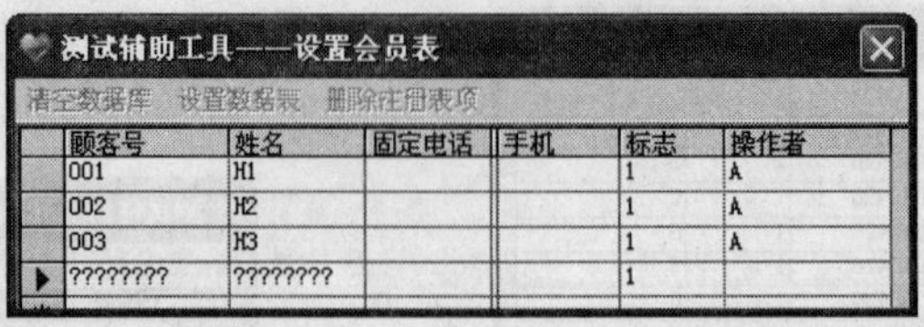

测试辅助工具——设置会员表

清空数据库　设置数据表　删除注册表项

顾客号	姓名	固定电话	手机	标志	操作者
001	H1			1	A
002	H2			1	A
003	H3			1	A
????????	????????			1	

图 6-94　数据库维护后会员表中数据

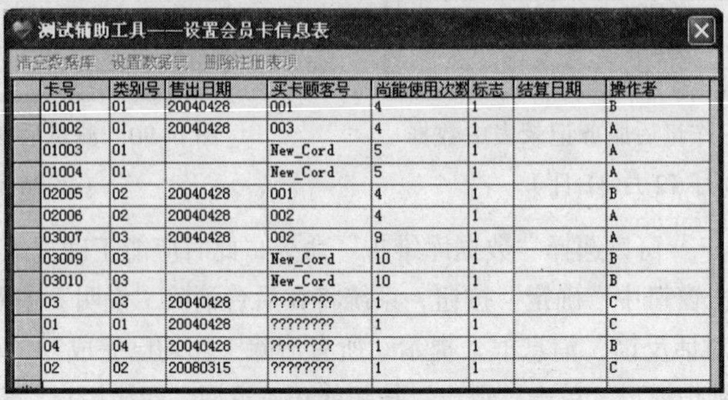

测试辅助工具——设置会员卡信息表

清空数据库　设置数据表　删除注册表项

卡号	类别号	售出日期	买卡顾客号	尚能使用次数	标志	结算日期	操作者
01001	01	20040428	001	4	1		B
01002	01	20040428	003	4	1		A
01003	01		New_Cord	5	1		A
01004	01		New_Cord	5	1		A
02005	02	20040428	001	4	1		B
02006	02	20040428	002	4	1		A
03007	03	20040428	002	9	1		A
03009	03		New_Cord	10	1		B
03010	03		New_Cord	10	1		B
03	03	20040428	????????	1	1		C
01	01	20040428	????????	1	1		C
04	04	20040428	????????	1	1		B
02	02	20080315	????????	1	1		C

图 6-95　数据库维护后会员卡信息表中数据

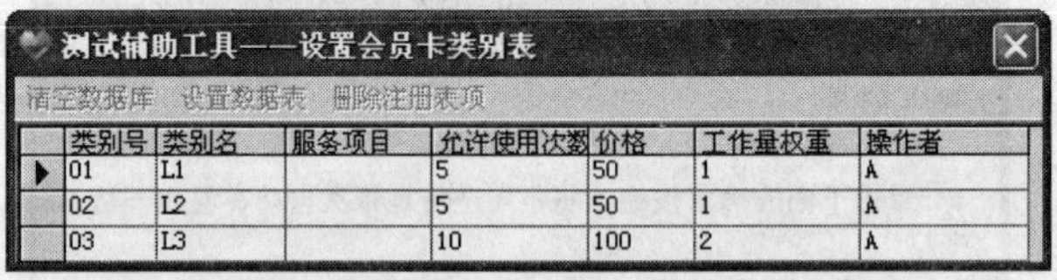

测试辅助工具——设置会员卡类别表

清空数据库　设置数据表　删除注册表项

类别号	类别名	服务项目	允许使用次数	价格	工作量权重	操作者
01	L1		5	50	1	A
02	L2		5	50	1	A
03	L3		10	100	2	A

图 6-96　数据库维护后会员卡类别表中数据

通过与预期结果（图 6-30～图 6-34）进行对照，测试发现程序在数据维护功能上也存在错误：在为非会员提供服务后，“会员卡信息表”中自动添加以类别号为卡号的记录，而这些记录在数据维护时不能被自动删除（图 6-95 与期望结果图 6-33 不一致）。这应是程序设计时考虑不周的结果，将此问题和实际输出结果一起提交给系统实施组，请他们负责修改错误，修改完成后，重新按照测试用例“集成测试_8_2”操作步骤 4 的数据和步骤进行测试，直到输出结果与期望结果图 6-30～图 6-34 一致，本模块测试才能结束。

在这里还需要对图 6-94 所示的输出结果，做些必要的解释。在系统中为了处理给非会员提供服务的信息，需要把所有的非会员当作一个特殊的会员来看待，这就需要给非会员分配会员号和会员名。系统使用“？？？？？？？？”作为非会员的会员号和会员名。由于非会员是系统根据需要自动设置的，所以不能被用户按自己的意愿来处理，也不能被系统“维护”掉。

（4）选择“帮助”命令，测试此时能正确进入“帮助”窗口，关闭窗口，能正确返回“超级用户”窗口。

（5）选择“重新登录”命令，输入本测试用例中预置条件的登录数据能再次进入系统管理窗口。

15．集成测试超级用户的查询菜单模块

将系统时间设置为 2009 年 1 月 2 号，按照测试用例“集成测试_9”中的操作步骤依次集成各个模块。

（1）在“超级用户”窗口中，选择“查询”→“工作量查询”命令，测试此时能正确进入“工作量查询”窗口，在“员工姓名”下拉列表框中输入集成测试用例“集成测试_9”操作步骤

1 中的员工姓名，单击右边的“查找”按钮，应在“指定员工号”组合框中出现相对应的员工号，按集成测试用例“集成测试_9”操作步骤 1 中的数据选择开始日期和结束日期，单击“确定”按钮，出现如图 6-97 所示窗口和工作量列表数据，与期望结果 6-35 一致，单击“退出”按钮，能正确返回“超级用户”窗口，集成测试正确。

图 6-97 工作量查询

（2）在“超级用户”窗口中，选择“查询”命令，在出现的下一级菜单中点击“综合信息查询”菜单，能正确进入“综合信息查询”窗口。

① 在“会员信息查询”窗口中的“会员姓名”下列表框中输入集成测试用例“集成测试_9”操作步骤为 2 中的数据“会员姓名=h3”，单击“查找”按钮，在“选定会员号”和“选定卡号”中自动出现与此会员姓名对应的会员号和卡号，表明集成此模块时数据传输正确；单击“选定会员号”右边的“详情”按钮，出现如图 6-98 所示窗口和数据，与期望结果图 6-36 一致，在弹出的“会员对话查询”信息框中单击“确定”按钮，能正确返回“综合信息查询”窗口。

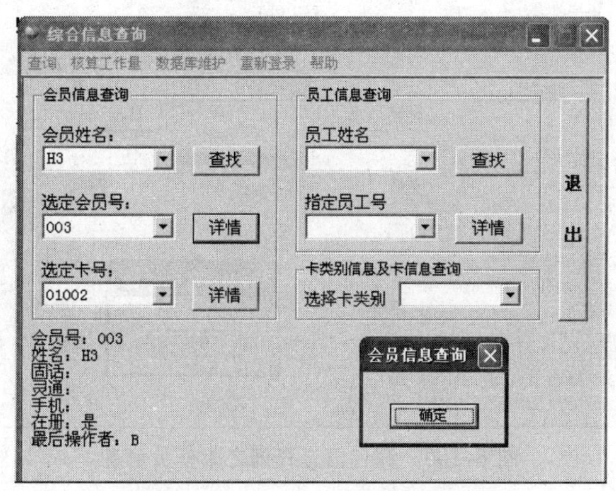

图 6-98 综合信息查询之会员信息

单击“选定卡号”右边的“详情”按钮，出现如图 6-99 所示窗口和数据，与期望结果图 6-37 一致，测试正确。

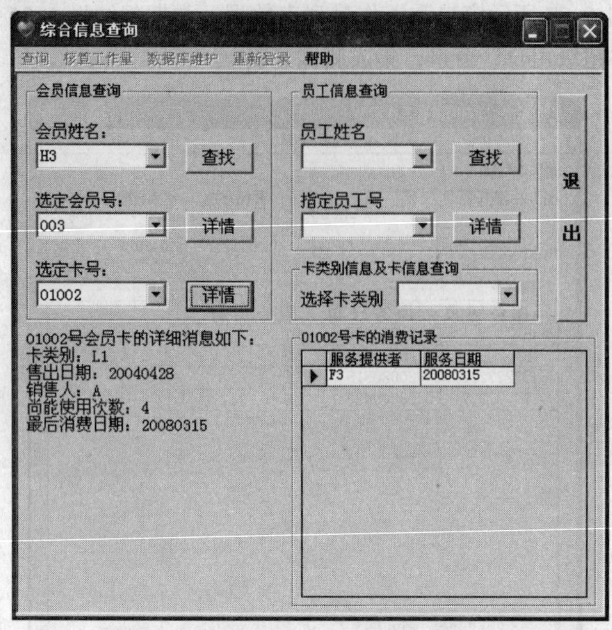

图 6-99　综合信息查询之会员卡信息

② 在“员工信息查询”中的“员工姓名”下拉列表框中输入集成测试用例“集成测试_9”操作步骤 3 中的数据“员工姓名=F1”，单击“查找”按钮，在“指定员工号”中自动出现与此员工姓名对应的员工号，表明集成此模块时数据传输正确。单击“指定员工号”右边的“详情”按钮，出现如图 6-100 所示窗口和数据，与期望结果图 6-38 一致，在弹出的“服务员信息查询”对话框中单击“确定”按钮，能正确返回“综合信息查询”窗口，测试正确。

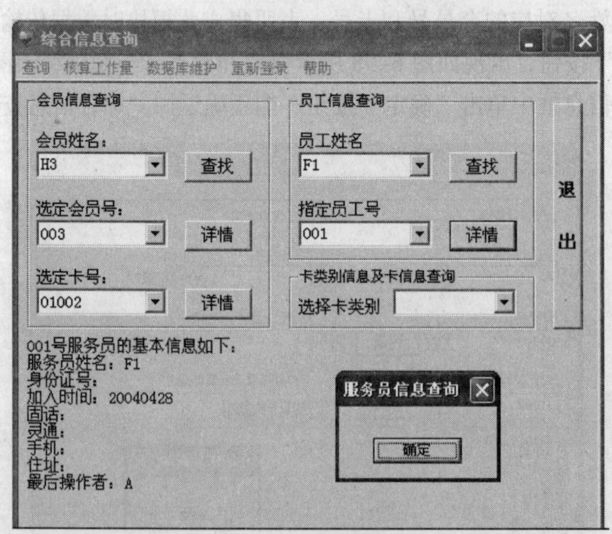

图 6-100　综合信息查询之服务员信息

③ 在“卡类别信息及卡信息查询”中的“选择卡类别”下拉列表框中选择集成测试用例“集

成测试_9”操作步骤为 4 中的数据“卡类别=L3”，出现如图 6-101 所示的数据，与期望结果图 6-39 一致，单击“结束”按钮，能正确返回“超级用户”窗口，本模块集成测试正确。

图 6-101　综合信息查询之会员卡类别及会员卡

16. 集成测试普通管理员模块

重新启动系统，使用集成测试用例“集成测试-10”中给出的测试数据登录，应能正确进入普通管理员模块，此模块中除没有“超级用户”模块外，其余模块与超级管理员模块一致，在测试时，可简化进行，依次单击“操作员”和“服务员”等 9 个主菜单项。按照测试用例“集成测试_10”中的操作步骤依次集成各个模块，把实际的结果跟期望的结果做对比，对于不相同者，在“实际结果”和“测试状态”栏中分别注明；对于相同者，只在“测试状态”栏中注明“通过”即可。

17. 集成测试普通操作员模块

重新启动系统，使用集成测试用例“集成测试_11”操作步骤 1 中的数据进行登录，应能正确进入登记工作记录窗口，此窗口实际为普通操作员模块，集成测试已在登记工作记录模块中完成，这里的测试跟前面的测试过程相同，可不用进行具体测试。

三、学习反思

（一）深入思考

（1）根据使用权限的不同，本系统是否正确实现了使用不同权限用户的登录？

（2）服务员辞职并从系统中删除其相关信息后，其他模块是否能同时共享数据？

（3）会员卡类别跟会员卡之间是怎样的一种关系？系统是否能实现可随时删除会员卡类别功能？

（4）工作量核算、查询测试时，用到的数据库是什么？数据是否正确？

（5）通过集成测试，系统是否实现了软件需求说明书中对软件功能的要求？

（6）集成测试前的各个功能测试能否省去？

（7）软件是否出现了软件需求说明书中指明不应该出现的错误？

（8）软件是否实现了软件需求说明书中未提到的功能？

（9）集成测试中发现程序错误该如何处理？回归测试时能否简化测试步骤？

（10）这里的集成测试实际是从“讲故事”开始，然后按照故事发生的顺序构造测试用例，再后按照故事发生的顺序使用测试用例测试系统，最后根据测试的输出结果给出测试结论。你怎么看待这一完整过程？在你看来，是否还有更好的策略和办法？

（二）自己动手

（1）使用上面提供的测试用例和测试步骤，在教师的指导下，以学习小组为单位，实际对本系统进行集成测试。

（2）试使用自己设计的合适测试用例及合理测试步骤，以学习小组为单位，完成对本系统的部分模块集成测试。

四、能力评价

序号	评价内容	评价结果			
		优秀	良好	通过	加油
		能灵活运用	能掌握 80% 以上	能掌握 60% 以上	其他
1	能说出集成测试的含义				
2	能说出集成测试的基本步骤				
3	能在教师的指导下，使用给出的测试用例，实际完成对软件的集成测试				
4	能使用自己设计的合适测试用例及合理测试步骤，以学习小组为单位，完成对本系统的部分模块集成测试				

本 章 小 结

集成测试，也叫组装测试或联合测试。在集成测试计划书的指导下，把已测试过的模块组装起来，在组装过程中，检查程序结构组装的正确性。实践表明，一些模块虽然能够单独地工作，但并不能保证连接起来也能正常的工作。程序在某些局部反映不出来的问题，在全局上很可能暴露出来，影响功能的实现。集成测试阶段是以黑盒法为主，需重点测试：各单元的接口是否吻合、代码是否符合规定的标准、界面标准是否统一等。

集成的方式一般可分为三种即：

① 一次性集成方式。

② 增量式集成方式。

③ 混合增量式测试。

其中增量式集成方式又可分为自顶向下的增量方式和自底向上的增量方式。

参 考 文 献

[1] 佟伟光．软件测试技术[M]．北京：人民邮电出版社，2005.

[2] 贺平．软件测试教程[M]．北京：电子工业出版社，2005.

[3] 曲朝阳．软件测试技术[M]．北京：水利水电出版社，2006.

[4] 陈汶滨，朱小梅，任冬梅．软件测试技术基础[M]．北京：清华大学出版社，2008.

Learn more about it!
笔记栏